最喜·小·儿无赖

——一个北大博士妈妈的育儿手记

费冬梅 著

ZUI XI XIAO ER WU LAI

YI GE BEIDA BOSHI MAMA DE YU'ER SHOUJI

语文出版社

·北京·

图书在版编目（ＣＩＰ）数据

最喜小儿无赖：一个北大博士妈妈的育儿手记 / 费
冬梅著. -- 北京：语文出版社，2022.4
ISBN 978-7-5187-1474-2

Ⅰ．①最… Ⅱ．①费… Ⅲ．①婴幼儿－哺育－基本知
识②日记－作品集－中国－当代 Ⅳ．①TS976.31
②I267.5

中国版本图书馆CIP数据核字（2022）第019264号

责任编辑	张夏放
装帧设计	徐晓森
出　　版	语文出版社
地　　址	北京市东城区朝阳门内南小街51号　　100010
电子信箱	ywcbsywp@163.com
排　　版	北京大有艺彩图文设计有限公司
印刷装订	北京市科星印刷有限责任公司
发　　行	语文出版社　新华书店经销
规　　格	890mm×1240mm
开　　本	A5
印　　张	10.375
字　　数	260千字
版　　次	2022年4月第1版
印　　次	2022年4月第1次印刷
印　　数	1－2,000
定　　价	48.00元

📞 010-65253954(咨询) 010-65251033(购书) 010-65250075(印装质量)

儿童是这个世界上最好的读者

冬梅这本书有点儿出乎我的意料，她让我写序时，我以为是一本学术专著，结果却是一本育儿手记。但我认为，这本育儿手记并不比她的那本研究知识分子的博士论文价值小，甚至，要更大一点儿。这本书主要记录的是她的孩子——一个叫小竹笛的小男孩在7岁之前的阅读、生活和成长经历。这个小家伙，我曾见过一次，那还是在2014年冬梅博士毕业之际，冬梅带着他一起来拍毕业照，那会儿，他还是个一岁多的小不点儿。现在，已经是一个少年了。

如果说，这本育儿手记有什么特别之处的话，那就是它是对幼儿聆听、阅读、参与创造"幼儿文学"的真实记录。这个很难得。

相对于能独立自主阅读并且能独立写作的少年而言，幼儿的心声我们很少听到。当前在家庭中流行的幼儿文学，如绘本、童谣、故事等，书写的多是成人眼中的幼儿的样子，或是成人眼中幼儿的所思所想，但幼儿自己对于生活、社会、自然的观察及想象，我们却很少有渠道得知。冬梅这本书，记录了许多小竹笛参与编造或独立编造的故事，让我们看见了一个幼儿的真实的心灵世界。印象深刻的，如2016年1月21日记录的一个小鸭子踢球的故事：

小鸭子看到圆石头，小鸭子想踢球，小鸭子踢一个脏脏的球球，这么脏，好脏！

上面糊上臭臭了，小鸭子拿一个毛巾把球球擦干净了。臭臭擦完了，干干净净的球球。

球球非常好看，上面有一个小小的鸭子，小鸭子在踢一个球。

记录于 2017 年 2 月 27 日的一个造句练习：

钓鱼　妈妈，我小时候特别喜欢钓鱼，我拿着一个水桶，拿着一个鱼竿，我的鱼竿往上一拉，一条大鱼钓了起来！大鱼在地上噼噼啪啪地摔跤呢。

2015 年 5 月 19 日记录的一个小场景：

刚竹笛跟我到厨房翻了翻菜篮子，撂了句话"真是个讨厌的蘑菇"，拿着奶瓶走了。

不论是大鱼在地上摔跤，还是那个"讨厌的蘑菇"，这些话都只有三四岁的孩子才能说得出。你让成年人去写这样的句子？肯定写不出！看到这样的表达，怎不让人惊喜呢？其实很多孩子多多少少都会有这样的奇思妙想和惊人之语，但像冬梅这样记录下来的父母却不多。

如果说，女性是天生的儿童文学作家，那么，儿童则是天生的诗人。冬梅在书中记录了不少小竹笛的童言童语，这些充满童稚惊奇的妙语，不是诗又是什么？走在夜晚的路上，"假如月亮不见了会怎么样呢？"孩子自言自语道，"星星们就不会有一个平安的夜晚。"上学路上，突然下雨了，孩子说："有一只雨滴从我头上路过。"每一个孩子，都会有这样的"天生诗人"的时刻，这是儿童天生的"儿童性"，难的是家长对孩子这份诗意和天性的呵护。

必须要指出的是，作为一个幼儿文学的"口头小作者"，小竹笛首先是一个小读者，而这个小读者是被冬梅培育而成的。

多少年来，我一直坚持一个看法："儿童是这个世界上最好的读者。"但儿童的阅读仍然需要成人的帮助和引导。当前，儿童文学出版面临着前所未有的机遇，绘本和童书的品种之多，让人眼花缭乱。但一个图书丰富——丰富到泛滥的时代，却有可能是一个阅读质量严重下降的时代。我在一篇文章里说过，"读不读书，是一个重要的问题。它甚至可以被解读为一个国家、一个民族、一个人的文明程度。而我以为读什么书，却是一个更重要的问题。对于儿童来说，这个问题则尤为重要"。儿童阅读，应该是在老师、家长引导和监督下的阅读，借助老师、家长的帮助，养成一个良好的阅读习惯，并能从阅读中感受到美和趣味。

读完全书，可以看出，冬梅是用适宜于孩子认知水平、思维水平的童话故事、绘本、诗歌等，引导小竹笛一步步产生了对阅读的兴趣，培养了他对文字的敏锐感觉和对自然的细致观察及体悟。3岁之前，她和孩子一起编故事——冬梅在这本书中记录了不少和小竹笛一起编故事的案例。这些故事，既激发了孩子的想象力，也培养了孩子良好的表达能力。难得的是，冬梅能够坚持多年，并且一一整理出来。我相信，这些亲子故事，将会带给孩子一生的滋养。3岁以后，这对母子又进行大量的绘本共读，同时伴以日常生活中的诗歌启蒙。在这个过程中，冬梅作为家长，事实上起到了一个"点灯人"的作用。据我所知，冬梅并无意于培养她的孩子成为一个"文学家"或是"诗人"，但她对孩子的这份文学启蒙，却是意义深远的。

小竹笛出生后，我给冬梅送过几本绘本，似乎是《可爱的鼠小弟》及我自己的图画书《飞翔的鸟窝》等，没想到这几本书，成了小竹笛的启蒙读物，我也是刚知道这几本书的结局——幼儿最初接触图画书，是从听纸张的声音开始的。

小儿郎读书　2014年1月22日

发现竹笛同学爱看图画书。昨天我们俩在房间里玩，我想看看他一个人怎么玩的，于是就在一边不说话，眯着眼睛装睡，只把图画书《飞翔的鸟窝》放在他面前。这本书是曹爷爷赠送，图是插画家程思新绘的。画面色彩温暖，绚丽。

小家伙没有管我，自己在那儿把书翻来翻去，一会儿"大大"地叫唤着拍打硬壳封面，一会儿撕扯内页，还撕下了一页。撕坏的那张纸嗤嗤响的时候，他有点儿愣神，好像不知声音从哪里来，过了一会儿，就雀跃起来，挥舞着纸甩来甩去，好像跟纸打架打赢了。

在绘本阅读上，冬梅付出了极大的耐心和热情。书中提及的各类绘本有数百种之多。每一本书，她都和孩子细读了，并且记录了详细的共读经过，其中一本《我可是猫啊》的共读，细致而丰富，是可以作为许多不得门径而入的年轻家长参考学习的。至于她选择共读的其他绘本，也很值得家长们参考——一个善良、充满母爱，不仅对自己的孩子，也对他人的孩子充满了爱怜的母亲，碰巧，她又是一个文学研究者，那么，基本上可以放心地说，她的选择我们可以信赖。

幼年期的儿童，犹如一只小野兽，他们的人生观、价值观和审美观都需要成年人慢慢地给予熏陶与引导。除了阅读的内容，冬梅在这本书里还记载了不少生活教育的案例。她采取的方式往往是润物细无声的，因为了解孩子，和孩子的心足够贴近，故每每能于不经意中让孩子感受到生活中的美。如她写和孩子在雨中嬉戏：

昨日雨停，晚上吃饭回来，看见楼前树木垂下一株枝条，便轻轻拉了一下，树叶上的雨点哗啦哗啦直坠落下来，像转动雨伞在空中划了一个晶亮亮的圆。

孩儿看见，喜不自禁，央我抱着举起，他也拉动一个枝条，然而来不及跑，雨滴哗啦落到了我们的身上脸上，我有点儿懊恼，他却高声笑，又让我换另一枝，抬头看雨滴从树叶上滑落，洒满我们的头身，然后拉我搜寻下一棵有雨停落的树木……

无意味的事往往给人安静的喜悦。

作为母亲，当然避免不了"说教"的成分，作为"教育者"，也有不少被"被教育者"教育的时刻。但也往往是这样的时刻，让我们更为警醒。对此，冬梅也每每做出反省。看 2018 年 5 月 9 日的记录：

放学时，竹笛和好朋友在小区里玩，吃零食时不小心掉了一片饼干在草地上。

我赶忙说："掉地上的就不要吃了！"竹笛听了道："那留给小鸟吃吧！"然后上去就是一脚，把饼干踩碎。我说："你这孩子，把饼干踩碎了干吗！"——我下意识地把草地想成家里的地板，以不讲卫生的理由来指责他了。"小鸟咬不动这么厚的饼干啊！所以我把它踩碎了，这样小鸟吃起来就方便了！"

噢……原来这样……

而"教育者"的高光失效，反被"被教育者"捉弄的时刻，更是让我们忍俊不禁。

捉弄　2019 年 9 月 21 日

早上赖床时想捉弄一下竹笛，便说要和他玩一个游戏。

我说，你连续说十个老鼠，要说得快一点儿！

竹笛笑：你要出什么鬼主意？

我说，你说就是了！

竹笛：老鼠老鼠老鼠老鼠老鼠老鼠老鼠老鼠老鼠老鼠——

我（突然大声地）：猫怕什么？

竹笛：老鼠！！

我笑。

竹笛愣了一会儿，也笑，说我也来玩一个。

竹笛：妈妈，你说十个猫，要说快一点儿噢！

我心想，小样儿，玩我玩剩下的，我岂能被你一个小屁孩蒙到！

于是，我飞快地说：猫猫猫猫猫猫猫猫猫猫猫猫——

竹笛（突然大声地）：猫怕什么？

洒家极其敏捷地飞快地遏制住了即将脱口而出的"猫"，大声回答：老鼠！！

竹笛大笑！

这样的例子还有很多。总的来说，这是一本简单而又丰厚的书——说它简单，是因为它没有任何花哨的写作技巧，全书采取日记体，一个接一个的平凡日子，串联起一个接一个的小故事；说它丰厚，是因为它包含了许多值得借鉴的语言学习、故事编造、绘本共读等家庭里的文学教育实践，又包含了丰富的日常生活教育实践。读来温暖，有爱，生动，这是一本不论什么类型的读者读，都会觉得十分美好的书。

曹文轩

2021 年 12 月 21 日

李宇明序

与孩子一起成长

今年元旦前后，我一直在读《最喜小儿无赖》，心情很愉悦，仿佛自己也返老还童了。

这是一部年轻母亲记录儿子成长的著作，而更为切实的表达，应该说，这是一部母子合著。书中记录了小竹笛大量的言说。读这部母子"合著"，随着书页的一次次翻动，一个襁褓婴儿小竹笛，不知不觉中，成长为一名能够写诗，"要尊重、有自由"的棒儿童！我也曾记录过女儿的成长经历，出版了《人生初年——一名中国女孩的语言日志》（商务印书馆 2019 年版），因而，读这本书，与费冬梅博士更容易同频共振，共情共鸣。

父母是孩子最好的老师，陪伴是最好的教育，亲子对话是最好的教科书。天上的云霞，林间的鸟鸣，路上的人影，池中的涟漪，天地间万事万物，都可作为亲子观察、谈论、嬉戏（只要没有危险）的对象。何为优秀家长？像爱护眼睛一样爱护孩子的好奇心，引导孩子主动去观察、思考、谈论，尊重孩子自己做出的决定。我常建议，最好能够在家中给孩子设一面墙，让他在墙上尽情涂鸦，肆意发挥。父母们面墙而观，可欣赏、评论，也可以参与孩子的"创作"。

不能用"乖""听话"来评价孩子，不要用"你要""不要"去要求孩子，给儿童一方自由天地。儿童需要学习，但不能用学习代替玩耍。对儿童来说，游戏就是学习，学习亦不过是游戏。快乐的童年比什么都重要。孩子是父母的镜子，亦是父母的镜像。你如何对他说话、对人说话，他就如何对你说话、对人说话。家庭是儿童的底色，人生的第一枚扣子，是父母给扣上的。第一枚扣子扣对了、扣好了，下面的扣子就能扣对扣好，人生的道路就可走得对走得好！

养儿育女，的确很累，很苦，很忙，甚至还很烦。然而育儿的过程，也是自己成长的过程。可从三个方面看：

其一，儿童都是天才。我们曾经是孩子，但我们并不了解孩子。他们天真无邪，充满童趣，信奉"万物有灵"，可以同万物对话；他们不畏困难，探险求奇，对什么都要问"为什么"，遇事知其不可为而更要为。成人常有"成人沙文主义"，育儿方知成人需向儿童学习。学习他们的直率，学习他们的情趣，学习他们奇特的想象……

其二，教然后知困。育儿大有讲究，要了解儿童的生理、心理、语言发展的基本情形，还要随时回答或应付儿童的"十万个为什么"，与儿童一起唱歌、讲故事、做手工、画图画……即使是博士、教师，也会感到诸多知识缺陷，需要补课。陪孩子长大，父母等于再上一所全科大学。

其三，为儿表率。父母在子女面前，不仅要展示自己之所长，还要尽量有"好表现"。教育子女怎么做，自己要先做到。磨砺耐心，凝练爱心，提升修养，领悟当年父母对自己养育的不易。所谓"养儿始懂养儿累，为父方知为父心"。

《最喜小儿无赖》在以上几个方面都有所用心，几百篇日志，记录了一个年轻妈妈育儿的种种探索和付出的辛劳，这里面有成功的经验，也不乏困惑和烦恼，作者一一予以真实记录。

父母都期望给孩子赠送成长礼物。本书可以说是作者送给孩子最宝贵的礼物！这种童年的记录，使孩子记忆清晰化，让孩子的"记性"延伸到零岁甚至是零岁之前。我想，等小竹笛长大，将来再次阅读这些记录幼年时光的文字，那时候，他该能理解妈妈的心思。

此书也是留给自己的最宝贵的礼物，正如费博士在后记中写下的，她从这些记录里"看到自己初为人母之际的'痴'，在学业和家庭之间艰难平衡的'累'，还有看着孩儿一点儿一点儿进步的'喜'，也有因与长辈教育理念不同产生分歧的'忧'……这七八年的文字记录，融入了我们生命最珍贵一段的印迹"。与此同时，这本书也是馈赠给广大读者尤其是年轻父母的礼物。他们可以从这部"育儿手记"中分享感受，引发情感共鸣，至少，育儿"新手"们，或可从中学习一些经验，增强一下信心。

人类拥有文字已经 5500 年了，但对童年的系统观察却很少见，可能还不到 100 件记录，从这个意义上讲，这本书，还是呈现给社会的珍贵礼物，让社会拥有了一部年轻母亲记录的真实的育儿案例，为教育学家、语言学家、文学家、社会学家、人类学家等从事儿童相关的工作提供了难得的素材。

"开卷有益"，此之谓也！

李宇明

2021 年 1 月 12 日

序于北京惧闲聊斋

目　　录

valley

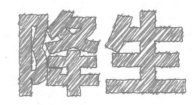

降生

天使降生　　　　　　　　　　　　　　　2013 年 3 月 17 日

　　第二个夜晚，宝宝爸守夜，没想到他抱孩子、换尿布、哄孩子也很在行。小竹笛每个小时都比上一个小时好看。双眼皮已经看出来了。睫毛长长的，熟睡时打激灵会下意识地抓住妈妈的手。

夜　　　　　　　　　　　　　　　　　　2013 年 3 月 19 日

　　滴滴答答的雨声，看不见雨，听得见它的清冷。小竹笛也似乎觉出了，在我的怀抱里，他像一头初出森林的小兽，惊慌而后安然入睡。此刻，我是他全部的世界。被人信赖能给人以爱的感觉是如此幸福……这小小的上天赐我的可爱天使，让我的生命得以开阔和完成。

歌唱　　　　　　　　　　　　　　　　　2013 年 3 月 29 日

　　到目前为止，宝竹笛今天计"歌唱"二十多次，所指非常丰富：我饿了，我尿了，我臭臭了，我想抱抱了，我又饿了，我想臭臭了，我想尿尿了，我又想抱抱了，我穿少了，我穿多了……不过休息时，他会睁着大眼睛一会儿看我，一会儿看床边的小熊，一会儿看虚空，安静地思考人生……

摇篮曲　　　　　　　　　　　　　　　　2013 年 4 月 1 日

　　"小竹笛，快睡觉，天快黑了，妈妈抱抱，我的宝贝～快睡觉，啦啦啦啦啦啦……我的宝贝～睡着了……"宝宝吃完奶不爱睡，花招使遍不管用，五音不全的我逼急了开始哼歌，哼了几十遍，终于把他哼得眯着了，其间还不知所以地笑了好几次，左嘴角上扬酷酷

神似维塔斯～

曙光　　　　　　　　　　　　　　　　2013 年 4 月 9 日

　　第 26 天！看得见曙光了……足不出户在家宅了这么久，感觉自己都快发芽了。

　　窗外迎春花开了许多天，桃花这两天也已经含苞欲放。我却只能在窗内一睹春色如许，感叹我之无福消受。

　　人生三十年，最累这一个月。每天持续睡觉没有超过三小时的，总是不停地被打断，一会儿尿了，一会儿拉屁屁了，一会儿要抱抱了，一会儿不知怎么了，搞得人焦头烂额。每每半夜两三点和他对阵，我打着呵欠，他吹着口哨，声调颇富节奏感地哇——哇——哇——哇——哇——哇——哇——哇……外面的星光不知是不是都在乘机偷乐着。

　　想来人生幸福事，没有一项不是带着烦恼的背景的，也没有一项是不劳而获就能美滋滋享有的。

我最亲爱的　　　　　　　　　　　　　2013 年 5 月 14 日

　　孩子熟睡的面孔是多么天真多么美啊。我多么希望在他成长的路上，每一天都看见妈妈的笑容。他已经认得我了，感受得到我的气息。他越来越像我了，是小小的我自己。我想亲自带大他，听他咿咿呀呀地叫我妈妈，那将是人世间最动听的声音。

谁的儿子更帅？　　　　　　　　　　　2013 年 5 月 21 日

　　有一次，我跟婆婆聊天。她说她儿子小时候很帅。我说，没我儿子帅。她说，你的儿子不如我的儿子。我说，你的不如我的。

她笑笑不说话。我说："不如请你儿子自己说，我们俩谁的儿子更帅？"她大笑起来。

儿童节　　　　　　　　　　　　　　2013 年 6 月 1 日

宝贝儿，此刻你睡着了，轻轻地呼吸，让我如此安心。看着你，我仿佛看见了小时候的自己，那一段不曾记得的时光。多么神奇啊！你和我就这样相遇。此生，不论是天天相守，还是隔了千里万里，妈妈永远都是你温暖的港湾。我将尽我全力，爱你。

你听我说　　　　　　　　　　　　　2013 年 6 月 5 日

蛮蛮，你看，窗外下雨了。什么是雨？你眨了眨眼睫毛，懵懂地看着我。不认识是吗？这是你第一次看到这么大的雨，听到这么响的雷声，还有，看见天边那一道闪电了吗？让妈妈讲给你听。

雨啊，原本是天上的一颗小星星，它不愿意在黑黑的天空里待了，它看见了咱们的蛮蛮，想找你玩，于是，就躲着爸爸妈妈，自己偷偷溜到地上来了。它的好多弟弟妹妹也跟着来了。

哇，你看，好多的小雨点！它们都是天上的小星星哪。然后呢，小星星的爸爸雷公不高兴了，他大声地叫道："小星星，你快回家，不然爸爸要打屁股啦！"可是咱们的小星星不怕爸爸。为什么不怕呢？因为有妈妈在啊。小星星的妈妈就是天边那道闪电，她在给孩子们打灯笼照路呢。

那么，蛮蛮知道小星星后来落到哪儿去了吗？呀！它落到咱们蛮蛮手心里了呢。你看这吊兰上的雨滴就是它的弟弟。

蛮蛮又要问，那太阳去哪儿了呢？前天不是还看得见吗？妈妈也不知道啊，但是让我猜猜，太阳啊，它一定是跑去找月亮谈心去了。

爱   2013 年 6 月 9 日

　　我想我终于慢慢地懂得了爱。看着宝竹笛，好似认得了许多年，那么亲切，那么温暖，那么贴心。曾几何时，我是坚定的独身主义者，后来，又是坚定的丁克族，再后来，主义遇到宝竹笛，一下子成了空气。"孩童是成年人的父亲。"小天使们教我们成长，更清楚地认识自身。

谢谢你，宝贝   2013 年 6 月 16 日

　　今天起，宝贝整整三个月了，时间真的好快，小家伙从出生时的 49 厘米已经长到现在的 62 厘米了。今天爸爸握着他的小手，面对面地给他唱歌。他就那么目不转睛地望着爸爸，望着望着，就手舞足蹈地笑了。笑容是那么可爱、阳光、纯洁、帅气……啊，我简直想用上所有美丽的形容词！谢谢你，我亲爱的宝贝。你让我每天都感受到快乐、幸福和前进的动力。

随感录   2013 年 7 月 24 日

　　这么小的孩子懂什么？长辈们最经常挂在嘴边的话让年轻妈妈们觉得很恼火。妈妈觉得她的孩子什么都懂得。一个眼神，一个微笑，都含有深意。尤其是当婴儿和妈妈对视的时候，她觉得他们仿若心有灵犀，她的心思孩子都明白，不然他为何笑呢？

　　三四个月的宝宝已经认人了。三月认母。古老的民谚没有撒谎。小婴儿熟悉妈妈的笑容，看不见时便会东张西望地寻找。他也开始有了自我意识，需要人的关注。他表演踢腿、翻身，为的是观众。他需要观众的鼓励、拍掌和叫好。一旦妈妈或爸爸走开，他就可能蹙起眉毛。

这时候，他对音乐也开始有了好奇。他喜欢有乐感的声音，胜于一字一句的话语。当爸爸唱起浑厚的歌谣，他会睁大眼睛静静地听。不会唱歌的姥姥，讲一段顺口溜也能引起他的兴致。

整个白天，小家伙沉浸在玩乐和嬉笑之中。他会不停地叫唤，一只不知疲惫的小鸟，乌拉乌拉……有时，这欢喜的乐音常常会变得尖利，让你误以为谁又惹他生气了。

他也会哭。但有假有真。假的哭泣，分明是撒娇，他咿咿呀呀的，想要妈妈抱抱，或者希望正在忙碌的大人能够停下脚步为他驻留。真的哭泣，往往惊心动魄。他会掉眼泪，长长的眼睫毛整个儿浸在泪水里，像两泓睡着了的湖水。这时候，往往是他饿了却不见有奶水，他思念妈妈却不见妈妈在身边。他尽情地挥洒他的不满，充满委屈。而当妈妈走近，轻轻呼唤："宝宝，妈妈回来了。"——小家伙润着泪水的眼睛泛起了亮光，在年轻妈妈的眼里，再没有谁，会比她的孩子更美丽。

同行是冤家。所有的女人都是同行。婆媳最甚，也包括母女。然而，有了孩子的年轻妈妈们是例外。抱着孩子相遇之时，她们往往忘记了衣服、首饰、工作和先生的攀比，初次见面，相互打量着对方的怀抱，一边啬啬地说着赞语，同时不设防地交流抱怨。所有的年轻妈妈都觉得自己的孩子才是天使，别人的孩子不过如此。她克制不住自己的欢喜和虚荣，要向世界宣布，她是一个可爱 baby 的母亲。这个 baby 是她历经艰辛、磨难和疼痛之后的成果。她爱，她怜，她不许任何人说她的孩子不好。

一直喂母乳的妈妈，当得知自己母乳不足的那一刻，会感到巨大的自责和失落。她觉得懊恼，仿佛对自己的孩子犯了错。她也觉得一种无可奈何。那个完全依赖她的一粥一饭哺育而来的小天使，可以不依赖她了。这预示着将来终有一天，她将和他分离，在这个时候，她有点儿理解了天下所有爱儿子不疼儿媳的婆婆。因为她注定也会面临一个婆婆的境遇……

笑　　　　　　　　　　　　　　　　2013 年 8 月 8 日

　　今天，小竹笛宝宝叫了句 baba！那时，我们正争着逗他玩，他一边很淡定地看着，一边吃小手手，然后不知道怎么地就吧唧出一声爸爸的音节来，十分清晰响亮！我俩同时一愣，然后激动得不行……很多天前，他吧唧出 mama 的音时，我也是今天这种感觉，狂喜的心跳！

回家　　　　　　　　　　　　　　　2013 年 8 月 22 日

　　拂晓，路过榆林，微雨，清寒。小竹笛睡得很香。偶尔在睡梦里发出嗯嗯啊啊的声音，像只蛮憨的小野兽。掀起窗帘，外面是褐色山谷的轮廓，风吹响晨曦。我的小家伙一路上都很欢喜，丝毫不留恋大都市的喧闹与繁华。这浑厚的黄土高原，和我，和他，有缘。我勇敢的红孩儿，妈妈把一切该打理的俗务搞定后，会立马飞奔到你身边。不要想我，宝贝儿。不论身在何处，我的心，永远在你这里。

真正的儿童教育　　　　　　　　　　2013 年 12 月 23 日

　　　　　门前小松鼠，来往不惊人。
　　　　　松树爱松果，小松家白云。
　　今晚听叶嘉莹先生讲座。叶嘉莹先生讲她教小朋友作诗，她先作前两句。说，作诗很容易，眼中看到的，心中想的，都可以写成诗。你们看，比如我们附近树林子里就有好多松鼠啊，这么多松鼠见了人也不害怕，我就写了两句诗，你们回家也写两句好不好？把你们心中真实的想法表达出来。

过了一晚上，她的学生，一个四五岁的小男孩就接了后两句。"是什么意思呢？"叶先生问他。小男孩说："松树喜欢松果啊。"叶先生又问："那第二句是什么意思呢？"小男孩答道："小松就是松鼠的名字，他想爬到树上去，这样就离天上的白云很近了。所以说小松家白云啊。"叶先生笑说："你们看，他写得多好！"

这才是真正的儿童教育。教他观察，教他思考，教他感受，而不是用书本或是知识代替他的真实心境。每个孩子的心里都有一个童话世界。需要呵护，需要尊重。

念   2014 年 1 月 2 日

宝贝：

常常要克制自己打电话的欲望，想听听你声音的念头在我闲下来的时候就缠绕不去。马上要回家了，更是想你。

我好希望带你回我小时候长大的地方，让你看一看我们家的土地，姥姥园子里亲手种植了各式蔬菜，村外有河流，蜿蜒，宽阔，河岸之上都是麦田，还有两排林子，在黄昏时分很美。等你大点儿，咱们可以拎着小水桶，跟姥爷一块儿钓鱼去。妈妈小时候在雨天的河边呆望水面，看小喇叭似的花朵接连地盛开，很羡慕小鱼儿。我想，性情这么像我的蛮蛮肯定也会觉得很有趣的。妈妈很想儿子。妈妈也很想自己的妈妈。

宝贝儿，我不想你在城市度过童年，然而回去也是不行的，我的小家伙会钓鱼会摸虾会调皮捣蛋地在麦田里奔跑之后，成绩不好怎么办？回到城市后，学习跟不上怎么办？一想起这些，我就非常地头疼。不知将来怎么办。我希望我的蛮蛮不要过早地戴上眼镜，不要文文弱弱，太过书生气。我希望我的蛮蛮能成为真正的男子汉。智慧，但不机巧，善良，而不愚笨。一切都是本色的，美好的，清澈的，聪敏的。

想象有一天，你可以跟妈妈谈天，讨论很多话题，我就情不自禁地想微微笑。你是小小的我，又不是我，一棵大树分出了枝丫，开满了花。多么神奇啊，我的宝贝！

大兔子爱你

和竹笛在一起   2014 年 1 月 20 日

发现小兔子比我想象的要勇敢得多。昨晚我们在房间里开着灯玩，我想看看他对关灯的反应怎样。为了让他有心理准备，关灯之前，我说："蛮蛮，看这个，妈妈要按了。"说完我按下了开关，房间里一下子黑了。我看不清他的表情，一两秒后我又开了灯。小家伙有点儿懵懂地看着我。

"蛮蛮，看这里，妈妈又要按了。"我又按下了开关，房间里再度黑乎乎的。这回，我过了三四秒才开灯。开灯后，发现他正定定地望着我，依然没有叫唤。第三次，我再次告诉他妈妈要关灯了，接下来把黑暗时间再度延长到十秒钟，开灯后，他竟满是喜悦之色。第四次，我关灯的时间更久，黑黑的房间里，一直很安静。灯开的一刹那，他的眼中光芒闪烁。

哈哈，小家伙明白其中的道理了，而且学会了在了解事实真相后表现淡定。

小儿郎读书   2014 年 1 月 22 日

发现竹笛同学爱看图画书。昨天我们俩在房间里玩，我想看看他一个人怎么玩的，于是就在一边不说话，眯着眼睛装睡，只把图画书《飞翔的鸟窝》放在他面前。这本书是曹爷爷赠送，图是插画家程思新绘的。画面色彩温暖，绚丽。

小家伙没有管我，自己在那儿把书翻来翻去，一会儿"大大"地叫唤着拍打硬壳封面，一会儿撕扯内页，还撕下了一页。撕坏的那张纸嗤嗤响的时候，他有点儿愣神，好像不知声音从哪里来，过了一会儿，就雀跃起来，挥舞着纸甩来甩去，好像跟纸打架打赢了。过了五分半钟，终于想起我来了，四处张望，向我伸出了小手。抱在怀里，过了一会儿，就睡着了。

晚上，我们吃枣，也给了他一颗拿着玩。没想到他竟连皮吃起来，我赶紧夺下，这次，他立马不淡定了，嘴巴一撇，哇呜一声哭出声来，把枣放回他手中，人家还眼泪汪汪地哼了一声。

今天对不起，宝贝   2014 年 1 月 23 日

小兔子在身边呼呼睡了。今儿一整晚都有点儿愧疚。

今天我装模作样地揍了他好几下。本来我们玩得好好的，他突然扬起手打我。我便严肃地在他屁股上拍了一下，心想，穿着羽绒服呢，反正不痛。看我打他，他又打我，我便又打了他屁屁一下。这么反复竟有五六次，我想你这小兔子竟敢百折不挠地打娘亲，我便也一直虚张声势地揍他屁屁……第六回合后，他终于委屈地大哭，眼泪哗哗流下来。他可能觉得我最宠他，不会打他，结果如此失望，又委屈又生气。没想到这么小的小兔子已经什么情感都懂得了，他知道妈妈最爱他，他最能撒娇，他以为我会任由他使性子。我让他失望了。

宝贝，对不起，妈妈下次一定温柔地和你讲话。妈妈今天有点儿太严肃太粗暴了。

竹笛，竹笛

乘竹笛睡着的当儿，抽空看了篇论文。感觉一下子从婴儿状态突飞猛进直线飙升到不说人话的师太阶段，有点儿精神分裂……整个白天，我都努力想竹笛同学之所想，尽力"婴儿呼呼"的，和他一起拍打画册，一起咯咯大笑，一起飞呀飞呀。到了晚上，我才发现我真傻，其实小兔子对我的大人话都懂得，他虽不能言传，都意会得了。我的赞许、不悦，他都捕捉得很敏锐。小婴儿实在是个神奇的精灵人儿。

下午午睡前，我俩又相望相守。给他喂完蒸苹果，我把大瓷碗给他。自己看论文，看一节瞄他一眼，看他在干啥。和前天独自翻看图册不同，这次他对大碗的圆弧产生了浓厚兴趣，翻过来倒过去，一会儿用碗捂着脸，一会儿啃碗边，不一会儿，他发现了勺子和碗接触会有特别的声响，于是，开始敲击，越敲越兴奋。幸好瓷碗够结实。

今儿我们相处甜蜜 :-)

小兔子乖乖

大多数人都认为婴儿是不需要尊重的，在喂哺问题上就产生了不知多少矛盾。经常是这方摇头摆尾坚决不吃，另一方心急火燎用尽心计劝食。直到孩子哭泣抗议，仍然有家长不问不顾继续折腾的。今晚上，我家竹笛也闹了这一回。

晚上，大家在聊天看电视时，竹笛一个人乖乖地在沙发一角玩糖纸，我把糖吃了，把纸随手给他玩，没想到这角糖纸竟让他有耐心玩了十来分钟，颠来倒去地看，揉搓，摩挲，安静不吵闹的竹笛真像个小姑娘。

玩腻了糖纸，他又开始攀物学站，他今天开始尝试着把双手展开，能站四五秒了。大家啧啧称赞之际，他明显有点儿受宠若惊，不明所以……玩了很久，终于瞌睡。奶奶用老招数，喂奶哄睡法，今晚却不灵了，小家伙就是不吃，开始哭闹，后来我看不下去了，我说我来喂。结果仍然不行。他就是不吃奶粉。

后来我说，乖，咱们不吃了，妈妈给你脱衣服睡觉觉好不好？刚把他放下，他竟然就不哭了。过了几秒，小兔子开始调皮捣蛋地踢腿伸胳膊，跟我咯咯笑。

学语　　　　　　　　　　　　　　　　　　2014 年 1 月 26 日

今天突然想到，如果有人能出一本婴儿语言书，对天下新任父母而言，可谓大功一件。目前，竹笛哥哥的语言我总结如下（十个半月）：

dada 音，竹笛自己发明的，所指比较丰富。在用勺子敲碗、翻扯图画书、玩糖纸及自个儿的围嘴儿和尿不湿时常用。表达自娱自乐的惬意之情。

mama 音，大人教的，知道是我。呼唤抱抱时常用……妈妈，我已经会叫妈妈了，你不要几百遍地让我说好吗？

baba 音，大人教的，指爸爸……唉，你非要我模仿叫爸爸，那我就叫了。平时我不叫。

nainai 音，也是大人教的，指奶奶。无意识发音，或被要求模仿时常用……一会儿吃奶奶，一会儿叫奶奶，此奶奶和彼奶奶究竟有什么区别啊？真让我犯愁啊！

manman 音，模仿我们对他的称呼，知道是自己……我已经知道自己叫蛮蛮了，不过妈妈，你口中的小竹笛、小兔子、红孩儿、宝贝儿、乖乖，还有爸比，你口中的宝格迪、屁蛋、奥斯特洛夫斯基，还有奶奶，你的毛蛋蛋，这些又都是什么跟什么啊？

aaa 音，随着声调节奏的变化表达不同的含义。跟我撒欢时是阳平调，拖得老长。四声时表示这时候特别激动……啊啊啊妈妈，我真是太高兴了啊！这是什么呀，好好玩啊！

enen 音，拖长调，这是表示抗议了，一般在拒绝吃饭初期时用……我不想吃了，我可以拒绝再被喂吗？

wuwawuwa，这是生气了……我不吃不吃，你还让我吃，真讨厌啊，我的话你又笨得听不懂，真讨厌啊！

di，这是好奇义……妈妈，你看的这破书好无聊啊，你为什么还看？

妈妈去哪里了　　　　　　　　　　　　2014 年 1 月 29 日

2013 年马上要过去了，阳历过新年的时候，心里总还有点儿念想，觉得农历的日子还长着，这要总结的一年末尾还有些许日子，未曾想，时光它有脚啊，悄无声息地就溜到了这马上要吃年夜饭的倒数一天。

我的小竹笛此刻已经睡着了，在床的另一头，我用文字记录他的点滴成长。短短的十来天，我们已经足够默契，以前略有的隔膜果然随着时间而消失于无形。竹笛见我就笑。我有时候高兴了，挠他痒痒，他更是咯咯地笑得开心。

今天中午在餐椅上喂他喝果汁，中间我躲到椅面下和他捉迷藏，从椅子下问："妈妈去哪里了？"过了几秒再抬头时，他兴奋地看着我，有发现的惊喜。过几秒还不抬头时，他便弯下腰来找我。后来我又躲得更远，在门背后藏着，这时清晰地听到他叫我"妈妈——"，略带着急的奶声奶气的寻觅让我的心软得像五月的未名湖水。噢！我的宝贝！你的眼里和心里重新有了妈妈，妈妈的眼里和心里一直有你。仿佛还记得第一次胎动你在我腹中踢踢跳跳的情形，让我迷茫，困惑又倍感神秘，今天，你睡着时踢被子把小脚踢到妈妈鼻子上，还把你的小脑袋故意地往妈妈额头上撞，妈妈的鼻子痛得不得了，额头也有点儿痛，你却只是笑。难道你自己不痛的，小淘气？

"有人不爱子，花不为伊开。"因为你，妈妈是有大花园的。

幸福的事　2014 年 2 月 6 日

最幸福的事是听见竹笛牙牙学语，奶声奶气叫我妈妈。今天姑姑带着小表哥来玩，临走时候姑姑对表哥说："宝宝叫妈妈。"表哥不语。姑姑又说："宝宝叫妈妈嘛，快叫妈妈。"表哥还是讷讷的，不叫。整个过程，我和竹笛在沙发上听着，这时候他突然对着表哥叫道："妈妈——"吵吵嚷嚷的众人哄然大笑。

燕燕轻盈，莺莺娇软，不及我竹笛叫这一声娘亲，喜得我嘣地亲了乖一口。

小淘气　2014 年 2 月 7 日

竹笛这两天新学了本事，学会了伸舌头捣蛋。喂水时候这样，以前他不想喝了就摇头或者哼哼唧唧表示抗议，现在改换策略，开始采取非暴力不合作运动。不想喝时，笑眯嘻嘻地开始卷舌头，噗噗地吹泡泡，有时候把水喷我一脸，他看着我慌乱还挺高兴。吃饭不想吃时则呜哇呜哇地吧唧嘴，把自己腮帮子和下巴弄得全是饭，完全成了小花猫。有时候小手一挠，全抹我脸上了，他看我呀呀地吃惊，越发眉飞色舞。我可爱的小淘气～

葫芦，葫芦　2014 年 2 月 9 日

每晚哄竹笛睡觉是最甜蜜的时光。之前几天，我采取抱睡的策略，左摇摇，右摇摇，同时哼儿歌，后来给他吃安抚奶嘴，有时候

喂上一壶子奶，这么着一会儿，他通常会安静下来，不像白日里躺倒了就要翻身爬起来，坐下了又要站起。

安静后的竹笛睫毛忽闪忽闪的，一会儿看看我，一会儿看看夜灯，嘴里"大大"地叫唤着，半扭着身子做翻身状然而并不真翻，专等着侧转身朝我笑。有时候我哼歌，他会把小手伸过来，用指尖触碰我的嘴唇，好像想用手摸摸声音来自哪里。

这两天，为了更快地让他入睡，我新发明了一招。当他安静地睡下时，我开始假装合目打呼噜，要在平时，看见我闭眼睛，他一定会挠我眼皮，这时候却不，听见我打呼噜，他也开始学，我呼呼一声，他也呼呼一声，我呼呼两声，他也呼呼两声，学着学着，小家伙的呼吸开始轻缓下来，变得均匀，这时候他真的开始打起了"小葫芦"。而我，也有点儿犯困了。

笑　　　　　　　　　　　　　　　　2014 年 2 月 11 日

这大半个月来，每一天都很匆匆，都很忙，很累，夜里得起来两次给竹笛喂奶，白天给他做饭，蒸果汁，洗衣服，基本上没有时间休息。奇怪的是，每天都精神饱满的，从不瞌睡，年前在学校，中午是一定要补觉的，夜里老失眠。

现在，失眠是一次也没有过，哄竹笛睡觉的时候偶尔一不小心睡着了，就会睡得美美的。梦都是彩色的。在辛劳后，在付出后，倍觉幸福甜蜜。今晚竹笛吃睡前奶的时候，突然摇头推开奶瓶，迷迷糊糊地看着我，叫了声"妈——妈——"，我愣了几秒，才答应了一声"哎"，他很淡定地瞅我一眼，开始继续吃奶……喔，我亲爱的亲爱的小家伙，妈妈不可能更温柔了怎么办～

临睡前哄他睡觉，给他哼儿歌，他定定地看着我，张开嘴巴听，过一会儿突然兴奋起来，翻过身去又翻过身来，咯咯地笑出声。

谢谢竹笛   2014 年 2 月 11 日

我得感谢我的孩子，他勾起了我所有的责任心，细心，耐心，爱心，还有满满的温柔心。每一天都给我喜悦，每一天都给我欢笑。每一天，都是真，善，美。每一天都有小小的戏剧发生，每一天都有美妙的诗。谢谢宝贝，让我走进真真切切的生活，在柴米油盐中感受风花雪月。竹笛，你是妈妈的老师。

今天把这段话写进了我的博士论文后记里。

学语   2014 年 2 月 17 日

今天带竹笛去海淀妇幼体检，体检的医生说："宝宝，你的小手在哪里呢？"小家伙只看着阿姨笑，医生又问："宝贝，灯在哪里？"竹笛还是笑。经医生解释，我们方才明白，平时忘记教他学这些了。医生建议我们在日常生活中教孩子学习名词和形容词。

晚上回到家，竹笛梦里醒来哭鼻子，爸爸颠颠地小跑着拿了奶瓶过来，在递给儿子之前，贼忒嘻嘻地笑："爸爸告诉你，这是奶瓶，里面是水，水，水……"竹笛急得哇哇叫，根本不听他的教导。谁知爸爸被热情撞了一下腰，还在那继续指着自己的大手说："这是手，手，手……"急得我一把夺了过来。

语言老师   2014 年 2 月 19 日

自从教学的热情被医生一下子促发后，爸爸今儿一大早就开始跟竹笛对谈，当我尚处于半睡半醒之际，隔壁的老师已经开讲了：

蛮蛮，这是水，我们来喝水水好不好？水，水，水……

蛮蛮，这是勺子，勺子，勺子……

蛮蛮，爸爸要做仰卧起坐了，仰卧起坐，仰卧起坐……

我笑晕了。晚上我从学校回到家。竹笛同学已经睡着了，半小时后醒来耍。爸爸赶紧炫耀他的教学成果。

蛮蛮，你的手呢？笑笑地摇了摇手。

蛮蛮，你的脚丫子呢？低头摸摸脚。

蛮蛮，你的嘴巴呢？噗——调皮地吐了吐舌头。

蛮蛮，耳朵呢？害羞地挠了挠脑袋。

不错不错～

郎骑竹马来，青梅何在哉？   2014 年 2 月 23 日

什么是熊孩子，现在是真真切切地感受到威力了。先是玩木马，这木马是师姐师兄送的，今天才想起来安装，没想到小家伙特别喜欢。我推着他在房间里转悠，先去客厅里找奶奶。"奶奶，我们骑马来了！"我一边说一边推着他前行，哒哒哒哒，竹笛笑得咯咯的，然后我们又去卧室找爸爸，"爸爸，看看我们的小马！"又笑得咯咯的。

平时只有一两小时陪他，今天一整天都在和他玩，小家伙高兴得不得了，半天工夫就不要奶奶，也不要爸爸了，因为妈妈一会儿带他玩木马，一会儿又抱着他坐健身球，一上一下多舒服的，这个玩腻了，又教他玩游戏栏，接着给他讲《可爱的鼠小弟》。忙得足底生风！

让他一个人玩简直是个冒险，累了的时候我给他一袋开口很小的旺仔小馒头，希望他能像位绅士一样，把小手伸进小口里面，取一个出来，慢慢地放嘴巴里。结果证明我太幼稚了，屁蛋一开始的乖觉完全是假象，刚转身拿个玩具，回头就发现小馒头已经撒了一被子……真真是其疾如风不动如山动如雷霆啊有木有！

爱笑的
小婴儿

梦见"大大" 　　　　　　　　　　　　　　2014 年 4 月 9 日

　　一岁的小竹笛是个爱读书的好娃娃,《可爱的鼠小弟》系列已经翻得皱巴巴了。这套书是曹爷爷送的,说是最受欢迎的儿童读物。一开始我看色调以黑白灰为主,每页又有大面积空白,觉得孩子肯定不爱看。结果却相反。相比五彩缤纷的那些彩绘书,小家伙更爱看这个"鼠小弟"。

　　这套书里有好多动物,都是鼠小弟的朋友。有大象,有狮子,有鹅,还有鼠小妹。每本书讲一个故事。画面很简单,故事也很简单。一开始看时,竹笛要人一边翻书一边讲,他呢,一边听一边 wuawua 不知道在说什么。不讲他就哼唧不高兴。奶奶告诉我,她每天都被迫讲十几遍《鼠小弟的小背心》。看多了,竹笛认识大象哥哥了,但他不会发双音节,每见书里出现长鼻子胖身子,就"大大、大大"地叫唤。

　　昨晚我回家,半夜里正愁思满怀想论文的事,突然听到一声清晰的"大大"!这是第一次听到小家伙说梦话。今天这两个流利清脆的音节一直盘旋在脑海里,时不时地奏一下。

和竹笛在一起的半天里 　　　　　　　　　2014 年 4 月 12 日

　　因为写论文,这一段时间都住在学校宿舍里。才三天不见,今天中午抽空回趟家,宝贝儿已经会走了,完全地会走了!在小区的路上遇见,远远地就在小车里伸出了手,嘴里喃喃地叫着"妈妈妈妈"。

　　到家后,放他在客厅桌子边站着,我赶忙洗手去,就在这功夫,小家伙已经撵了过来,在门边歪着脑袋瞅我。三点回家,九点回校。这四五个小时之内连轴转地想尽一尽妈妈的责任。背着他,来来回回地小跑,他特别喜欢,比我抱着他更喜欢,笑得咯咯的。

乐于助人　　　　　　　　2014 年 4 月 26 日

　　小竹笛已经很懂对妈妈撒娇了。看我拖地不抱他，他在那哼哼唧唧，我瞪他一眼，想吓唬吓唬他，大概他从未见过我这表情，竟然咯咯地笑起来。过了一会儿，他又哼唧，我又瞪他，他又开始咯咯笑。我连着试了好几次，每次他都笑得无比欢乐。奶奶也跟着学，结果他不笑。

　　昨天去小区广场玩，他捡起草地上一片落叶，作为友好的示意，递给身边另一个小朋友，小朋友的奶奶笑着说"谢谢你"，他听了非常高兴，又去捡了一片落叶送给小朋友，奶奶大笑，又说"谢谢"，接下来，我的小伙子就接二连三地捡落叶往人家小朋友帽子里送，往人家奶奶手上送，硬是把人逼得一边不停道谢一边笑着转移阵地了。

　　晚上我回家把他从梦里吵醒了，他竟好有精神，爬起来翻看《可爱的鼠小弟》，找他的大象哥哥，一见大象，就兴高采烈地叫唤："大大！大大！"看到狮子就叫唤；"猫猫！猫猫！"然后看到小老鼠，我说："宝宝，这是小老鼠。"他不会发老鼠这个音，沉默了一会儿，开始翻页，看到大象，又高兴地叫："大大！"

　　看了半个多小时，揉揉眼睛，小伙子呼呼睡着了。

"小玻"驾到　　　　　　　　2014 年 5 月 2 日

　　今天，小竹笛收到了周阿姨的珍贵礼物，两套"小玻翻翻书"系列。在此之前，我还没有听说过这套童书，今天打开一看，一见倾心。作者该是多么的富有童趣才能设计出这么可爱的一系列绘本啊。这套书略有文字介绍，故事情节有趣，比较适合两三岁的儿童阅读。不过小宝宝也是可以翻翻的，每一页都特意设计一份插页，打开后，和遮住前的画面相映成趣，又给孩子寻找和发现的趣味。

但开本似乎略小。这是不足之处。

　　这次的翻翻书以暖色调为主，明黄，草绿，天蓝……和我们之前读的"可爱的鼠小弟"系列以黑白灰为主大为不同。小竹笛对鼠小弟很喜欢，尤其对铅笔浅描出来的肥大壮硕的大象非常喜爱，一见就大声叫唤。今天晚上回家，我一股脑儿将十二本书都放在他眼前，结果他立马开始"谋乱"，手中拿着一本，眼睛瞥向另一本。翻翻这个，又拿起那个，一个也没好好看。

　　突发奇想，想拜师学画，专门为我家竹笛哥哥也绘一套这样的书来。这是心愿之一，今日记下，以后实现之时回来签收。

生子记　　　　　　　　　　　　　　　　　　2014 年 5 月 10 日

　　晚上因为看电视剧《产科男医生》，一下子回忆起一年前在海淀妇幼待的那几天。种种场景，觉得很熟悉，又很陌生，短短一年，竟像过了好几年一样。看到那些镜头，有点儿后怕，但经历过，知道那些呼天喊地都是真的，并没有太多夸张。当时同病房剖腹产的新妈妈，在床上躺好几天不敢动的场景还历历在目，而自己，当时的疼痛已有点儿想不起。都说好了疮疤忘了疼，真是这样。

　　还是在临产前几个月，妇幼的医生就给我们打预防针，说疼痛分多少级，而生产属于第十三级，后来，因为打了止痛针，我没有感受到这个痛，但打针之后却依然疼得要命，不打针的疼可以想见。在产房里，十来个产妇都打了止痛针，打完后呻吟声即刻轻了许多。我也不再接二连三找护士了。唯有临床一个女孩，她还是痛得满床翻滚，我问，你没有打针吗？她摇摇头。我说，医生说打了会少疼许多。她咬紧牙关回我："打针会有一些副作用，对宝宝不好。"我们一起在产房里待了差不多六个小时，我一直没看到她的脸，只见她披散的头发和蜷缩的背。

　　……

竹笛出生的那一刻，我觉得自己已经拼尽全力了，再也不能了。谢天谢地，在力竭之前，哇的一声，他大声地宣告了他的到来。我一下子哭了起来，喜悦的泪水。当时对助产的几位医生真的很感激，她们三个人，两个中年，一个看起来还像小姑娘，帮我闯过了人生最难闯的一关。

第一眼见到孩儿，觉得又熟悉又陌生，他就那么安静地看着我，时而打个哈欠，舔舔嘴唇。我们是一体的，分离成两个，看着他就像看着另一个我自己，说不出的温柔、甜蜜、感动和心心相印。那一刻，时间好像停了，最美好的地久天长的一刻，刻在生命里。

孩子出生后，继续留在产房观察两小时。那两小时内，他睡在我的臂弯，那么小，那么乖巧，那么惹人怜爱。我忍不住掉眼泪，觉得一切都这么美好，包括疼痛。他不哭不闹，睁着大眼睛静静地看我，我也看他。我们互相对视着过了这两小时。

……

第一次哺乳，是个神奇的事情。我很快有了初乳。他拉出了黑色的脐屎，像几个小逗号。可爱极了！

为娘不易　　　　　　　　　　　　　　　　2014 年 5 月 28 日

妈昨天回家了，婆婆还没来，于是带孩子的任务落到了我一个人身上。昨天下午起到当下，我的嗓子已经哑了，干涩得很。这两个半天，感觉说了几周要说的话，每一分钟都在说。我家公子不知哪里来的精神，一会儿把抽纸扯得满地都是，而且一张一张地撕，边撕边笑，一会儿把衣服、盘子、勺子他能够得着的，全往地下扔。喂饭时根本不乖，非要举着一本书，让你一边喂饭一边给他讲故事，要么就拿着书到处走，我跟在他屁后一路颤巍巍地举着勺子追着喂，他一举胳膊，饭就落到了地板上，或是满嘴米粒突然之间兴奋地抱住我的腿……

在家待一会儿就不耐烦了，手指着门嚷嚷，我只得带他出去玩，外面日头烤人，我推着小车，把阳伞给他遮着，自己穿过烈日……接下来看鸟、看狗、看花、看草，东走走，西走走，边走路边仰头看天上的树叶子，我在后面猫着腰提心吊胆地跟着以防他摔跤。

回家后，吃过饭，又吵着要讲故事……快来搭把手吧！

亲子故事｜好朋友　　　　　　　　　　　　　　　　2014 年 5 月 28 日

晚上，为了哄竹笛孩儿吃饭，一边敲碗一边即兴给他讲故事，效果出乎意料地好，他听得笑眯嘻嘻的，整个过程，都十分专注。后来，当我再次播放录音给他听的时候，他听着听着，睡着了。一天的辛苦消失不见，唯有喜悦和爱。

以下是正文，根据录音整理：

好，现在我们给蛮蛮讲第一个故事。

这个故事呢，刚才妈妈给你讲了一遍，但是你肯定记不住，所以呢，我再给你重新讲一遍好不好？如果你要觉得好的话，你就拍拍小手，好不好？（蛮蛮笑着拍手手）拍拍小手是吧？这个故事的名字叫什么呢？叫"好朋友"，我讲的这个"好朋友"呢，这里面肯定有两个人，他们才能成为好朋友对不对？

从前，有一棵非常非常粗的大树，这棵大树长得特别特别高（蛮蛮笑），树顶上有特别特别多的树叶子。然后呢，在这树叶子中间，有一个小鸟窝，里面住了一个特别漂亮的鸟（蛮蛮笑）。你知道鸟吗？你认识鸟是不是？（蛮蛮说"大"音）哎，你认识鸟！然后呢，在大树的底下，大树不是很高的吗？在大树底下呢，还有一个树洞（蛮蛮叫唤"洞"音），树洞被别人当作房子住了，这里面住着一个什么呀？住着一个大白兔。因为小鸟和大白兔都住在这同一棵树上，所以呢，他们就成了好朋友。小鸟就叫大白兔"大白兔哥哥"，然后呢，大白兔就叫小鸟"小鸟弟弟"，他们每天早晨都会互相打招呼，都会说"大白兔哥哥，你好""小鸟弟弟，你好"。每天晚上呢，他们也都互相说晚安，一个说"大白兔哥哥，早点儿休息"，一个说，"小鸟弟弟，你也早点儿睡好不好？"

大白兔喜欢吃胡萝卜，他呢，在大树边上种了一块地，里面呢，栽种了好多胡萝卜（蛮蛮发"萝卜"音），小鸟呢，喜欢吃虫子，他的窝里面呢，藏了好多好多虫子。有一天，大白兔很好奇，他说："小鸟弟弟，咱们两来换一下食物好不好？我家种了这么多胡萝卜，我送给你一些吃好不好呀？"小鸟也感兴趣了，说："好呀好呀，我的窝里也有好多虫子呢。我也送一点儿给你吃吧。"于是，他们俩就选择一个地方，因为大白兔没办法到树顶啊，所以小鸟就飞到树底下，飞到树底下大白兔的洞里见面了。见面的时候呢，小鸟带来了好多好多虫子，呀，这些虫子把大白兔的房子都占领了，桌子上也是虫子，床上也是虫子，凳子上也是虫子，到处都是虫子，大白兔吓坏了，他说："呀呀，你都带了些什么东西来啊，你把我的房间弄得乱七八糟，脏兮兮的，而且这些虫子毛茸茸的，好可怕呀！"（蛮蛮笑）

小鸟弟弟就很不高兴，他说："大白兔哥哥，我把我最好的食物给你带来了。不是什么可怕的，你怎么能这样说呢？"大白兔说："哦，原来是这样啊，可是，我不爱吃虫子呀，他们那么可怕，一点儿也不好看。而且，我根本就不敢碰它。唉，不提不提了，小鸟弟弟，我来带你看看我的胡萝卜吧，他们又好看又好吃呢。"于是大白兔就把小鸟弟弟带到他的田里去，果然呢，田里面种了好多好多胡萝卜，已经都被大白兔拔起来了（蛮蛮说"大"音），一根一根地摞在一起，而且被大白兔洗得干干净净（蛮蛮说"干干"音），大白兔就对小鸟弟弟说："小鸟弟弟，你赶紧来吃一根吧，可香着呢。"小鸟弟弟听了，就使劲地用嘴在胡萝卜上啄了一口，结果胡萝卜太硬了，小鸟啄了一下就疼得哇哇叫。

"啊呀呀这是什么东西啊，把我的嘴都弄疼了！"小鸟大声地叫喊起来。大白兔很奇怪，说："怎么会呢，我吃起来可又脆又香又甜啊，可好吃着呢！"小鸟仍然哭鼻子，说："啊呀我的牙坏了，我的嘴巴啄坏了，可怎么办呢？"大白兔反应过来，说："小鸟弟弟，是不是这些胡萝卜不适合你啊，只适合我大白兔吃啊？"小鸟弟弟也反应过来说："是啊，大白兔哥哥，我喜欢吃虫子，你不喜欢，你喜欢吃胡萝卜，我又不喜欢，咱们每个人都只喜欢每个人的食物，食物是不能交换的。"

于是，他们俩就开开心心地回家了。这个故事讲完了，好不好玩啊？如果你觉得好玩，你就点点头好不好？（蛮蛮点头）哦，乖乖，真的好玩呀？那妈妈以后再给你讲啊。今天这个故事就讲完了，妈妈以后每天都给蛮蛮讲一个故事好不好，你说"好"（蛮蛮笑）。

岂无他人，念子实多   2014 年 6 月 1 日

终于把小家伙哄睡了。在给他洗了澡、喂了奶、讲了五本绘本、自编了一个故事并且假装打呼噜许久之后。

今天是儿童节。上午和竹笛去小区公园里走了走，教他玩球球。推着车车，一路上遇到老大爷和老太太，大家都跟竹笛打招呼，因为他见到这些爷爷奶奶就笑，物业的一位大爷笑说："这是位小佛爷。"小佛爷对别人爱笑，对妈妈就爱撒娇。

下午和竹笛一起在楼前听雨。从雨点一滴一滴落下开始，到淅淅沥沥及至满地水花，我给他讲雨的来历，说天上的星星下凡来的故事。他很惊奇，对天上地下的风景都充满了探究的热情。听到雷声很害怕，口里喃喃地说着"怕怕"，然后一下躲进我怀里。当我抱着他走进雨地，他却又十分淡然，目光追随路上撑伞的行人匆匆而过。这一刻，是让人沉静温柔的时刻，从未有现在这样，如此安心。爱一个人，最真之际是温柔的，沉默的，不言不语的。

让我惊喜的是，竹笛竟然自己学会了表达亲亲。平时，我从没

有教他。今天在雨中，我说，宝宝亲亲妈妈好不好？他甜蜜地凑过脸来，亲了一下我的脸颊。啊，什么时候学会的呢！难道是从我亲他的小手小脚爸爸亲他的小屁屁之中学会的？后来，爸爸也嫉妒地表达了同样的意愿，小家伙也甜甜地凑过去，亲了一下爸爸的脸颊。

今天我做了田园青菜饼和南瓜饼。假以时日，我看我绝对有成为大厨的潜力。说到吃饭，竹笛这两天表达了强烈的自己动手丰衣足食的意愿，逮着筷子勺子就不放，并且要抱着碗自己来舀。一开始我不理解他，以为他饿了，便把勺子拿过来，要给他喂，结果他怎么都不乐意，闹到哭鼻子。后来才知他要自力更生。于是今晚上我给了他一个自己吃饭的机会，代价是沙发垫子、衣服、裤子、鞋子、地板全是黏糊糊一片。

一岁两个月的小兔子哥哥，吵着要独立了。真是可喜可贺！

加油，竹笛妈妈　　　　　　　　　　　2014 年 6 月 8 日

每次蛮蛮挥舞着小手，甜蜜地幸福地笑着朝我跑来，我就受不了了，开心得想掉眼泪。

小时候他还不会走，被姥姥抱着，一蹦一纵地总想往我怀里扑，一边扑一边笑得咯咯的。长大点儿了，还是这样，远远地看见妈妈，就踮着小脚像一只小鸟一样飞过来。所以，每次都是这样，当种种烦恼和疲惫把我的热情打压，一些情绪郁结心中，无处释放，他朝我甜甜一笑，干枯的苗儿又鲜活灵动起来了，负能量瞬间成了脚下的泥土。

我可以做得更好，加油，竹笛妈妈～

甜蜜心　　　　　　　　　　　　　　2014 年 8 月 8 日

在午后，整理孩儿小时候的衣服，是一件多么美好的事。那

么小小的衣服，那么小小的小人儿，如今已会小跑了，会讲好多话了。

这几天，孩儿的语言能力突飞猛进，两个字的词语会讲好多了，咬紧牙齿发出稚嫩的双音节，像包饺、土豆、再见、马桶、洗澡、不要、吃菜、汽车、哈瓜（他不会说三个字的哈密瓜）都会讲了，四个字的词语会讲"舅舅再见""妈妈抱抱""奶奶再见""爸爸抱抱"，一个字的，图画书上的动物如虎、猴、猫、狗、鱼、羊、猪、牛等都会了，生活用品如灯、鞋、帽等也都会讲了。

过不多久，我俩就可以对话了，想一想，就很激动。竹笛最近刚学会坐凳子，他自己学的，摸索着，小屁屁一点点儿往凳面上挪，等稳当了，再大大方方坐上去翻书看。在我身边的时候，一不留神就坐上我的腿，大概他研究出了这个人体凳子最舒服。宝贝的几十本图画书已经看完了，翻旧了，又得换新的了。

学语记　　　　　　　　　　　　　　　　2014 年 8 月 12 日

亲爱的竹笛孩儿学语之际总有意想不到的趣事发生。

今天吃午饭的时候，舅舅坐在书桌前打字，竹笛一边吃饭一边不停地叫他："舅舅！舅舅！舅舅！舅舅！"有喊他过来吃饭的意思，每次舅舅都心不在焉地应一声，未回头。过了一会儿，忙完了，转回头笑盈盈欲抱我孩儿，一开口便叫小家伙："舅舅——"全场笑翻。哼，谁让你不回应我们的好意，对我的话不理不睬。小宝宝说话，你们大人一定要回头笑一笑呀，这是礼貌不是？

下午宝贝有新的进步。平素只要我在家，孩儿总撵着我叫妈妈，每次我都响亮地答应一声"哎"，今天，他开始不粘我，自顾自地叫唤开了，他先叫一声"妈妈"，然后紧接着说"哎"，就这样，一个人拿着玩具，"妈妈——哎"，"妈妈——哎"，玩得不亦乐乎。我们再次笑场。啊，我得再有一个女儿。

乔迁之喜

今天已经累得七零八落的了。这两天连打开电脑的时间都没有。更不提写作读书了。整整一个月，被一地鸡毛的琐事牵绊，不得脱身。粉刷墙壁、购置家具、收拾行李、整理杂物、陪孩儿……直到今天，终于暂且安顿下来了。在师大的一角安了一个小而温馨的窝。

所幸孩儿一点儿也不觉得小，也不觉得陌生。问他，新家好不好？响亮地回答"好"，充满喜悦和兴奋的笑。让我好感动。

今天第一次在师大校园里散步，傍晚的主楼广场人声鼎沸，六七岁的大孩子骑着闪亮的风火轮，引得孩儿专注地看。我们还没有来得及结识新的小伙伴。下午定了一个书架。烦愁常在时间有限，分身乏术。但生活中，喜悦也每每不经意而来。

我想尽量记录孩儿的成长，让他将来回忆幼年时光时，对这段他记不住的日子充满缤纷的想象，那时候，他该能理解妈妈的小心思吧。

失败了，也没关系

宝贝今天还是很棒。在校园里走了那么久的路，都没有喊累。遇到年龄相仿的小哥哥，玩耍得也很开心。当着陌生爷爷的面，大声地讲出书上小动物的名称。在林荫道上喝酸奶的竹笛是妈妈眼里最可爱的小伙子。

孩儿，妈妈知道你今晚为何流眼泪。你一个一个地垒了那么高的积木，每一个都仔细挑选，反复试探，你很专心，也很聪明，然后，你终于垒成了。很高，很好看。妈妈为你鼓掌。可是，你的小手用的力量不够，积木从底座断掉了，你哇哇大哭。姥姥笑了。妈妈没笑。妈妈理解你。知道你感到了受挫和失败。你觉得懊恼、生气。

妈妈鼓励你，再来一次，不怕，慢慢来。然后，我的乖宝果然不哭鼻子了，又开始专心地搭起来。可是，这一次还是不结实，又掉了几块。你又哭了。宝贝，你大概这次觉得更加郁闷了吧。人生不是每次从头再来都会成功的。可是，没关系，妈妈鼓励你，没事，再来一次。宝宝已经很棒了。我的乖宝果然又听了妈妈的话，专心地搭起来。这一次，终于没有掉。你没有太高兴，相反很紧张，小小心心地把积木攥在手中，不愿意放手。连洗澡都不放下。妈妈理解你，我的孩儿。

亲子故事 | 沙爷爷的红珠子　　　　　　　2014 年 8 月 20 日

今晚给孩儿讲故事，讲着讲着他睡着了，没讲完。记录在此，改日继续。

今天给蛮蛮讲个故事。从前，有一个非常聪明可爱的小朋友，他叫麦兜。麦兜家里很穷，他买不起蛮蛮这么多的书，也没有蛮蛮这么多的笔，可是他很喜欢看书写字啊，怎么办呢？他的妈妈告诉他："麦兜，你可以用柳枝写啊。"村子里河岸边有好多柳树，正是春天，柳叶柳条在风中摇来摇去的，像绿色的水，麦兜常常坐在河边看呆了。这次妈妈一提醒他，他噢了一声，就高兴地跳起来。"对呀，我可以折一个柳条画画。"

于是小麦兜就牵着他的小牛去河边吃草了。当小牛在青草地里撒欢的时候，麦兜拿着柳枝在岸边开始画画了。他画什么呢？他没读过书，但他看到眼前草上的牛儿，树上的鸟儿，河里的花儿，都是美的。他就在泥土上画飞翔的鸟，画洗澡的牛，呀，画得像极了，那弯曲的多像小牛儿的尾巴啊，路过的大人们常常停下来，看一看，笑一笑。麦兜就常常笑。他觉得很快乐。

放牛的地方很多，但麦兜最爱去的是河岸靠山坡的一块草坪，因为这里的草最绿，最多，最好看。小牛每次也最爱拽着缰绳到这儿来。虽然麦兜的牛儿饭量很大，这儿的草似乎永远也不见少。就这样，过了一天又过了一周，过了一周，又过了一个月，麦兜和这块草坪的每株草都认识了。

这一天，一片大青叶子底下发出红红的亮亮的光，远远地看去，像是绿色的小星星红了脸。真奇怪啊，是什么呢？麦兜走过去拨开叶子一看，呀，原来是一颗漂亮的红珠子在草房子里面睡觉呢。是谁丢的呢？麦兜拿起珠子，不知怎么办才好。他想，丢珠子的人一定很着急吧。"小牛儿，你说是不是？"小牛没有理他，趴在草地上悠闲地打着饱嗝。"珠子，你的主人是谁呢？"珠子红着脸也不说话。等了很久很久，太阳落下树梢，河里的青蛙开始吵起来了，地里的蟋蟀也叫个不停。天上星星眨呀眨，都不说话。

麦兜还在草地上坐着。这时候，从树林里过来一个老爷爷，老爷爷好奇怪，黄胡子一翘一翘的，像是兔子的嘴。麦兜一看，高兴极了，他大声地叫唤："爷爷爷爷，你是来取珠子的吗？"老爷爷笑眯眯地说："是啊，小麦兜，你等我很久了吗？"蛮蛮，这就是沙爷爷，今天你在书上看到好多沙爷爷对不对，沙爷爷很聪明，他写了很多很棒的书，可是，他也有很笨的时候，他把最宝贵的珠子丢了……（蛮蛮已经睡着了）

麦兜啊 2014 年 10 月 5 日

自从有了孩儿以后，我的生活就彻底改变了。每个喜悦的背面都是烦恼。尤其是最近，他牙牙学语颇有新得，便时时处处加以应用。

早上六点钟，甚至更早一些，人家就醒了，趴在你身边叽叽咕咕地把自己会的词从头挨个说一遍，先是森林里的动物，老虎、狮子、狐狸、大象、猫猫、狗狗，然后开始"爸爸好""妈妈好""舅舅好"，接下来开始说蔬菜水果，都念叨一遍后，开始叫唤"妈妈！"声音洪亮得让人头疼……

每晚临睡前，他要听故事，一听得好几个，为了省气力，我懒得挨个取名字，主人公便统一用麦兜称之。讲了不知多少胡话，反正所有故事都发生在森林里、月亮里、大树上、草丛中，麦兜不是用善良感化了狡猾的狐狸，麦兜就是和森林里的伙伴们一起战胜了凶恶的大灰狼。我已经很有信心去写几本童话书了，出口成章完全不成问题，而且还声情并茂啊各位亲。

然后现在问他："蛮蛮你叫什么名字？"答："麦兜啊！"

猫猫吃花   2014 年 10 月 28 日

傍晚和竹笛一块散步，他说要去找猫猫玩，于是我们往前几日去过的小园子走。

途中路过一个篱笆墙，几朵紫色的喇叭花零星点缀着枯枝。"喇叭花！""喇叭花！"他一下子看见了，连声叫唤着跑去摘花，摘了一朵，又摘了一朵。花已经蔫了，我没有阻止，随意问道："你为什么摘花啊？"竹笛小小心心地抱着两朵花，说道："给猫猫吃呢。"

晚上在图书馆看书的时候，脑子里总浮现一只小白猫吃紫色喇叭花的画面，觉得极富诗意。好想画出来啊！

亲子故事 | 吃不着葡萄的小狐狸   2014 年 11 月 2 日

终于把孩儿哄睡了。近一个小时的时间里，小家伙赖在我的臂弯，撒娇卖萌像个小姑娘家家的，他不停地央我给他讲故事。今天我讲了狐狸吃葡萄的故事。

　　我开始讲了：大森林里有一只非常漂亮的小狐狸。"小狐狸爱吃什么啊？""葡萄！"蛮蛮立即回答。对，小狐狸很爱吃葡萄。这一天，他在森林里走啊走，看见前面有一个大房子，房子周围有一个葡萄架，架子上挂着好多大葡萄，小狐狸高兴极了。因为，终于有葡萄吃了呀！走到架子底下一看，咦，葡萄架太高了，小狐狸蹦啊蹦，就是够不着。怎么办呢？得找好朋友帮忙啊。

　　小狐狸都有哪些好朋友啊？（蛮蛮插话：大象呢，老虎呢，兔子呢，猫猫呢）嗯，对啊，大象鼻子很长，可以帮小狐狸把葡萄甩下来。还有谁呢？长颈鹿脖子也很长，可以给小狐狸摘葡萄对不对？于是，小狐狸就去找长颈鹿哥哥帮忙。

　　"哥哥，我想吃葡萄，可是我够不着，你可以帮帮我吗？"长颈鹿说："好啊，我来帮你吧。"于是，长颈鹿就摘了好多葡萄，都给了小狐狸。小狐狸说："谢谢你，长颈鹿哥哥，你也吃几串葡萄吧？可好吃呢。"长颈鹿说："我不吃葡萄，我喜欢吃草啊小狐狸。你还是把葡萄拿回家给爸爸妈妈吃吧。"

　　小狐狸就高高兴兴抱着葡萄回家了。爸爸妈妈看见小狐狸带回这么多葡萄，也很高兴，他们就一起吃葡萄，MIAMIA，吃得好开心。可是葡萄实在太多了，还有好几串没吃完。怎么办呢？小狐狸想了想，决定把葡萄送给它最喜欢的朋友吃。

　　小狐狸最喜欢的朋友是谁呢？是一个非常可爱善良的小朋友，他有大大的眼睛，小小的鼻子，红红的嘴巴。他叫什么名字啊？（麦兜！蛮蛮插话）嗯，于是小狐狸就抱着葡萄来到了麦兜家里。小麦兜在干吗呢，噢，他正在画画呢。

　　"麦兜麦兜，快看，我给你带什么来了？！大葡萄啊！"小狐狸老远地就喊起来了。麦兜一看，也高兴得不得了。他MIAMIA地吃了好几颗。然后他问："小狐狸，我家里也有好多好吃的，你也来吃一点儿吧。"麦兜家里有什么好吃的呢？（饼干、苹果、枣，蛮蛮插话）

"这么多好吃的，你随便挑吧小狐狸。""不吃不吃，我不爱吃那些。我只爱吃葡萄。"小狐狸把尾巴摇来摇去。

以下省略五千字。

讲完故事，又重复哼了不知多少遍"小兔子乖乖""小燕子"，再然后装睡打呼噜营造氛围后，终于哄睡成功！

PS（附注）：发现讲故事对孩儿学习语言有极大帮助，我讲过一两次以后，很快他就听懂会说了。

幼儿的教育   2014 年 11 月 13 日

今天在婴幼儿超市给竹笛买了一个小黑板，整个晚上他都爱不释手，翻来覆去地玩。看来玩具对孩子很重要，平时他的玩具都太浅层次了，不是书，就是小汽车之类的，没有创造性。书看几遍、玩具玩几天就不能勾起他的专注，就扔下了。这个黑板我很久之前就在天猫上看到了，想买，后来一忙就忘了。今天碰巧遇到。

今天晚上竹笛一个人玩得特别好。也不吵着让讲书了。以后还得给他买几个有利于智力开发的玩具。这很重要。没有玩伴，孩子其实很孤单的。大人又经常不理解他。已经有很长时间了，他表现出强烈的个性，对突如其来地给他套个围脖、口水巾感到反感，经常说"不要不要"。吃饭也如此，他不喜欢别人喂，喜欢自己拿着勺子筷子拨弄。每每这时，奶奶不理解，觉得你自己不行，还不让别人喂，有时候甚至发脾气。这都是何等错误的做法。

不学着吃饭，怎么会吃饭？不学着走路，怎么会走路？我在穿衣之前征询他的意见，问他喜欢穿哪个，他经常很高兴地说这个那个。孩儿已经懂事并有了自己的思想，虽然有时候撒娇任性卖萌，但天真烂漫的个性却是无比珍贵。

晚上看着他玩小黑板，他一边贴卡通图案一边说"这是太阳""这是鱼",等到有一块贴版贴不下的时候,他会一股脑将它们全部抹下,重新再来,一遍一遍,足足有几十遍,每次都是不同的图案,每次都贴得兴致勃勃。奶奶说,你按照图纸贴,贴得整整齐齐的多好看,现在乱七八糟地贴有什么意思。我连忙说,不要这样教他,孩子想怎么设计就怎么设计,他的想象力和自己的动手能力是最重要的。不要模仿,要创造,要有他自己的想法才珍贵,即使大人看着觉得没意思,在孩子看来却非常有趣。在幼儿期,其实是能于耳濡目染中形成个性,形成思维,形成卓越或是凡庸的底子。我希望我的孩子是一个素朴的人,开阔的人,有创造力,有想象力,不人云亦云。

今天站在一个空调机前,他朝着机器上的两个镂空的图案大声叫唤:"妈妈,棒棒糖!"众人都笑了,觉得不可思议,大人是压根不会注意那排风口的形状的。

今天　　　　　　　　　　2014 年 11 月 17 日

今日和孩儿一起去西门取快递,没有推小车,只拿了滑板车。一路上,推着他慢慢地走。道路两旁银杏叶金黄如花,衬上他穿的粉红小棉袄,蓝色滑板车,真是可爱极了。

孩儿最近倍加粘人,一早上给他做饭的功夫,都要跑过来抱着大腿,撒娇卖萌地呼唤"妈妈抱抱""妈妈抱抱"。跟着菜谱学做宝宝餐,刚做三样,不很成功。不气馁,再接再厉!

晚上从图书馆回来,孩儿已经呼呼大睡,狠狠亲了他小 PP 几口。

最喜小儿无赖　　　　　　　2014 年 11 月 19 日

很长时间以来,孩儿养成了一边吃饭一边玩的坏习惯,于是,每次吃饭都是一场斗智斗勇的较量。奶奶常常被气得想甩手不干，我比较有耐心点儿，但最后，也不得不说："你听不听话？不听话打屁屁了！"他就笑。他知道我不会真的狠心揍他。

爸爸对我们的喂饭结果很不满，今天亲自下厨并亲自做了示范，一勺子一勺子的，各种道理说尽，费时一小时，喂了一碗。爸爸说，蛮蛮你吃不吃饭？吃了的话给你看小兔子乖乖。屁蛋本来懒懒地东张西望，听说这立马说："吃！"然后飞快地吧嗒嘴巴表示承诺。爸爸本来很气恼，一下子被逗笑了。见我们笑，他也笑了。

今天中午从图书馆回家，刚进门问了句："蛮蛮睡了没？"小家伙就从睡梦里睁开了大眼睛，萌萌地朝我笑。他对我的声音十分敏感。昨晚也是，我进门问了句："蛮蛮睡啦？"他一把拔下奶瓶，从奶奶怀里翻身而起，动若脱兔！

今儿我收拾衣柜的时候，他在一边喃喃地抱大腿，叫一声妈妈，像是有话要说，我答应一声"哎"，他又叫妈妈，叫完又笑了。这样反反复复，终于我明白他只是想表达他心中的喜悦，而又不知如何表达，所以才不停地叫唤。真是把妈妈的心都弄得跟棉花一样了，以后得把温柔心稍微藏起才好。

下午带他逛超市，在文具部他突然愣愣地站着不动了，我正疑惑，他轻轻说："妈妈，臭臭。"我一把抱起，疾步出门，好在赶上了树林底下的银杏叶了。在膝盖上横抱着他换衣服的时候，他还咯咯地笑。啊，在浪漫的金黄如花的银杏树底下，我抱着娃儿，给他擦屁屁。这个场景……也是一件相当难得的风雅之事啊。

前几天去海妇取体检单子，看到许多小小的新生儿奶声奶气地啼哭，一时十分恍然，仿佛他人怀中的小婴儿就是一年前的我的孩儿，在一边看着，嘴角情不自禁地微笑。初为人母的喜悦和慌乱好似在昨日，在眼前。

随感录   2014 年 11 月 21 日

　　幼儿对线条图形的记忆要远甚于对色彩、气味的记忆，当他看见父母用彩色笔画出一个个同心圆，并在下面画上一条直线，告诉他这是棒棒糖之后，他很自然地记住了这些圆圈。于是，在不可思议的种种事物上，孩子发现了这样一个奇怪的世界：这个世界随处可见棒棒糖！

　　空调机的排风口，父亲大衣纽扣上的螺旋图案，他自己用粉笔画的不规则的圆，还有，几乎不可辨识的手上的指纹，当他看见，他立马惊喜而雀跃地叫道："棒棒糖！"

　　这些棒棒糖，色彩各异，质料各异，也并非很相似，在他小小的充满好奇的脑海中，那些曲线，不论滚圆、椭圆、微圆还是几乎为直线，都有他自己的牵系的纽带，他灵巧地发现了它们之间的神似。这是已经被各种教化训导了的成人很难理解和想象的。

　　三岁之前的小婴儿一大半都是可爱的诗人。

童话   2014 年 11 月 24 日

　　一岁多孩子的记忆力真不可小看。前一阵给孩儿买书，挑了一本《三字经》，书里有不少故事，买回来意欲给奶奶闲了看，看后也能给蛮蛮讲。今晚奶奶断断续续教他念了三回，便记得了"人之初，性本善。性相近，习相远"这两句。说上句，即答出下句。这样看来，这个时期似乎不该多给他讲故事，讲故事他都记住了，会不会影响创造力和想象力呢？我有点儿困惑了。但最近实在太忙，还来不及看相关的幼儿心理学。而我自己，显然经验不足。

　　竹笛最近爱上了画画。拿着白纸板和笔，不停地讲："妈妈画，妈妈画。"让我画狗，我自己都不忍说我画的是什么，我只会画小鸡、小猫、简单的树啊草啊花啊什么的。我又不愿意学书店里买的那些千篇一律的简笔画。总之，他很不满意。也逼着奶奶画。奶奶画得更抽象。他自己也画。在我看来都是差不多的弯弯曲曲的圆，他一会儿指着这个说"这是猫"，一会儿指着那个说"这是狗狗"，我忍住笑说："画得真好！"

才这么大的小不点儿，已经觉得招架不住了。以后得有多少需要学习的地方？做妈妈，不是容易的事。

今天看到一篇王尔德的童话，觉得很好。名《安乐王子》，是周作人用文言翻译的。故事大意是城中有一金光闪亮的雕塑，为安乐王子。有一天，城里来了一只燕子。王子便经常请燕子帮他做善事，譬如将他身披的金片赠予穷人，或将他眼中的宝石给贫苦的孩子……燕子爱上了这个善良的石头王子，为帮助脚不能行的他，她一天天延迟迁徙的时间，直到冬天最寒的日子到来，冻死在安乐王子足下。天可怜见，然后两"人"都入了天堂。总之，很能动人。突然有个宏愿，打算读完世界各地童话，然后精选出一本来，给我孩儿读。

只是太忙了。多少事等着啊。

诵读　　　　　　　　　　　　　　　　2014 年 11 月 27 日

这两天奶奶教竹笛诵读《三字经》，之前她也不会，两个人一起学。今天竹笛已经会说十句了。奶奶和孙子一起学的，结果她自己记得没有孙子多哈哈。对比较顺口的诗词，教几遍也记得了。那天去师大西门的路上，我教他《敕勒歌》的末三句："天苍苍，野茫茫，风吹草低见牛羊。"今晚我说"天苍苍"，他答"野茫茫"，我说"风吹草低"，他说"见牛羊"。发的"牛羊"音特别好听。

发现节奏明快的民歌或者小令之类的比较适合教给一岁多的孩子听，就和歌词一样，很容易朗朗上口。感觉孩儿记起来丝毫不费劲。目前，孩儿记得《画》《悯农》《静夜思》《鹅》这几首诗。会数到十了。会唱"小兔子乖乖"和"小燕子"，常常自顾自地唱。这两天又迷上了画画。床单、我的衣服、他的衣服，都成了五彩斑斓的花园了。

亲子故事 | 麦兜奇遇记　　　　　　　　　　　　2014 年 12 月 3 日

很久很久以前，有一个国王，他非常蛮横残暴。王国里的人民都很害怕他。没有人敢和他作对。直到有一天，老百姓们实在忍受不了了，于是他们约好，在一个隐蔽的地方商量办法。大家吵吵嚷嚷，都纷纷指责国王的无礼、傲慢，但仍然没有一个人说出解决的办法。这时候，有一个年轻的小伙子站了起来。他高声说道："大家不要怕，我愿意去王宫和国王谈一谈。希望能劝说他改正错误。如果他不听，那我就杀死他。大家说好不好？"小伙子刚说完，大家就鼓起掌来了。（画外音：这个小伙子是谁啊？麦兜。竹笛说。是的，小麦兜已经长成小伙子了）

"可是，我听说国王是杀不死的。"一个白胡子的老爷爷说，"除非我们找到那根针。""什么针呀？"麦兜问老爷爷。"国王是杀不死的，除非用这根针，扎在他的大拇指的指头上。可是这根针谁也不知道藏在哪里。唉！"老爷爷叹口气，就不再说下去了。"我知道我知道。"一个老奶奶又说，"我听说呀，这根针藏在一个鸡蛋里，这个鸡蛋又藏在一只鸭子的肚子里，这只鸭子又藏在一头野兔的肚子里。""那这只野兔在哪里呢？"麦兜着急地赶紧问老奶奶。"这只野兔啊，它藏在森林里最古老的一棵大树底下。麦兜，如果你想去劝说国王，一定要先找到这根针，藏好针，再去劝说国王。不然的话，你会很危险的。"（画外音，到这里，竹笛还没有睡的意思，我已经不知道怎么编下去了）

"不怕不怕。爷爷，奶奶，我明天就去王宫。"麦兜勇敢地跟大家道别了。

第二天一大早，麦兜就带上了一个包裹，里面装满了馒头、饼干，还有水果，他得走很远很远的路，路上饿了可以吃呀。麦兜走啊走，这一天，他来到了一个池塘跟前。这是一个非常美丽的池塘。水面上开满了莲花，莲花上有小蜻蜓飞来飞去，他远远地看见池塘边有一大片软干草，麦兜有点儿累了，决定到干草上坐一会儿。快走到干草跟前的时候，他才发现，草丛上一只白鸭子正自在地闭着眼睛晒太阳呢，咦，旁边还有两个白白的蛋。

麦兜正要走开，突然看见草丛那边游来了一条蛇。这条蛇也看见了睡觉的鸭子，他伸着长长的舌头，正准备咬那只白鸭子。麦兜飞快地拣起一块小石头，砸到了蛇的尾巴上。蛇被砸痛了，摇了摇脑袋，逃走了。这时候，白鸭子也醒了。他看见麦兜站在鸭蛋身边，很害怕。嘎嘎地叫唤着。麦兜轻轻地捡起石头，扔得远远的。他对鸭子说：“小鸭子，我帮你赶走了蛇。下回你再睡觉要注意了。”小鸭子这才明白，原来啊，麦兜救了自己。小鸭子非常感激麦兜，他说：“哥哥，你以后如果需要我帮忙，你随便问王国里任何一只鸭子，说，你想找一只浑身雪白的白鸭子，他们就会来告诉我的。再见了。”白鸭子摇着翅膀不停地和麦兜说再见。

告别了小鸭子，麦兜继续往前走。他走啊走。咦，前面是一座大森林。这个森林好大啊，有好多好多的树。也有好多好多动物。但这时候已经是傍晚了，麦兜累了，他想睡一觉，可是睡在哪里呢？到处都是大树，或是草丛。有了，麦兜想出了一个好办法。他打开包裹，找出一把小刀，砍了好多根树枝，然后，他在一棵大树顶上搭了座非常漂亮的树枝房子。他还做了一个门，把包裹打开，当作门帘。这样，晚上睡觉的时候，风就吹不进来了。（画外音：蛮蛮，我们就讲到这里，明天再讲好吗？蛮蛮迷迷糊糊的，还在坚持：讲，讲）

麦兜就睡觉了。睡梦里，麦兜忽然听见许多声音，叽叽喳喳的，好像好多小鸟。又好像树木被风吹过的声音。他醒了。这才发现，原来啊，夜里下雨了，森林里到处黑漆漆的，大风吹过树梢呜呜地响。门帘那边是什么呀？麦兜掀开帘子一瞧，啊，几只小鸟儿正缩着脑袋躲在他的屋檐下呢。"快进来吧，小鸟儿，你们一定很冷吧？"麦兜把门帘掀起，小鸟儿们就呼啦呼啦全飞进了他的小房子。最大的那只小鸟说："哥哥，天太黑了，我们找不到回家的路了。"麦兜说："没关系，你们可以一直住在我的小房子里，等到天亮了雨停了，再回去吧。"小鸟儿们听了，都非常高兴。（蛮蛮睡了，故事也戛然而止）

帽子里的大象　　　　　　　　　　　2014 年 12 月 8 日

这几天自己带娃，虽然很忙碌，但很开心，因为懂得孩儿心理，我们的相处非常愉快，在孩子面前，我总是爱笑的，所以他总爱粘着我。之前因为不爱吃饭，爸爸打屁屁，孩儿明显记仇了，总躲着爸爸。活该，谁让你冲动行事，企图暴力解决问题。

今晚指着《小王子》里的这幅插图问蛮蛮："这是什么？"之前我没有给他讲过《小王子》的内容，这也是第一次问这个插图。他说："大象！"果然如作者所说，我等成人眼中的"帽子"在孩子眼中是完全不一样的存在。大人不可以以自己的思维、眼光、态度去判断孩子的，可惜，很多人做不到。

满满的爱

2014 年 12 月 17 日

终于把蛮小子哄睡了，临睡前，他突然毫无征兆地哭了会鼻子，躺在我怀里像个小猫咪一样乖巧，我这才想起他仍然是一个小婴儿。

在书店

今天下午带他去师大出版社营销部看书，那里两大间全部是童书。他就站在站台前，自己一边翻书一边指着树上的图案大声地念，声音很洪亮，服务员阿姨都听见了，悄悄议论"这孩子好聪明，自己竟然能看了"……他一连看了好几本，最后又挑选了一本漫画，我挑了一本画册。

晚上我让他玩拼图，自己坐一边看菜谱。他看我没有看他拼图，就走过来一边跟我说"妈妈起来！妈妈放下！"一边把我的书拿走放地上了。后来我偷着拿起，他瞧见了，又赶来将书放下。感觉我的生活里突然多了一个小管家。

温柔的兔子哥哥

2014 年 12 月 18 日

今天蛮蛮果真成了一回小兔子哥哥。中午我们去主楼广场玩，带了一顶我早就给他买的帽子，之前他一直拒绝戴，今天却很乖巧地听任我戴上了。帽子很暖和，又很可爱。在广场上他散步，跑步，或是追石子玩，正逢下午一点半有课的学生们一群一群地去上课，吸引了不下上百的回头率，有近十几拨的姑娘们看见他就笑，有的几次三番回头逗他，有的偷拍，他都看见了，自顾自地玩自己的，有时候也抬头看她们，那些姑娘也就一直回头看他。

我说蛮蛮，下回阿姨们给你打招呼的时候，你可以说："你们好，大家好，你好。"他听了，固执地不说。临睡前，却突然大声地跟我说："你们好！大家好！"说完就害羞地笑，一把扑到我怀里咯咯地闹。闹完又站起来，朗声道："大家好！"说完又扑到我怀里笑闹。兔子哥哥每次新学一句话或是会做一件事，都会很害羞，有点儿不好意思的样子。

兔子哥哥

晚上给小兔子洗漱完毕。还没有来得及抹香香，兔子哥哥突然抠出一张湿纸巾，给我洗起脸来。他擦擦我额头，说"这里抹一下"，又擦擦我脸颊，说"这里也抹一下"，然后又擦我下巴，说"还有这里"。小小的人儿，说的都是我平常给他抹香香时候说的话，每个步骤他都记得，还不忘说"小帅哥"！心底的感动和温柔无法形容。

睡前，他坚持要抱着他的好朋友故事机小布丁，一边听歌一边好像想心事似的。也不许我睡，直到刚才，终于玩累了，打起了呼呼。

故事　　　　　　　　　　　　　　　2014 年 12 月 23 日

已经给竹笛讲了十几个故事了，有文字记录的只有五篇：《好朋友》《沙爷爷的红珠子》《吃不着葡萄的小狐狸》《麦兜奇遇记》和《善良的小乌龟》。这些故事都是在哄他睡觉时我一边想一边讲的，因为当晚不那么累，就记录了下来，有的没有记完。每个故事也并非全是兴之所至乱想的，或多或少有点儿寓意在内，希望在潜移默化之中给孩儿一些教育。

《好朋友》那篇是告诉他朋友之间要互相尊重，即便是好意也不能强加于人，《沙爷爷的红珠子》那篇是想讲一个自信自强的男孩子的故事，之所以是沙爷爷，是因为他看见我的《莎士比亚全集》里的莎士比亚头像，问这是什么？我说是沙爷爷。于是当晚讲故事就融入到故事中去了。《吃不着葡萄的小狐狸》那篇改变了经典童话中狐狸的形象，我觉得太过固化的传统童话动物形象对孩子而言，迟早都会是一个"知识"，因此没有必要现在就告诉他。《麦兜奇遇记》则是一个关于勇敢的冒险故事，至于《善良的小乌龟》，我改写了龟兔赛跑传统单调的形象。

我不大希望照书阅读给孩子听。最好的讲故事是父母根据孩子的语言学习情况和智力发育情况自己编故事。目前来看，我的小小学生和我配合得相当不错。每次讲，他都非常专心，而且不时提问或应和。希望能将此小小的计划坚持下去，讲到一百个故事的时候，我的竹笛哥哥大概就可以上幼儿园了。也希望将这些故事都记录下来，等孩儿读小学，就可以自己看世界上独一无二的故事书了。想一想这个计划，都觉得好激动。这个系列就叫《竹笛妈妈讲故事》吧～

竹笛讲故事　　　　　　　　　　　　　　　　2015 年 1 月 6 日

最近一周，每次我从图书馆回来，孩儿都睡了。这两天我颇觉疲惫，回来得早，他就腻歪着玩不肯睡。每每到深夜，他还是缠着我讲故事。我说："你给妈妈讲故事好吗？"他答："好！"

于是他开始讲了：

从前。

然后呢？

小麦兜。

然后呢？

有好朋友。

哪些好朋友呢？

大象嘛。猫猫嘛。狗狗嘛。狐狸嘛。兔子嘛……

他们干吗呢？

吃饼干。

还有呢？

吃葡萄嘛，苹果嘛，唱歌嘛。

这个故事就到这了。因为他又开始了"从前"：

从前。

然后呢？

有一只小狐狸。

然后呢？

吃葡萄嘛。

然后呢？

米啊米啊吃。

然后呢？

长颈鹿帮忙。

这个故事是我给他讲过的，他记得，在这给我复述了，但省略许多。这几日感觉他长大了，一下子变成一个小男孩了。

前几日带他去北大费爷爷家做客，全程表现棒极了。哄得爷爷奶奶十分开心。平常一般他不和生人亲近，那天却一点儿不认生，跟着老奶奶满屋子跑。在人家地上画画，跑阳台上窗帘后藏猫猫。爷爷奶奶说这孩子不简单。哈哈。我也觉得是这样呢。

竹笛和他的朋友们　　　　　　　　　　　　　2015 年 1 月 16 日

刚才，竹笛吃饱了饭，开始了一个人的玩耍。他抱起他的小狗狗，用手点着狗狗的头，说："你这个小家伙！"然后走到床边，将狗狗放床上："狗狗，我们睡觉吧。"他指着墙上的动物贴画，说："这是大灰狼。"然后又道："我不怕大灰狼！"

他拿起一个海洋球，递给喜羊羊："给你玩吧，喜羊羊。""谢谢蛮蛮！"他立即代羊谢谢自己。

然后又俯身问："喜羊羊，你吃饭吗？你喝奶奶吗？"孩儿看来是安全完成了角色置换，这些话平时都是我跟他说的，现在他都应用在和小伙伴的交流中了。

聪明的兔子哥哥　　　　　　　　　　　　2014 年 12 月 18 日

小朋友的智慧真是不容小觑。以往，每次让小兔子哥哥吃饭，他都肢体抗议，闹得彼此不快。最近发现，他已然掌握了拒绝的诀窍，成功扭转了因人小被大人"欺"的局面。

儿子，还吃不吃？

不吃，谢谢！说得好溜，声音又高又快又麻利！

这么一来，不论是我还是奶奶，都被这礼貌而淡定的回绝震住了。

有时候我不死心，继续追问：

再吃一点儿好不好？

不吃，谢谢。

再吃一点儿嘛？

不吃，谢谢。

不论你怎样说，他都如此淡定地回答。不急不躁，不躲不恼。

我只能含笑认输。

晚上睡觉前，他对喜羊羊说："喜羊羊，我抱着你睡觉觉吧。"然后他又拿起他的小蓝猴，很是犹豫，不知道究竟抱哪一个好。斟酌再三，他索性把喜羊羊和小蓝猴都拿到了床上。一个放在自己左边，一个放在自己右边。最后，他终于还是抱起了小猴子。

妈妈，我抱着小猴睡。

好啊。

可是，他不，他扭股儿糖一样粘过来，枕着我的胳膊，让我抱着他，他再抱着小猴，就这样，我的小兔子哥哥呼呼地睡着了。

偏爱　　　　　　　　　　　　　　　　　2015 年 2 月 2 日

蛮蛮最近在长最后一颗乳牙，常常一高兴逮着人就咬。晚饭前，他眉开眼笑地靠近我，我知道大事不妙，赶紧躲开。爸爸仗义地说："蛮蛮，你来咬我吧！"蛮蛮听了，把小脑袋一摇，对我十分偏爱地大声道："不，我只咬妈妈！"

过了一会儿，爸爸要拿我手上的书。蛮蛮赶紧抱住我："这是我妈妈！"言下之意不是你的……吃饭时候，爸爸又惹蛮蛮生气了，他气恼地拽自己头发。爸爸说："蛮蛮，你生气了，打爸爸的手消消气吧。"蛮蛮听了，立马消气了，害羞地摸了爸爸的手一下。然后高兴地说："我还要打妈妈一下呢！"仿佛这是对我的一个恩典似的。

读书郎　　　　　　　　　　　　　　　　2015 年 2 月 5 日

蛮小子会自己看书了，而且好像自己认得不少字一样，自己从书柜里拿出一本书，念念有词：小猫钓鱼。我看了看，果然是。后来又拿出一本，说道：这是小波晚安。我看了看，果然又是。不知他是认得字还是仅仅认得封面，不过几十本书里能认出，也算不错了。

翻开书，已经不需要大人讲了，自己一边翻一边说：这是小波，这是门，好多马呢，小兔子吃胡萝卜呢……叽叽咕咕翻完又换下一本。

　　昨天我随意翻了翻一本书《中国文明记》，儿子看见，也过来要翻。于是我就跟他讲这五个字怎么念。讲了三四遍就扔下了。今天晚饭时，他突然拿来我的这本书，手指戳着中国两个字，说"妈妈，这个？""妈妈，这个？"

　　我猜对了他的意思，于是告诉他这两个字念"中国"。意料之外的是：接下来他颇有点儿得意扬扬地念道："中——国——美——人——计！"念完，看见大家愣神没反应，自己率先啪啪鼓起掌来。

　　真是日新月异的节奏啊。

学语

我家有个小美猴王   2015 年 3 月 31 日

今晚感冒，咳嗽不断，没办法去图书馆。在家陪儿子。小家伙高兴地在床上打滚。过了一会儿，突然立正，高声道："我是大狮子！"然后俯身翻了个跟头。我还没弄明白呢，他已经跃起，立正，再度宣布："我是大灰狼！"然后，又翻了个跟头。

我想意思意思可以了，结果人家动若脱兔，又爬起来，立正，三度宣布说："我是老虎！"然后再次萌萌地翻了个跟头。话说我已经看傻了，他却丝毫不看观众的反应，一骨碌爬起，立正，又朗朗道："我是大象！"好吧，接下来又是一个跟头。我正担心他把所有动物都说个遍呢，小伙子突然抬头望向窗外："妈妈，外面黑乎乎的，快关灯，睡觉觉！"

学语   2015 年 4 月 10 日

1

两岁的小朋友已经学会了以其人之道还治其身。

早晨，当竹笛哥哥赖床时，我说宝宝快起床，太阳公公晒屁股喽！下午我从图书馆回家想休息一会儿，小朋友就开始教训上了："妈妈快起床，太阳公公晒屁股喽！"我们一起玩积木，他堆得高高的，然后撒欢任性地一甩，结果甩到了脑袋，立马哇哇大哭起来。我忍住笑安慰他道："搭积木要小心点儿，不要碰到自己，疼疼了吧？没事，下次小心点儿。"

于是我俩继续搭积木。过了一会儿，啊的一声，我的积木从中间断了，砸了嘴唇，疼得我直吸气。小朋友安静地看着我，柔柔地说："妈妈，你要小心点儿，疼疼了吧？"

孺子可教也！

2

早餐时，竹笛吵着让奶奶讲"木头的故事"。奶奶于是讲了《木偶奇遇记》的前两节。小朋友很专心地听。奶奶讲不下去了，忘了情节。

我说："宝宝给我们讲个狐狸的故事吧？"小朋友立马说："从前，有一只狐狸饿了，他想吃葡萄。"打住，开始玩。奶奶说："讲小红帽故事吧？"小朋友又来了兴致："从前，有个小姑娘，她可漂亮了。"然后又玩去了。

我仔细咂摸了一下，觉得这两句真是十分美好的开场白。

给妈妈讲故事　　　　　　　　　2015 年 4 月 11 日

从前，有一只爸爸；
从前，有一只妈妈；
从前，有一只二大；
从前，有一只奶奶；
……
从前，有一只梦梦；
从前，有一只狐狸；
从前，有一只麦兜；
从前，有一只沙爷爷；
从前，有一只啊啊啊；（大笑）
……
从前，有一只枕头；
从前，有一只月亮；
从前，有一只大灰狼；
从前，有一只妹妹；
从前，有一只弟弟；

……

从前，有一只乌啊乌啊（大笑）……

注：今晚，竹笛说，妈妈抱抱，我于是背起他。我说，宝宝给我讲个故事吧。小朋友于是开始讲故事。每个故事都只有一个开场白，每说一句，我就重复一次，听我重复，他便在我背后大笑。于是，他兴致勃勃地不停地讲了下去。其中，"二大"是陕北方言"叔叔"的意思，"沙爷爷"指的是莎士比亚，这是第一回他自己的创造，我听来觉得很有感觉。记录下来，取名为《给妈妈讲故事》。

花的奶奶   2015 年 4 月 14 日

路上我说，妈妈给你讲一个桃树的故事吧，桃树爷爷有好多孙女，每到春天，她们就穿着花衣裳出来玩……刚讲到这，竹笛大声道："妈妈，你讲的故事真好听呀！"我有点儿不敢相信，下意识地问："真的吗？"竹笛朗声道："当然是真的呀！"

吓了我一跳！小屁孩怎么和大小孩一样，"当然"也会说了。指着花树，我说，咱们只许看，不能摘。因为花也有妈妈呀，摘了她会疼的。竹笛懂事地点点头："嗯，花还有奶奶。"

孩子的心是一朵玫瑰   2015 年 4 月 17 日

1

昨天晚上回家时，竹笛已经脱光光准备睡觉了。拍拍他的小屁屁，娘亲情不自禁地溜出一句："这小臭屁屁也是妈妈的心头肉啊！"竹笛一听，急了："这是我的肉！这是我的肉嘛！"

2

早晨，我找出两三条裙子打算穿，竹笛看见，一把全部抱起，不让我碰。后来好说歹说用一个外套跟他换了一件，偷偷换上。结果被他瞧见，立马梨花带雨地拽着我的裙子，不让我走路。过了一会儿，他又笑了，看着我说："妈妈，你今天真漂亮！"为娘瞬间凌乱了。

我：真的吗？

竹笛：当然是真的呀！

中午回家，竹笛午睡醒来，见到我又说："妈妈，你真漂亮！"很感动，为这真诚的一句赞美。孩子的心是一朵玫瑰，我得捧着，小心地呵护、尊重、学习并且自省。

3

这两天口腔溃疡。用了一种喷剂，一喷就疼得倒吸一口气。竹笛看见，把瓶子拿开，不让我碰。趁他不注意，喷了一下，疼得哆嗦。小家伙看见，一下子哭了起来，叫唤："妈妈，你不要喷了。"这是第一次感受到来自竹笛的保护和疼爱，心里瞬间"涌起一股暖流"。

布布   2015 年 4 月 21 日

最近已经和小屁蛋无法沟通了。早晨，他歪着脑袋问我："妈妈，你叫什么名字？"我知道他知道我的名字，反问他："你说呢？"他笑眯嘻嘻地道："你叫 bubu。"我蒙了："布布是什么啊？"他不说话，只是扭股糖一样粘着我，布布布布地叫。好吧。从此，我有了个昵称布布，我很喜欢。

美好的一刻   2015 年 4 月 25 日

傍晚和竹笛过东门天桥到对面药店买药，看见一个十六七岁的姑娘，低头在桥上呆呆地坐着，垂着脸，看打扮好像是高中生的模样。前面用粉笔写了一行字：请借我八元钱作路费坐车回家。

　　第一次经过时，心想姑娘是不是在说谎。犹豫着，带着孩子就走过去了。买完药回来，发现那姑娘还在那里。长头发遮住脸。走过了大半个天桥，她都纹丝未动。过来过去的人没有一个停下来的。突然地心里就有点儿心疼。想到她的妈妈，如果看见这幅场景，心里一定很不是滋味。于是我拿出八块钱，交给竹笛，告诉他："姐姐没钱回家了，咱们把这个送给她好不好？""好！"孩子大声答应着，急急忙忙地朝姑娘走过去。

　　"给你！"竹笛有点儿害羞地把钱递给那姑娘。姑娘先是说了声谢谢，抬头看了看，看见是一个小不点儿孩子，大概是有点儿意外，没有接。我笑着说："给姐姐吧。"竹笛看了看我，再次羞涩地把钱递给姑娘。姑娘看起来也有点儿害羞，但这回，她接下了，半抬起头，轻声对竹笛说了句："谢谢！"小家伙听见别人谢谢他，非常高兴，朝我走回来。

　　我说："这下好了。姐姐可以回家了。"竹笛拉起我的手："妈妈，那咱们也回家吧！"这是竹笛第一次做好事。竹笛妈妈很感动，特此记录。

示爱　　　　　　　　　　　　　　　　　　　　2015 年 4 月 30 日

　　晚上和竹笛一起去超市，他自己去冰柜里拿了两袋儿童酸奶。回家路上，他在前面走，我在后面追。小家伙已经跑得颠颠的了。然后他就开始自言自语："我要把这个酸奶给爸爸吃。"我还没来得及搭腔，他又道："要学会分享！"如果说第一句话犹是平常，第二句让我很受感动。这是前一天在广场玩时跟他讲的话。当时他默不作声，好像没听见一样。谁知过了一天，竟然在行动上表现出来了。

　　回到家，他拿起酸奶就给爸爸递过去。

"爸爸，给你吃一个好吃的东西，酸奶。"

"爸爸不吃，你吃吧。"

这时候爸爸嘴巴里正嚼着口香糖。竹笛平日里总是想吃口香糖，总被我拒绝。"爸爸，你嘴巴里吃的是什么？"我猜竹笛知道吃的是口香糖，只不过他故意这么问的。"口香糖。小孩子不能吃。好了，爸爸也不吃了。"爸爸有点儿羞愧地将口香糖吐了。

过了一会儿，竹笛拿来一把梳子。"爸爸，我给你梳一下头发吧？"听到这句，爸爸感动得据说快流眼泪了。平时只要他抱孩子，得到的回应总是"不要不要"。今儿算是春风化雨的一天。

小诗人，叶子和花　　　　　　　　　　　2015 年 5 月 3 日

我们平常总觉得小孩子不懂事。最近发现，小朋友比我们要领悟更多更快。

早晨我在厨房做饭。竹笛跑来跑去粘我，好不容易被爸爸哄着去洗手间尿尿，我这边炒好菜关了换气扇，就听见他在那边大声叫唤："妈妈饭做好了！"爸爸问："你怎么知道的？"孩子不说话。我立即猜到他是听声而下判断的。

这几日由我亲自带他，孩儿的精灵气全回来了。前一阵儿，因为吃饭和卫生习惯问题，常受奶奶责备，时或挨骂，到娘亲这儿，都没了，只费尽心思给他讲明白了，给他做新鲜吃的，这几天，爱说、爱笑、爱撒娇，活泼而有朝气的好孩子又回来了！

今天收到了网购的小书包。竹笛臭美地要背上，然后满学校逛。到假山那时，他先在台阶上上上下下好几回，说"这水好脏啊"，一会儿又说"没有鱼"。过了一阵，他去旁边的一个大丛冬青那摘了几片小叶子，往水池里撒。我在一边看，觉得几片小叶子似乎不算破坏环境的不文明之举，也想看看这天真的小家伙意欲何为，就没有阻止他。我远远地在一边问："你放叶子在水里干吗

呢?""就是这样看看!"他回答,没有抬头看我,继续沉浸在他的世界里。就这样,他摘一片叶子,放下去,看一回,再摘一片,约莫放了五六片。放进水池后就专心地看叶子在水里打转转。

"妈妈,好漂亮的花啊!"突然他惊喜地叫起来了。我看看水面,哪有花啊?再看一看,发现水面上落了许多柳絮,有一些轻的薄的在叶子的漩涡中缓缓飘移。他说的花应该就指的是这个吧。这一刻,他懂得了观察和审美,就像前天雨中他惊叹地面上的泡泡一样。心里很是感动,为这诗意的一刻,为这小调皮如此安静的沉思的瞬间。

给他爱,同时给他自由   2015 年 5 月 3 日

今天看到一句话:"父母是孩子一切问题的根源,爱与自由是唯一的答案。"觉得说到心坎里了。很多人家都会有的一个例子:孩子爱动爱玩,把书、玩具闹得到处都是,然后爷爷奶奶就一连串地说"不要跑""不要拿书""不要这个""不要那个"……换个角度想想,一个什么都不要,只符合大人"好带"标准的孩子,他还有什么快乐可言?

所以我不介意孩子把墙画得五颜六色,不介意他洗脚的时候快乐地蹦跶,不会让他处于太多的"不要"之中。不仅成人,对于小朋友也是一样的,爱、自由,还有对他行为给予充分理解的信任,是最有益的营养。

有朋友质疑,他说:"人是社会性的,不是随心所欲的动物。在家里如此尚可,在公共场合也如此,那就是讨人嫌的熊孩子。所以规矩是必不可少的。"其实这就是一个自由的限度问题,自由需要建立在不妨害他人的自由的基础之上。我觉得这个提醒很重要。

自由而不自私，将来在与同学、同事乃至陌生人相处之际，方能合得来。所谓合群是也。用胡适的话说："合群有一条基本规则，就是时时要替别人想想，时时要想想'假使我做了他，我应该怎样？''我受不了的，他受得了吗？我不愿意的，他愿意吗？'"能自家天真烂漫，有想象力和创造力，但又不妨害他人和社会，能这样的，便是好孩子、优秀的孩子。

深刻反省   2015 年 5 月 3 日

今天孩子纠正了我两个错误，在此反省。一是，下午在和他玩了半天后，我拿出师姐送的书想翻看看，书是一套三本，内容主要是谈亲子关系的小随笔。当时收到书时，我曾对孩子说："这有三本书，咱们一起看好不好？"这一阵儿忙碌，一直没看。今天拿出来，立即被小家伙抢走。我见状正色宣布所有权："这是我的书！"

竹笛一听，也正色道："这是我们的书！不是你的书！"

我不晓得他是否理解了"我们"的意思，还是"我"的误用。但那一刻，孩子的义正词严的确威慑到了我。我竟一时词穷，无言以对。是啊，这就是"我们"的书，我当初说过的，和孩子一起看。后来，我忘了，他却记得。教训：和孩子说的话，答应的事，一定要记得。

二是，我今天教他扫地。我说每个人都要工作，工作了才有饭吃。妈妈交给你一个任务，把地扫了，然后我们吃饭。他兴奋地拿起扫帚，和我一起打扫起来。然后这个时候，无耻的我开始玩手机。竹笛见状，停下手中的扫帚："妈妈，你不要玩手机了！"我赶紧放下，羞得无地自容。我说："好，妈妈保证，以后再也不在做事的时候玩手机了。我们要专心做事对不对，妈妈跟你道歉。这次我错了。"竹笛见我竟然也道歉，很高兴。

　　教训：以后尽量不在孩子面前玩手机。

春风沉醉　　　　　　　　　　　　　　　2015 年 5 月 7 日

　　天上好多灯灯，前面好多大树，
　　地上好多小草，还有好多影子。
　　咱们两个去超市买卫生纸。
　　妈妈，咱们两个买完就回家好吗？
　　妈妈，咱们俩个悄悄地，不要说话。
　　这是晚上我们一起去超市的路上，竹笛叽叽咕咕跟我说的话。
　　春风沉醉，好美～

学语　　　　　　　　　　　　　　　　2015 年 5 月 19 日

　　刚竹笛跟我到厨房翻了翻菜篮子，撂了句话"真是个讨厌的蘑菇"，拿着奶瓶走了。哈哈。

　　竹笛早晨把一些小鱼贴纸粘到他的皮球上，一边端详，一边自言自语道：

　　啊，球球"真"漂亮啊！
　　啊，球球"那么"漂亮！
　　啊，球球真是"特别"漂亮！

话痨　　　　　　　　　　　　　　　　2015 年 5 月 19 日

　　从早上醒来到晚上睡觉，除去午睡时间，一直不停地不停地说话。去校园里散步，看见什么说什么。

　　啊，树上有个鸟窝呢！有个猫猫来了！
　　哼，狗狗，你是个坏家伙，竟然敢追我！

好多小鸟啊！小鸟你吃过饭了吗？

好多叔叔阿姨呢！一个两个三个五个八个……

这个车是红色的。这个是灰色的。

这里有个大蚂蚁！！

……

我就一路跟着，笑着，不言不语。

第一次进图书馆　　　　　　　　　　　　　2015 年 5 月 22 日

　　近一周都没怎么和孩儿亲近了，昨晚在家稍稍休息，孩儿大眼睛望着我："妈妈，你不要去图书馆了好吗？"问得我心里很不是滋味。我说："可是妈妈的书还在图书馆怎么办呢？妈妈去取来再和你玩好不好？""不要不要！"他不同意，低头玩一会儿积木就抬头看我走没走，平常我都是悄悄地溜走，孩儿已经开始没有安全感了，他很怕我又溜走。

　　没奈何，我只好说，那你和妈妈一块去取书好吗？孩儿高兴地答应了。路上一边走一边反复说"我和妈妈一块去取书！"到了图书馆保卫处，我问保安是否可以让我带着孩子进去取下书，竹笛也跟着一起问道："我可以进去吗？我可以进去吗？"

　　年轻的保安说不行。让我自己一个人上去，他帮我看着孩子。我说不行。于是我请另一位年长的保安上楼帮我取书，告诉他在几层几桌，有几本书，保安大爷一下子晕了，说："你上去吧，别让孩子吵闹啊！"

　　于是，我带着竹笛，一起进了图书馆。在电梯里，几个女生看他，他也盯着她们看，女生见他看她们，都偷笑，到五楼电梯停下时，竹笛大声叫道："我们出去喽！"女孩们都乐了。吓得我赶紧俯身告诉他："咱们要悄悄地，叔叔阿姨都在学习。"竹笛果然懂事，不叫唤了。

飞快地取了书，竹笛站在走道里等我，因为个子小，只有几个人看见了我们的小不点儿。然后我们就赶紧下楼。到了大厅，看见高高的青花瓷瓶，竹笛说："妈妈，我要摸摸。"好吧，抱着他摸了一下，结果他又看见了对面一个瓷瓶，又想摸。于是又抱着让他摸了下青花瓷，这下他终于心满意足了。

出门时，我跟保安道谢，竹笛抱紧我胳膊，像完成了一件壮举似的说："妈妈，我们回家！"

孩子的智慧　　　　　　　　　　　　　　　2015 年 5 月 27 日

昨天网购的新凉鞋到了，今天一早，给孩儿穿上。我们一起下楼，我去图书馆，他和奶奶去广场。在楼下等奶奶的间隙，竹笛和我聊起天来。他快速地小跑了几圈，然后到我面前站定："妈妈，谢谢你给我买了新鞋子！"我有点儿愣愣的，没想到孩儿这么懂事！笑笑说："不用谢！"心里满是温柔。

不料竹笛接着又说："妈妈，我的鞋子不会说话！"唔，什么时候学会这招的？抗议之前先给个糖吃。原来对新鞋子并不满意啊。我安慰说："妈妈下次给你买叫叫鞋好吗？今天我们先穿这个，好吗？"

"好的！谢谢妈妈！"高兴地又跑开了。

快乐的时光　　　　　　　　　　　　　　　2015 年 6 月 2 日

今天老家的表哥一家来京旅游，到我们家做客。

发现竹笛和表哥玩拼图游戏的快乐，远胜于有父母全天候陪伴的出游，游戏的好奇，竞争的激烈，获胜的狂喜，是父母再多的爱也给予不了的。好一阵儿没见竹笛哥哥这么开心了。他得意地笑，快乐地笑，快把屋顶掀翻了！童年时光，如果每一天都有这样亲密尤间的小伙伴，该是多么幸福的事啊。

我第一次察觉到了竹笛的孤独，同时感到力不从心。

闪亮的眼睛　　　　　　　　　　2015 年 6 月 16 日

最近孩儿继拼图之后，再度养成了一个新的爱好：画画。连续好几天，早上一睁眼，就吵着"妈妈给我穿鞋子，我要画画！"晚上睡觉前，扭股糖一样还缠着画画。

今儿傍晚我从图书馆回家吃饭之际，小家伙又逮着我了。"妈妈，咱们两个比赛，一起画画。"好吧。为娘就施展一下才艺好了！于是，在我们学校分的破房子的水泥地板上，竹笛妈妈开始了创作。一个一个画了刺猬、小鸡、蛇、小猴子、长颈鹿，还有白雪公主，竹笛一边看我画，一边也让奶奶画。一会儿蹲到我身边，叫道："妈妈，你真聪明啊！"一会儿蹲到奶奶身边，喊道："奶奶，你好厉害！"我们耍的时候，孩儿爸在一边书桌上敲字。喊声热烈之际，就转过头看一下。竹笛看见爸爸转头，向我和奶奶摆摆手："爸爸工作很辛苦，我们不要打扰他。"声音压得低低的。

最后终于把可以画的地方都画了，竹笛突然兴趣转移，让我把墙贴——都是一些圆圈圈，是以前他自己贴上去的——一个一个给他摘下来。

"摘这个干吗啊？"我问。

他不应。兀自拿走。谢天谢地，不用逼我再画画了。赶紧躺床上小憩一会儿。

"妈妈，妈妈，你快起来，多好看呀！"竹笛兴奋地大叫。起身一看，地板上的小动物们有了闪亮的眼睛！

小鸡

长颈鹿

爱说话的小孩　　　　　　　　　　　　　2015 年 6 月 19 日

最近太忙，很少陪儿子。今天晚上全家一起到白鹿餐厅吃饭。一路上，小家伙嘴巴不停地说说说。到了吃饭时候，我还发愁他又挑食，结果发现，他特别喜欢喝这家的排骨汤，咕噜噜喝了几大口，感慨道："真香啊！"喝完了一碗，说："再给我来一碗好吗？"于是又来了一碗，咕噜噜喝完。还要喝！被我止住。这么一对比，我才惊觉自己平时炖的排骨汤是有多难喝。平时让他喝汤，勺子放到嘴边也不理，常常装作没看见，淡定得不是一般般。

喝饱的竹笛哥哥心情倍儿好，勾着脑袋端详我好一会儿，突然道："妈妈，你白白胖胖的。"真是太意外了。白白胖胖一直是我的人生目标，今天被这么一夸，颇洋洋得意。于是继续埋头大吃。这时候，竹笛看见服务员小哥过来，搭讪道："叔叔，我吃饱了！"小哥很严肃地笑了笑。

晚归家，竹笛爸爸给他修玩具，人家正紧张兮兮地修呢，小笛童鞋在一边叨叨不停：

爸爸，你要把我的小鱼玩具修好啊！

爸爸，你的工具堆得整整齐齐的。

爸爸，你在干什么呢？

爸爸，你能修好吗？

爸爸急了：儿子，你能不能安静一会儿？

竹笛答应：好。

过了一秒钟。

爸爸，你修好了吗？

某人修不好玩具恼羞成怒：臭小子你能不能别说话了？！

竹笛哥哥高声答应道：我别说话了！

老虎拔萝卜   2015 年 7 月 3 日

　　今天下午图书馆闭馆，和孩儿一起在校园里散步。路上，他撒娇说："妈妈抱抱！"我说好啊，那你给妈妈讲个故事好吗？"好的！"竹笛答应得很爽快。于是他开始讲起来：

从前，有一只大老虎。

然后呢？

他要到森林里吃肉肉。

嗯，然后呢？

他走啊走啊，走啊走啊……

走到哪了呢？

他走到一个大大的胡萝卜跟前。

然后呢？

他就把它拿起来了。

噢，然后他又干吗了？

他送给小兔子吃！

他把萝卜给小兔子，他自己吃什么呀？

他自己咬了一口！

哦，妈妈明白了。大老虎和小兔子是好朋友是吗？

是!(第一个故事结束)

这是两岁三个月的竹笛哥哥第一回编故事。

由此想到幼儿教育,是需要密切的亲子互动的,单纯的翻看图画书或是朗读还不够。小朋友的想象奇妙得很,重复而生硬的故事诵读,不如自己根据情境编故事效果好。

小主持人　　　　　　　　　　　　　　　　　　2015 年 7 月 6 日

从种种迹象已经可以预言,我们家小朋友将来是要读传媒大学的!今晚一顿饭的工夫,他不停地不停地解说,应时应景,流畅自然,主持水平堪称一流:

看我吃饭,小朋友说:"妈妈吃了一口米饭!"看我放下筷子,他道:"妈妈把筷子放下了!"他自己喝汤,一边喝一边说:"妈妈,我喝一口汤汤!"喝完他放下碗,不忘告诉我:"妈妈,我不喝了。"看奶奶看他,催促道:"奶奶你快吃呀。"

一秒钟后,他指着盘子:"妈妈给我加点儿土豆丝好吗?"我给他加上。他及时点评道:"妈妈,你真乖呀。"这时候他看到爸爸拿醋过来,解说道:"爸爸,你给土豆丝加醋啊!爸爸,你为什么加醋?"我等已经无语。我等齐齐放下筷子。他不忘旁白:"爸爸,你不吃了!爸爸,你刚才吃饱了吗?妈妈,你怎么不吃了?"我等终于忍无可忍:"你能不能不要说话了?!"小朋友答应得很爽快:"妈妈让我不要说话。爸爸,我不说话了。奶奶,我不说话了。爸爸妈妈,我要悄悄地……"

我已笑得吃不下饭,歪着脑袋琢磨,为娘如此温柔贤惠知书达礼的,为啥我家公子年方两岁三个半月就如此话痨。说时迟那时快,公子已经敏锐地捕捉到了我的情绪:"妈妈你在想什么呢?我的宝贝呀?"

大灰狼开车买菜　　　　　　　　　　　2015 年 7 月 10 日

今晚，竹笛给我讲故事。讲了两个：

1. 大灰狼开着红色的车去买菜，他去了很远很远的地方，那里有一个木头小房子，大灰狼开着车进去了，房子里还有一个人呢。大灰狼开着车去老虎的家，老虎的家有一个大大的棒棒糖。大灰狼还买了石头，他把石头装在那里面的盒子。他找到一个小瓶子，他还找到一个毛巾，他把毛巾拿到手里拿回来。我的小狗狗也跟着一起去了。

2. 有一天，狐狸肚子饿了。狐狸走啊走，他碰到一只白鸽，他走了过去。狐狸梦见一个老虎和大灰狼。他走了过去看看。

这是刚才我收拾家务的时候，小朋友看着一地的杂物、玩具，给我和姥姥讲的故事。太棒了！

狐狸吃葡萄　　　　　　　　　　　　　2015 年 7 月 11 日

晚上从医院回到家，小朋友高兴地跑过来抱腿。我说，咱们出去散步吧，到广场上看爷爷奶奶跳舞去。"好！"他响亮地答应着。

夜晚的广场，是老先生老太太的世界。小竹笛在人群中跑来跑去，一刻不停，像个小泥鳅，被我逮住又滑溜溜躲开了。看见一个老爷爷坐着，他跑过去瞅瞅，看见一个老爷爷站着，他也跑过去瞅瞅，各个打量一下，又立即跑开。一会儿工夫，大伙都认识他了。回来路上，他说妈妈抱抱。我说背背吧，于是背着他往回走，走了几步，我说宝宝给我讲个故事好吗？

"好的！"打了个拐弯的调调，爽利又有点儿得意扬扬，仿佛久已等待我的邀请似的。

于是竹笛小朋友开始慢慢地一个字一个字地讲故事了：

竹笛：从前，有一只小狐狸，他走啊走，走啊走，可是一个葡萄也没看到。妈妈，葡萄要剥皮才能吃！

我说嗯，妈妈知道啦。然后小狐狸干吗了呢？

竹笛：小狐狸找到两个罐子，他要把葡萄皮剥掉，放进去。——我有点儿意外，这不是平常我讲故事的节奏啊。罐子哪里冒出来的？口中只说嗯，然后呢？

竹笛：小狐狸又找到了两个小灯笼。——我又吃了一惊，心想这都哪跟哪啊，口中不表现出来，问道："是吗？"

竹笛：他走啊走，走啊走，碰见一个大大的葡萄。——听到这，有点儿意料之中的欣慰。我知道他是知道狐狸爱吃葡萄的。我笑说噢，然后呢？他干吗了？

竹笛：小狐狸自己把葡萄给剥掉。

然后呢？

他找到两个大大的树枝。

我有点儿奇怪：他找到树枝了？

竹笛：嗯，他拿着树枝去广场。——现实语境出现了。我们在广场玩了一个多小时。我说，他去广场了呀，看见什么了吗？

竹笛：两个外国人特别凶，两个外国人是阿姨外国人。——也是现实。但这个故事情节让我好奇怪，据我所知，每次那些外国留学生看到他都笑着打招呼，他也往往会说 hello 的。这完全是他自己的编织想象。讲到这，看见路旁咖啡馆外的标语，竹笛立即从故事情境中脱离，朗声念道：北——京——师——范——大——学！

我的小老师 2015 年 7 月 26 日

下午因为和一个小朋友抢球淘气，竹笛哥哥被我揍了一顿，然后过了半小时后，他似乎就没事人一样了。可临睡前的一番对话，让我心疼不已。原来，小朋友并不是我们想的那样，对于父母的责罚过了就忘。他们可能表面云淡风轻，心里的委屈负面情绪一直都记得。

　　睡前，我们先合着讲故事，后来随意聊天。之前都很开心。这时候，竹笛突然说："妈妈，你不能打人，打人疼的。"说这话时，一手抱着他的小布丁，一手拿着奶瓶，并没有抬头看我。我一愣，才想起今天打他了。没想到他记这么久。

　　心里愧疚，亲了他额头一下，我说："今天妈妈不该打你，妈妈向你道歉，你可以原谅妈妈吗？"过了一小会，他郑重地答我："可以！""那我们还做好朋友，好吗？咱俩拉拉钩？"他把手中奶瓶给我，说："这个送给你玩吧。"然后空出手来，把小手伸过来："妈妈，咱们拉钩钩，做好朋友！"过一会儿，竹笛看着我，很认真地说："妈妈，我不该和你生气，我向你道歉。"

　　心要融化了，我的小家伙。

亲子故事｜森林里的小仙女　　　　　　　　　　　2015 年 7 月 26 日

　　晚上和竹笛合编了两个故事。第一个录音整理如下：

　　我：从前，天上有一个小仙女，有一天，她很想到地上玩一玩，于是，她带上她的翅膀，倏地就飞到了地上。她走啊走，来到一个森林里，她好开心啊，她和小花玩，和小兔子玩，她玩了一天，天黑了，她想回家了，可是，这时候她发现她的翅膀不见了。我的翅膀去哪里了？小仙女着急得哭了起来。

　　竹笛：这时候，来了一只小鸟。

　　我：小鸟说："小仙女，你为什么哭鼻子啊？"小仙女说："呜呜，我的家在天上，我想回家，可是我的翅膀不见了！"小鸟说："别怕别怕，我帮你把翅膀找回来！"于是，小鸟就开始出发了。

　　竹笛：这时候，来了一只红鸟。红鸟正在找东西。

　　我：红鸟是红颜色的鸟吗？

　　竹笛：突然，小鸟听到一个人说话。这个人好像一个大哥哥一样。

　　我：大哥哥说："小鸟，你要飞到哪里去啊？"小鸟说："大哥哥，我帮小仙女找翅膀呢！"

　　竹笛：突然，小鸟听到一个人说话。咦，是谁在说话啊？啊！原来是一个狐狸在说话呢。

　　我：噢，又来了一只狐狸。狐狸是想捉小鸟吃吗？小鸟说："我得赶紧走。"

　　竹笛：突然，小鸟听到一个人在说话。

　　我：又来了一个人啊，是谁呢？

　　竹笛：原来是一个小松鼠。

　　我：小松鼠说："小鸟，你要去哪啊？"

　　竹笛：他要干吗呀？

　　我：是啊，他要干吗呀？噢，给小仙女找翅膀呢。

　　竹笛：这时候，来了一把蝴蝶。

　　我：蝴蝶说："小鸟，你要去哪里啊？"

　　竹笛：他要回哪里去呀？

　　我：蝴蝶很好奇。小鸟告诉蝴蝶说，小仙女的翅膀丢了，她很着急，我帮她找回来。

　　竹笛：突然，小鸟听到一个人说话。

　　我：是谁呢？

　　竹笛：嗯，又来了一头牛，牛在找东西呢。小鸟要找花吃。牛要找草吃。

　　我：小鸟说："小牛，小松鼠，我要飞到很远很远的地方，给小仙女找翅膀，你们都在这等我消息吧。"

　　竹笛：还有一个红牛哪！红牛在那边吃草。

　　我：小动物们说："小鸟，你需要我们帮忙吗？"

竹笛：突然，小鸟听到一个人说话。

我：又来一个谁呢？我们先不管它了。小动物们决定和小鸟一起出发找翅膀，他们走啊走，走啊走……

竹笛：碰到一个大胡萝卜。他们把胡萝卜拿起来，给小兔子吃。

我：对了，他们把胡萝卜拔起来，路上可以当饭吃。小动物们走啊走，走啊走，路上饿了，就吃胡萝卜。后来他们来到一个小河边，小河里有一只大鹅，还有一只小鸭子。

竹笛：小鸭子正在喝水。

我：小鸭子说："小鸟，小松鼠，小牛，你们这是要去哪啊？"

竹笛：小鸟说："我要去动物园！"

我：他们去动物园，不找翅膀了吗？没有，小鸟不去动物园，他们要给小仙女找翅膀。可是河很宽，小松鼠过不去怎么办呢？大鹅说别怕别怕，我来帮你背过去吧，我会游泳。

竹笛：大鹅帮助小松鼠，小松鼠不停地游啊游……

竹笛：小鱼抱着一个花游。还有一个红鱼。

我：于是，大鹅帮助小动物们都过了河。过了河，他们都对大鹅说："谢谢你，大鹅。"

竹笛：突然，小鸟听到一个人说话。

我：小鸟又听到人说话了？啊，这时候他们碰到了一个白胡子老爷爷。老爷爷提着一个篮子。

竹笛：老爷爷说："小松鼠，你要干吗呀？"

我：小松鼠说："爷爷爷爷，我们来给小仙女找翅膀呢。"

竹笛：又来一个谁？

我：来了一个老奶奶。老爷爷老奶奶邀请小动物们去他们家玩。老爷爷家有个大房子，房子门口有一棵大树。咦，大树底下还有一个树洞呢。咚咚咚，小鸟开始敲门。

竹笛：小鸭子和小鹅走了过去。

我：他们就咚咚地敲门。"是谁在敲门啊？"树洞里面有人问。

竹笛：原来是一个狐狸啊！

我：小鸟说，你为什么住树洞里啊？狐狸说，住在树洞里下雨不用打伞啊。老爷爷说，你们都到我家的花园玩吧。这儿可好看了呢。

竹笛：小鸟正在打扑克呢，小鸟正在和小松鼠一块打扑克呢。又来了一个老水牛，老水牛帮狐狸打扑克。看，牛来了吧！牛三条腿过来了！

我：这时候，他们发现，咦，天上飘来了两朵白云。所有的小动物都把手伸出来，想接住白云。

竹笛：突然，看见地上有一闪一闪的东西，哎，原来是大象来了。大象帮小松鼠打扑克。看，大象来了吧，大象用三条腿帮松鼠打扑克。

我：白云飘啊飘，飘到了他们的头顶上了。这个不是白云，原来啊——

竹笛：我出一个方片八。

我：我出一个梅花九。

竹笛：我出个梅花十。

我：我出个大王！

竹笛：我出二王！

我：我赢了！

竹笛：他们正在打扑克的时候，突然来一个老爷爷，老爷爷帮小松鼠打扑克。

我：这么多人都帮小松鼠。这时候，白云掉下来了，这白云是两个大翅膀，原来啊，这个就是小仙女的翅膀。

竹笛：突然，来了一个红鸟，红鸟帮小松鼠打扑克。

我：然后，他们打累了。他们决定睡觉了。

竹笛：小松鼠，我们休息一下好吗！

我：好！这个故事讲完了。鼓掌！

小猫   2015 年 8 月 10 日

回到乡下老家，因长久没人住，院子里竟然有了几只刚出生的小猫，可是猫妈妈不见了，昨儿直叫唤了一整夜。早上，和竹笛哥哥一起，捉住了三只小猫，给它们喂饭。竹笛开始和小猫聊天了：

小猫你别怕别怕，我给你馒头和奶奶吃好吗？

小猫说好的好的，我要把奶奶吃光！

小猫你好好吃吧，小猫！

小猫你不要爬车，爬车会把衣服弄脏的！

小猫，不好意思噢。

妈妈，你把所有的小猫都抓来吃奶奶好吗？喵～喵～喵～（后来我真的找到了所有五只小猫～）

乡下的风景充分调动了竹笛哥哥的想象力。第二天早上看见太阳从树梢升起，就开始旁白了："妈妈，太阳在大树旁边呢。大树上有个小鸟，还有一个树洞，小鸟飞进树洞里面找苹果吃。妈妈，你帮忙把苹果榨碎了给小鸟吃好吗？"过一会儿，蹲在银杏树下看草，又开始解说："妈妈，从前有两个毛毛虫，一个白毛毛虫，一个黑毛毛虫。它们两个一起找东西吃。白毛毛虫喜欢吃苹果，黑毛毛虫喜欢吃香蕉。"（其实草里并没有毛毛虫）

吃糖的热情　　　　　　　　　　　　2015 年 8 月 10 日

　　今晚竹笛要吃糖，我不想给，刁难他："给妈妈唱首歌吧？"于是，小朋友爽快地唱了一首《小燕子》。唱完，贼笑着把手伸过来。我说吃完了不能再要了噢。

　　过了一会儿，吃完了，又要。"妈妈，给我一颗小馒头糖好吗？""刚才是最后一颗，不能再吃了。"谁料小朋友接着道："妈妈，我再给你唱歌歌好吗？"于是，开始唱《小兔子乖乖》。我不好意思了，给他拿了一颗，自己咬掉三分之二，余下的给了他。

　　在乡下姥姥家，姥姥晒大蒜。竹笛哥哥拼了一个棒棒糖：

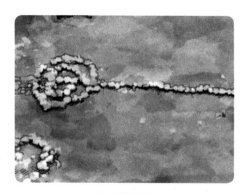

大蒜棒棒糖

枫桥夜泊　　　　　　　　　　　　2015 年 8 月 16 日

　　给孩儿讲《枫桥夜泊》。指着诗配画，对白如下：

　　我：月亮落下去了，乌鸦开始叫唤。

　　竹笛：乌鸦在喝水呢，它够不着，它把石头放在瓶子里，水升高了，它就喝得着了。

　　我：月亮底下有一个桥，桥下有一只船。

　　竹笛：桥里有个大老虎呢。老虎和蚂蚁在搬家。这时候牛来了，牛在追太阳呢。

我：船上有一个渔夫，他是个老爷爷，他点了一盏灯。

竹笛：老爷爷说：孩子们，你别找了。老虎跑桥里面去了！

我：山里还有一个房子，房子里有一个老和尚，老和尚在干吗，原来他在敲钟呢。

竹笛：老虎来了，他要放火呢！

讲不下去了……

竹笛语录　　　　　　　　　　　　　　　2015 年 9 月 6 日

竹笛刚才把食指一卷，叫道："妈妈，快看，我的手变成了一只小蜗牛！"

竹笛玩石头，石头不小心掉了一个到地上，他立马捡起来，口中道："不好意思噢，石头你是不是摔疼疼了？"

竹笛今天学会了一个新词"老头子"，于是开始造句："乌鸦对大象说：'大象，你是一个老头子。'大象说：'我不是老头子！'"

闪亮的瞬间　　　　　　　　　　　　　2015 年 12 月 7 日

1. 妈妈，你是喜欢吃辣椒还是喜欢吃酸奶呢？新学会选择句式的竹笛经常这么问。

我说喜欢酸奶，他便答："我喜欢辣椒！"我说喜欢辣椒，他便歪着脑袋，笑咪嘻嘻地说："我喜欢酸奶！"

2. 随意地聊天之际，竹笛突然朗声道："我要把最好的红饼干给妈妈吃！我要把最好的蓝饼干给爸爸吃！我要把小鱼饼干给奶奶吃！"

3. "亲爱的妈妈！"宝宝拉着我的手，笑得甜蜜蜜的，蹭着我的脸，跟我说。"亲爱的爸爸！"他又拉着爸爸的手，一扭身便坐在我们两人中间，扭股糖一般，甜腻着不放。这样的时刻，每个临睡前的夜晚，都让我回味，感动。

竹笛当家　　　　　　　　　　　　　　　　　2015 年 12 月 10 日

　　晚饭前，抽空带孩子去超市买菜，竹笛哥哥走进门便直接去收银台那推购物车，推啊推，走了好几个"之"字后终于推到蔬菜柜台前，开始买菜了。

　　指着韭菜问："奶奶，大葱多少钱啊？"买菜的人人都笑。又拿起土豆："土豆多少钱？"卖菜的奶奶笑说："这孩子还会买菜了。"接着推车走到面包处，拿起巧克力面包，放进购物车，走到碗碟处，拿了个勺子，放进购物车，又想拿碗，被我止住了。我说咱们家有碗啊，不用买。竹笛于是不停，推车走过去。又推车走到衣帽处，问："阿姨，袜子几块钱？"

　　这时候一个叔叔三个阿姨齐齐围上来，一边笑一边逗他。竹笛淡定地回答了诸如"你喜欢看什么动画片""你家在哪里""你跟我回家好吗"等问题，答案分别是："猫和老鼠""那边二楼""不去"！

　　付款后，我说，咱们和阿姨再见好吗？"阿姨再见！"竹笛对着一个姑娘大声说，扭身就要走。我提醒他："还有好多阿姨呢。"竹笛哥哥于是转回头，环视一圈，对几个收银员大声喊道："好多阿姨再见！"

阿姨，请让路　　　　　　　　　　　　　　　2015 年 12 月 12 日

　　今天晚饭后小朋友又让我陪他去超市。我知道他喜欢面对琳琅满目的物品，还有那时候的新鲜和好奇。

　　去超市的路上，要经过附小，这条路很安静，路灯照着隐约的树影。于是玩影子游戏，比赛看谁的影子大谁的影子小。路上突然

想起上一次在超市，竹笛推着购物车每每被大人挡住，而他急得"咿咿咿"地叫唤。于是告诉他，今天在超市要是有叔叔阿姨挡住你，你就说"叔叔阿姨请让路"，这样，他们就知道你在后面，给你让开啦。竹笛哥哥嗯嗯地答应了。

到了超市，很凑巧，今天遇到了好几个挡路人。竹笛哥哥于是开心地实践起他新学会的这句话。在肉食品柜台前，一个叔叔在他的购物车前，他大声说："叔叔，请让路！"年轻的大学生叔叔笑着走到一边。

推车走了一会儿，又看见售货员阿姨在货架前站着。

"阿姨，请让路！"

阿姨调皮，弯腰拦在前头，笑着说："阿姨，不让路！"

"阿姨，你让路嘛！"小家伙据理力争。

"不让路，不让你走了！"

"让！让嘛！"

见竹笛哥哥有点儿着急，阿姨笑着让到一边。

"这个阿姨真淘气！"

竹笛哥哥言毕，推车继续前行。然此语一出，周遭几人笑不可抑。我想来想去，判断"淘气"此语出自家里的童话书。

过了会儿，又遇到一个老爷爷在前头。竹笛"故技重施"，果然今天一路畅通无阻。

小鱼，再见！　　　　　　　　　　　　　　2015 年 12 月 14 日

今天去理发店理发，在校门口正遇见竹笛滑着滑板车过来，粘着要跟我一起去。于是只好带着他。在店里，他和奶奶在一边坐着等我。看理发师叔叔给我穿上罩衣，他很不喜欢，过一会儿过来说一句："叔叔，你把这个衣服脱了吧。"或许是因我穿着罩衣，他看不清我了。

　　理发过程中，竹笛几番问："叔叔，妈妈的头发理好了吗？""妈妈，你好了吗？"等得很不耐烦。隔着玻璃窗看外面公交车，一会儿又扭头看我。终于理完了。我去收银台，竹笛也跟着走过去。柜台边有一个金鱼缸，他便过去撩逗一会儿。我说，我们要回家了，不看了，走吧。小家伙于是珍重地跟金鱼道别："小鱼，再见！"

　　走到门口，理发师叔叔给我们拉开门。我还没来得及说呢，竹笛朗声道："叔叔，再见！"

亲子故事 | 大汽车的故事　　　　　　　　2015 年 12 月 30 日

　　（宝宝，给妈妈讲个故事好吗？）好的！竹笛答应了。开始讲起来：

　　从前，有一只小白兔。（小白兔的家在哪里呢？）

　　它住在大森林里。（噢，住在大森林里啊。）

　　它喜欢吃胡萝卜。（是的，小白兔很喜欢吃胡萝卜。）

　　它开着大汽车去找黑人，它和黑人一起去超市。（他们去超市买什么了呢？）

　　他们在超市里买了棒棒糖，买了水果，买了蔬菜，还有瓜子。（买了这么多东西啊。）

　　大汽车付了钱。（我平常去超市，经常带着竹笛一起排队，告诉他买东西要先给收银台的阿姨付钱，他显然记得了。）

　　然后他们去大汽车那里吃饭。大汽车又去东边玩。（东边有什么东西呀？）

　　东边有鱼！（哦，后来你又干吗了？）

　　我跟着大汽车去买糖果。（哦，小白兔呢？怎么不见了？）

　　小白兔去森林里玩了。小白兔的好朋友是蜗牛，蜗牛在家吃糖呢。（噢，蜗牛喜欢吃糖糖啊。）

　　大汽车一手拿着钱一手拉着我，我把钱全拿出来了，塞进储蓄罐里，然后再把它关住。（噢，把钱放在储蓄罐里攒起来，攒多了就可以买东西吃了。）

小蜗牛用一个铲子在车上铲土，它把土铲到汽车里，然后关住，然后再把门帘打开，里面有小白兔呢。（哦，小白兔跑到汽车里了啊。）

然后他们一起去跑步，小白兔在前面跑，大汽车在后面追。（噢，大汽车跑得比小白兔快，啊，大汽车就快追上小白兔了！）

他们跑到火车里了。蜗牛也跑到火车里了，小白兔也跑到火车里了，然后把门关住。（竹笛的"想象"完全出乎我意料。我一边努力想象着一只飞奔的蜗牛和小白兔赶火车的情形，一边嗯嗯答应着：这样大汽车就追不到小白兔了。）

小白兔拿出一个小蛇，让蜗牛拿着，小白兔坐在前面，大汽车坐在后面。火车开到小白兔的家里了。妈妈，这个故事讲完了。（最后几句速度快得我几乎不及反应。故事讲完了，那你这个故事叫什么名字呢？你给它取个名字好不好？）

竹笛脱口而出：大汽车的故事！

亲子故事 | 坏脾气的小青蛙　　　　　　2016 年 1 月 8 日

因为常常给竹笛讲故事，时间久了，竹笛自己也会讲故事了。只是他的故事讲得比我的有趣。我的故事，总还是带着一点儿道德训诫的意味在，每逢我"曲终奏雅"之际，竹笛就果断地打住，不让我继续讲下去了。

这是临睡前我讲的《坏脾气的小青蛙》：

我们今天来讲一个青蛙的故事，在讲故事之前，我们需要给青蛙取一个名字，你来给他取个名字好不好？青蛙叫什么名字呢？（竹笛：我不知道。）嗯，我们就叫他乐乐好不好。从前啊，有一只小青蛙，他叫乐乐，乐乐的家在一个大大的池塘里，在一个大荷叶底下。小青蛙很怕太阳，他就常常藏在大荷叶底下玩。

有一天，青蛙在大荷叶底下玩，这时候，飞过来一只小蜻蜓，小蜻蜓飞累了，就停在大荷叶上想休息休息。青蛙看见了，很生气，他对小蜻蜓大声吼道："哼，这是我的地盘，不要你在这里玩！"小蜻蜓吃了一惊，他说："青蛙哥哥，这个荷叶是池塘里的，是我们大家的。你为什么不让我在这里玩呢？"乐乐还是很生气，非要撵蜻蜓走。小蜻蜓非常伤心，哭哭啼啼地飞走了。

又过了一天，一条小鱼来到了大荷叶跟前，小鱼被太阳晒得头晕乎乎的。他看到大荷叶高兴极了。心想，终于有一个凉爽的地方可以休息休息了。这时候青蛙看见小鱼来了，又开始撵小鱼。他说："小鱼小鱼，这个大荷叶是我的，不许你在这里玩！"小鱼说："青蛙哥哥，这个池塘是大家的，这个荷叶也是大家的，你为什么不让我在这里玩呢？"乐乐不讲理地说："这就是我的家，不许你在这玩。"小鱼也很伤心，慢慢地游走了。

又过了一天，有一条青色的小蛇来了。他刚来到大荷叶旁边，小青蛙看见了，急忙说："小蛇小蛇，你快走，大荷叶是我的家，不许你在这里玩！"小蛇说："青蛙哥哥，我想睡个午觉，醒了就走好吗？"青蛙还是不同意。小蛇没办法，只好游走了。

以后啊，只要有小动物来，小青蛙就把他们撵走，一天一天过去了，小青蛙越来越不受小动物们的欢迎，渐渐地，小动物们再也不跟小青蛙玩了。宝宝，你说小青蛙做得对不对啊？（此处还想继续发挥来着，结果——）

竹笛：妈妈，这个故事讲完喽。

（尤不甘心地）妈妈问你，刚才的小青蛙做得对不对？小朋友要一起玩，要互相分享知道吗？

竹笛：知道了。

一个进步 　　　　　　　　　　　　　　　2016 年 1 月 10 日

　　孩儿最近会讲道理了。去超市买东西，他给自己挑了阿尔卑斯糖，还买了香蕉，都放在一个袋子里拎着。路上，他要走路边的高台。我说，让妈妈牵着你的手吧？

　　人家道："手里已经拎了东西了，还怎么牵手呢？"给他洗澡，我说："咱们脱衣服洗澡澡吧？"人家道："不是昨天才洗过吗？"让他多吃点儿饭，他道："不是已经吃饱了吗？"

　　不是 + 什么什么 + 吗 +？是他惯用的句式。这是一个进步，会反驳，就说明会思考了。

我们握握手，还做好朋友吧？ 　　　　　　　2016 年 1 月 10 日

　　换一种方式和孩子交流，或许可能的"打骂"就可以避免。这是今天我发现的。

　　有好几次，竹笛莫名生气，摔扔东西。每当这个时候，性急的爸爸就抄着屁屁拍几下，他的观点是：对孩子，必须管，不能任由他性子来。他以为打完了孩子，下回他一定不敢再犯。我对这样的观点和做法总不认可。但有时候看着竹笛耍赖，自己解决不了，也只好忍痛看他挨揍。每回挨打过后，竹笛就一脸泪水，哭着喊着叫妈妈。

　　我想，有没有什么方式可以避免这样的耍赖——打罚——再耍赖的周期性循环呢。关键是让孩子懂得为什么不能那么做，才能根除这些无礼之事的发生。今天，很偶然的一次心理克制，让我知道了怎么样和一个不到三岁的孩子交流。让我明白，幼儿也是有着强烈的自尊心的。

　　事情是这样的。今天中午我回家晚，错过了吃午饭的时间，当我一个人吃饭的时候，竹笛午睡醒来不久，蛮憨地拿着枕头，往饭

桌上放。他自己觉得好玩。我说，枕头不能放桌上。他不听。奶奶也说，不能放。他还是不听。我说，你把枕头放饭桌上，我们还怎么吃饭呢？这样是不礼貌的。他不吭声。

过了一会儿，他又拿扫床的刷子往桌上敲来敲去。我柔声说："你这样敲，会有很多灰尘，妈妈还怎么吃饭呢？"他还是不听。于是我夺下刷子，扔到一边。恐吓他："你要是再不听话，妈妈揍屁股了！"结果恐吓也无效，"我就要敲！我就要敲！"他一边说一边嘟着嘴低着头皱着眉毛。

这时候，真是气急败坏。仔细观察一下，发现小家伙低头红脸，好似有一点儿听进去了我的话，但是处于碍于面子不好下台的情绪里。于是，我咽下怒气，笑眯眯地伸出手："好啦，我们不吵架了好吗？我们握握手，还做好朋友吧？"竹笛听我口气变了，抬起头，见我笑了，他也笑了，把手伸给我："妈妈，我们和好吧！"

于是，我继续吃饭。他看着我吃饭，自顾自说起来："用刷子敲桌子，把妈妈的饭弄脏了，妈妈还怎么吃饭呢？"接着又说："妈妈，我错了，你乖乖吃饭噢！"听到这话，心里一暖，笑笑说："嗯，没关系，有错就要改，改了还是好孩子。我们拉钩钩，还做好朋友好吗？"于是拉钩钩。

竹笛原来是懂事的，幸亏刚才没有情绪化地打他屁屁。他其实已经听进去我的训导了，只不过他需要我给他一个台阶下。这么小的孩子，原来也是有自尊心的。想起前几次，每当他惹我生气了，我就故意不理他，直到逼他口里说认错。我真的是错了。认错又何必一定要在口头上，孩子心知的时候，就该适可而止。这样他反而会主动而快乐地承认错误，并改正错误。我很庆幸这次竹笛爸爸不在场，不然我可能也会被他的急性子裹挟，粗暴地揍上孩子几巴掌，那结果，只会是伤了孩子的心。

越来越发现，很多时候，我们低估了孩子的理解能力和交流能力。其实，只要用心一点儿，耐心一点儿，很多暴风骤雨的惩罚呵斥都可避免，从孩子的角度，捕捉他所释放的情绪符号，才能真正让孩子从心底明白什么是对，什么是错。

吃完饭后，和竹笛一起去超市，回来时，他拿着自己挑选的香蕉和糖果，要走路边的台阶。我说，让妈妈牵着你的手吧？竹笛低头走路，不牵我，慢慢说道："手里已经拿了东西了，还怎么手牵手呢？"于是我就笑笑，不牵，让他自己走。

夜　　　　　　　　　　　　　　　　　　　2016 年 1 月 11 日

晚九点从图书馆回家，被告知孩子晚上没怎么吃饭，于是立即去做饭，用电饼铛做了两份煎饼和烤肠，让孩子一边吃一边看会儿《猫和老鼠》。

孩儿特别喜欢这个动画片，虽然解说词不多，他一个人也能看得咯咯直笑。我问他，你喜欢汤姆还是杰瑞，他答杰瑞。我问为什么呢？他笑而不答。因为平常玩伴少，对我就特别粘，每晚回到家，立即高兴地过来抱我，说："妈妈，我好想你啊！"前几天，给他洗脚，他抓住我的耳朵，说："妈妈，你的耳朵弯弯得像月亮一样。"

忙碌的生活里，有这些甜言蜜语相伴，虽劳累也心甘。

画　　　　　　　　　　　　　　　　　　　2016 年 1 月 13 日

晚上回家，孩儿画画的兴致大起，于是拿着彩色粉笔在地板上开始作画。一笔一画，画得很有力，没过多久，就把地板画满了。显然，他对自己的劳动成果很珍惜，叮咛我不要踩到他的画们。我不会画画，从未在这个领域启发过他，只是很小的时候，鼓励他，想怎么画就怎么画，也叮嘱奶奶不要跟孩子说"你怎么画得一点儿也不像"之类的话，他一开始常说妈妈我不会，现在，"我不会"这句话再也不说了。

　　我的梦想，就是有一天，我能自己写、自己画一本图画书，送给我的宝贝儿。希望有一天，这个梦想能实现。这是宝贝今晚画的画，名字都是他自己取的。他还画了他心中的鸽子、刺猬、天鹅。鸽子是一个个同心圆，刺猬是一个不规则的圆，而天鹅是两个狭长的长三角一样的线条。

一个长牙齿的蛇

眼镜蛇

亲子故事┃大象的蝴蝶结　　　　　　　　　　2016 年 1 月 18 日

　　竹笛：妈妈，你给我讲一个大象的故事好吗？

　　我：好！那咱们今天就讲大象的故事，现在你给大象取一个名字好吗？

　　竹笛：好！嗯，大象它叫老爷爷！（又不满意地）它叫一个什么呀？叫什么呢？妈妈，你给它取个名字好吗？

　　我：你问问爸爸。

　　竹笛：爸爸，你给大象取个名字吧？

　　爸爸：我们叫他什么呢？

　　竹笛：什么呢？

爸爸：我们叫他长鼻子好不好？

竹笛：长鼻子矮人，就叫长鼻子！

我：好，那大象就叫长鼻子。从前啊，有一只大象，他叫长鼻子。长鼻子一个人住在一个大房子里，他常常觉得很孤单。有一天，飞来了两只小鸟，他们在屋檐下住了下来。啊，这个大房子终于热闹起来了。大象很开心。小鸟呢，也很开心，他们很喜欢大象的房子。每天早上小鸟就早早地起来了，聊天，唱歌，跳舞，时间长了，大象有点儿不高兴了。他心里想：这两只小鸟整天叽叽喳喳的，吵死了。于是，他决定撵走他们。第二天，小鸟早上起床，跟大象说"早上好，长鼻子哥哥"，大象不理小鸟。

两个小鸟很聪明，他们知道大象不开心了。小鸟决定想个办法，让大象开心起来。想啊想……

竹笛：想一个？

我：最后，他们想到一个办法，他们决定给大象送一个礼物。给大象送什么礼物？想啊想，想啊想，他们终于想到了一个好主意。于是两个小鸟用彩色的丝带还有羽毛，做了一个漂亮的蝴蝶结，飞到大象身边送给他。大象第一次看到这么漂亮的蝴蝶结，好奇地问："这是什么呀？"

竹笛：蝴蝶结。

我：小鸟说，这是我们送给你的礼物。大象又问："那这个蝴蝶结戴在哪里呢？"

竹笛：戴在头上。

我：于是小鸟把蝴蝶结戴到了大象的头上。大象高兴极了。大象个子很大，蝴蝶结个子很小，大象戴在头上就像一个红点儿，但是大象仍然很高兴。他戴着蝴蝶结去森林里散步，一边走一边唱歌：

我的头上有一个蝴蝶结

我的头上有一个蝴蝶结

……

这时候，森林里的小动物，蝴蝶啊，松鼠啊，兔子啊，听见大象唱歌，都来了。他们围着大象，都夸大象好看呢。

竹笛：他们都来了。

我：大象非常地快乐，他从来没有像今天这样快乐。他很感谢小鸟。他说，小鸟真是我的好朋友啊！于是大象和小鸟就一直在大房子里快乐地生活下去啦。这个故事讲完了。鼓掌！

竹笛：再讲一个老虎的故事！

……

亲子故事｜聪明的小刺猬   2016 年 1 月 19 日

这是前天晚上讲的故事，根据录音整理，历时七分半钟。

竹笛：妈妈，你给我讲一个小刺猬的故事好吗？

我：从前，森林里住着小刺猬一家，有一天，小刺猬的爸爸妈妈生病了，爸爸妈妈说，小刺猬你可以出去找些食物吗？我们生病了，没有办法出去找食物。于是小刺猬就出发了。他走啊走。来到了一棵苹果树下。苹果树上有什么呀？

竹笛：有好多红红的苹果。

我：可是苹果很高，小刺猬够不着怎么办啊？

竹笛：小刺猬就爬了上去，摘了下来。

我：然后呢，小刺猬怎么把苹果带回家呢？小刺猬就用身上的刺扎住了苹果。

竹笛：然后回家喽。

我：回到家后，小刺猬的爸爸妈妈高兴极了。

竹笛：这就是小刺猬找的食物呢。

我：真好吃呀，于是他们 MiaMia 地把苹果吃得光光的。可是苹果吃完了怎么办呢？爸爸妈妈说，小刺猬，苹果吃完了，晚上你再给我们找些吃的好吗？小刺猬说好，我再出去找。于是小刺猬就出门了。他走啊走，来到了一条河边。有好多鱼，在河里游啊游。这时候，小刺猬想，小鱼在水里游，怎么把它抓上来呢？

竹笛：要拿一个鱼竿，把小鱼钓上来。原来小刺猬会钓鱼啦！

我：他就坐在河边，拿了钓鱼竿钓啊钓，咦，过了一会儿，就有一条大鱼上钩了。小刺猬把鱼竿一拎，哇，拎上来一条大鱼。可是小刺猬的手好小啊，他怎么把大鱼拿回家呢？

竹笛：他找来一个水桶。

我：他找来一个水桶啊，然后呢？

竹笛：然后把大鱼放进水桶里拿回家了。

我：哦，他把大鱼放水桶里拿回家了，回家后，爸爸妈妈看到大鱼好高兴啊。说小刺猬你真聪明，你又钓到了鱼。

竹笛：小刺猬抬一个水盆。（从此处，故事情节主导权开始改变，我不知竹笛在想什么，只好随着他的思路走）

我：他拿水盆干吗呢？

竹笛：他拿水盆抬回家。

我：然后爸爸妈妈都很感谢小刺猬，他们说，小刺猬，谢谢你！小刺猬说什么呀？（我以为竹笛会回答：不客气）

竹笛：小刺猬再出去拿一个被子。（出现一个被子，继续出乎我意料）

我：拿被子干吗呢？

竹笛：把被子拿回家。

我：把被子拿回家干什么呀？

竹笛：拿回家睡觉。

我（努力把情节扭回来）：睡觉，噢，他们呼呼地睡到了第二天早晨。第二天早晨呢，爸爸妈妈又饿了，他们说，小刺猬，现在给你第三个任务。你再出去找些食物好吗？

竹笛：好！（雀跃地）

我：小刺猬高高兴兴地出发了。这次小刺猬打算去哪里找食物呢？他打算去一个庄稼地里找食物。小刺猬走啊走，来到了一块田地旁边，啊，地里都是红红的胡萝卜呢。

竹笛：这是什么呀？

我：小刺猬高兴地跳了起来。他想，爸爸妈妈肯定很喜欢吃胡萝卜，我要把它们送给爸爸妈妈吃。

竹笛：小刺猬走到了一个黑乎乎的山洞里。（又出现新的场景山洞，再度动摇我的主导权）

我：他去山洞里干吗？

竹笛：他弄一些墨水。

我：他弄墨水干吗呀？

竹笛：他把墨水抬回家。然后呢，再往里面放点儿土，还放点儿肥料。（墨水加土加肥料，娃娃，你怎么想到的？）

我：噢，他是不是想种菜啊？（我揣测他的意图，小心问）

竹笛：他想种菜。

我：他想在家门口种菜。以后就有食物吃了。小刺猬真聪明。（继续往原情节上拽）

竹笛：小刺猬再去山洞里拿了一些好吃的东西。

我：山洞里为什么有好吃的东西呢？谁藏在那里的？

竹笛：小刺猬再拿些书给爸爸妈妈看。小刺猬再拿些书画本。（思路太快，不及回答我问题）

我：他从哪里拿的？

竹笛：从山洞里拿的。

我：谁藏在那儿的？

竹笛：小刺猬再拿一些画笔，再拿一些毛巾，再拿些水桶。（语速非常快，日常生活里的名词都用上了）

我：他拿这些东西干吗去？

竹笛：小刺猬高高兴兴地抬水盆。来到一个黑乎乎的山洞面前。

我：他又来山洞干吗呢？（孩子讲故事似乎有重复场景的倾向）

竹笛：他来山洞里拿了一个手机。（手机一词的出现让我惭愧，大概我平常在孩子面前用手机次数多了些，以后坚决改正）

我：噢，山洞里还有手机呢。

竹笛：再拿一个棒子。

我：山洞里这么多好东西啊。

竹笛：再拿些冰棍，再拿些苹果。苹果放进水盆里。

我：放在水盆里要洗一洗吗？

竹笛：要洗一洗，再拿些碗，勺子。都放进水里了。

我：都放进水里洗干净了。

竹笛：小刺猬再找一个大蘑菇。（蘑菇，奇怪的蘑菇）

我：他想做炒蘑菇吃吗？

竹笛：他想做一个炒蘑菇吃。

竹笛：小刺猬再拿一个小汽车，也放进水里。

我：也洗一洗。

竹笛：小刺猬再拿个裤子。

我：裤子？是裤子还是兔子？

竹笛：裤子不是兔子。

我：到底是裤子，还是兔子？

竹笛：兔子不是裤子。（他分不清这两个音，逗得我忍不住笑）

竹笛：再拿些裤子抬回家。再拿些棉袄。

我：拿棉袄干吗？

竹笛：拿些油，再拿一些闹钟，再拿些 wenzi。

我：他拿这么多干吗？他想把家里打扮得很漂亮是吗？

竹笛：然后再抱着枕头，回家喽。

我：高高兴兴地回家喽。

竹笛：小刺猬再拿一些贴纸的东西。

我：贴纸的东西？贴到家里的墙上，把家里打扮得漂漂亮亮的是吗？

竹笛：小刺猬再找一个画画的东西。

我：小刺猬还想给家里画上漂亮的画。把家里打扮得很漂亮。

竹笛：小刺猬再去黑乎乎的山洞里拿些饼干，再拿些水果。

我：带回家，给爸爸妈妈是吗？

竹笛：小刺猬来到一个山洞面前。他要拿好吃的。（第四次出现山洞！重复情节）

我：真棒！是谁在山洞里藏了这么多好吃的好玩的呀？是不是一个小兔子藏的啊？

竹笛：小刺猬走进山洞里，用棒子抬一个水盆，抬到山洞里面。

我：抬到山洞里是想洗澡还是想干吗（感觉有严重重复情节的倾向，得赶紧打住），好啦，然后小刺猬就拿上饼干啊，苹果啊，胡萝卜啊高高兴兴回家了。这个故事讲完了。鼓掌！

竹笛：刺猬再去山洞拿一些积木。

我：噢，他还要去拿积木呢？

竹笛：小刺猬再拿一些树叶，再拿一些大树，再拿一些书看。

我：然后他就把这些带回家了，和爸爸妈妈一起看一块玩。这个故事讲完了！好吗？鼓掌！

小结：

故事到此，竹笛意犹未尽。从这个故事讲述过程可以看出，竹笛基本上可以熟练运用日常生活词汇了，并知道各自对应的用途。但因为冬天，不是雾霾就是大风，我们很少带他出去玩，他的视野明显还是局限于家庭内部。幼儿词汇量的开拓，不是教出来的，是实地的玩耍娱乐过程中自然而然学会的。另外，虽然明知孩子主导故事会把故事线索打乱，但我希望就在这小小的讲故事的事件里，让他逐渐明白，他自己可以决定他想要的故事，将来也可以选择他想要的人生。

小鸭子踢球　　　　　　　　　　　　　　2016 年 1 月 21 日

　　小鸭子看到圆石头，小鸭子想踢球，小鸭子踢一个脏脏的球球，这么脏，好脏！

　　上面糊上臭臭了，小鸭子拿一个毛巾把球球擦干净了。臭臭擦完了，干干净净的球球。

　　球球非常好看，上面有一个小小的鸭子，小鸭子在踢一个球。

　　这是今天在校园里散步时，竹笛给我讲的故事。

蛇宝宝　　　　　　　　　　　　　　　　　2016 年 1 月 25 日

　　好几个月前和朋友一家去海洋馆的时候给竹笛买了两条玩具蛇，一条红色的，一条绿色的。后来，竹笛把绿色的小蛇送给了和他一起玩的小姐姐，自己留下了红色的这条。

　　不知是不是属相的缘故，竹笛非常喜欢这条红色的小蛇。这大半年来，去江苏，回北京，竹笛都带着它。最近两个月，因为玩具多，不知道把小蛇弄到哪里去了，竹笛几次找都没找到。前天，不经意间却又发现了它，竹笛高兴得不得了。白天黑夜都拿着小蛇，一个人时候便和小蛇说话。

　　昨晚睡觉前，我去厨房给他冲奶，回到房间门口，听到竹笛和小蛇说："小蛇，我一会儿出去给你买好东西吃，你要乖乖地待在家里噢！你要听话噢！"到了睡觉时，他把小蛇放在枕头上，然后又把一个薄被子盖在小蛇身上，说："小蛇，你的被子盖好了，不要着凉！小蛇，你盖住！"

　　没过一会儿，他又趴在被窝里，凝视小蛇，和小蛇说话："小蛇，你的身上怎么有红点点儿？妈妈，你的身上有没有红点点儿？

我身上有没有红点点儿？”我说没有，妈妈身上没有红点点儿，你也没有，只有小蛇身上有。不过这不是生病，小蛇就是长这个样子的，你不要担心。听了我的话，竹笛又转回头去看小蛇，过了一会儿，跟我惊喜地叫道：“妈妈，小蛇在笑呢！”——我从来没有去观察过一个玩具的喜怒哀乐。

感觉在小蛇面前，竹笛一下子变得温柔、耐心，就好像小蛇是他的宝宝一样。他甚至开始着手照顾小蛇的饮食起居起来，说：“小蛇你吃巧克力，我也吃巧克力。”睡前，手中握住小蛇，郑重地道：“小蛇，晚安！”我认真地问他：“你不怕小蛇咬你吗？”他好像是怪我无知似的告诉我：“妈妈，小蛇是假的，他不咬人！”——明明知道是假的，却又对它那么深情。虽然是假的，我的小竹笛心中还是有一块温柔的地方被它触动了。这让他变得安静、细心、温柔，甚至周到。这个不满三岁的小男孩专注而深情的目光，让我感动。和这个不会说话的蛇宝宝一起，竹笛的心智好像一下子成熟了，像个小爸爸。

这条小蛇是竹笛世界里的朋友，在这个属于他的世界里，他表现出最好的举止。这时候，他的笑容是喜悦而骄傲的。而在竹笛做这些事的时候，我什么都不用说，我只静静地观察着他，适时地回答他的困惑，偶尔给他一两句回应。

晚上，竹笛爸爸回来，看见小蛇在枕头上，一把把小蛇拿开，说：“别玩了，真吓人！”竹笛一下子哭了起来。那个喜悦而骄傲的孩子不见了，成了一个满面泪水而在大人眼中是莫名其妙哭泣的不懂事的孩子。

从一到五十

2016 年 2 月 4 日

今天白天朋友家的小姐姐来玩，竹笛开心了一天，也因为尿裤子闹脾气了半天，总之是折腾累了，从饭店回家后就眯瞪瞪睡着了。到了十点，又醒来嚷饿。于是我立即去厨房给他做煎饼。刚走到厨房不到半分钟，他就在床上喊："妈妈，饼饼做好了没有？"

我答："没有！"过了十秒钟，又喊："妈妈，饼饼好了吗？"被他喊得烦，我想出个数数的点子想让他傻傻地等，我说："你数到50，妈妈饼饼就做好了。"

孰料竹笛大声喊："五十！"我赶紧解释强调说："你从一数到五十！"竹笛大声喊："从一数到五十！"

……

微笑的嗝　　　　　　　　　　　　　　2016 年 2 月 18 日

今晚睡前，竹笛大概是吃得有点儿多，过一会儿就打一个嗝。一开始他没在意，我也没在意，觉得这不过是最普通的事。后来转念一想，这个小娃娃还从不知打嗝是什么，他还搞不懂这是怎么回事，这正是一个教育的最好时机。

嘘，你听，是什么声音？我提示竹笛观察自己身体的反应。过了十几秒，在听了两三次规律的嗝声后，竹笛明白了我说的是什么。他开始笑着等待，一次新的打嗝就让他惊喜一下子。

看，这就是打嗝！过了一会儿，我这样告诉他。并不解释得太具体。竹笛又笑眯眯地听了几个嗝声。我问："嗝是什么呀？""是嘴巴里出来的！"竹笛立即回答我。

小小的知识教育，到此就足够了。于是，就这样，在甜蜜的等待嗝声的笑容里，我亲爱的宝贝，睡着了。

懂事了　　　　　　　　　　　　　　　2016 年 2 月 18 日

还有一个月，孩儿就三岁了。三岁的小娃娃，原来是这样的。

首先，懂事了，知道照顾人了。今天出门时，他又照例地撒娇，说妈妈抱抱。我解释自己肚子疼，不能抱他。他听了，停住下楼的脚步，说："妈妈，你肚子疼，我帮你揉揉就不疼了。"大惊喜，说："谢谢你！不用了。"他又接着道："妈妈，那我带你去医院看医生吧，吃点儿药就不疼了。"一副很认真的表情逗得我心里温柔地泛起了涟漪。这都是我平时给他讲过的话，他都学会了来关心我了。

第二，会讲道理了，会说服人了。比如让我给他放动画片，我说爸爸要工作呢，咱们不能打扰爸爸工作，他就说："那我们把声音放得小一点儿。"比如我又找借口，我说妈妈的电脑没电了，不能给你放《葫芦娃》。他就说："那你用爸爸的电脑放，爸爸的电脑有电。"我无言以对。

木头做的小房子 　　　　　　　　2016 年 2 月 27 日

这几日有事要忙，和竹笛没怎么玩。今晚回来得早，刚打开门，小家伙就从奶奶的被窝里一跃而起，大叫着掀开被子，直向我怀里扑。让我来不及放下电脑，就得抱起他。

当我收拾他洒落一地的玩具的时候，竹笛在床上自己玩起了游戏。我也不管他，只顾收拾。过了好一阵儿，回头看，发现被子枕头衣服全被他摞在一起，他自己藏在高高的被褥中间，只露出脑袋，笑得开心得不得了，说："妈妈，快看，我做了一个小房子！这个房子是用木头做的！"

用心理学上的术语，大概这叫作象征性游戏吧。意味着孩子的想象力和抽象思维能力都很不错，可以将生活中的观察融入他个人的游戏里了，所以当我问完一句："这不是被子做的吗？你怎么说是木头呢？"我立即反应过来，我真是提了一个蠢问题！"这就是木头小房子！是小鸟给我做的！"竹笛坚持他的想象。一开始，他霸占着他的小房子，不让我靠近，说："妈妈，你去！你别上床！

你别碰我的小房子!"我于是坐在一边看他。

"妈妈,你看看我的小房子漂亮吧?"

"漂亮!你真棒!"

"妈妈,你看!"他指着被子的一角,"这是屋顶!"我着实想象不出这被子一角是屋顶。我笑,不说话。大概是看我很乖,竹笛很满意。"妈妈!"他摸摸我的头发,又摸摸我的脸说,"你真是个好孩子。"然后他拉开被子做的房子的"围墙",说:"你进来吧,你从这边进来吧!你到我的房子里来!"他热情地邀请我,向我敞开了心扉。

过了一会儿,我的宝贝就在这温暖的小房子里睡着了。

葫芦,蜗牛及其他   2016 年 3 月 2 日

1

被儿子疼爱的感觉真好。昨晚竹笛爸爸当着竹笛的面亲了我的手一下,竹笛见了,也过来亲了我的手一下,笑笑地不说话。睡前,我对竹笛爸爸说,你不要睡太晚了,影响我休息。竹笛听了,立即对爸爸说:"爸爸,你不要睡太晚了,影响妈妈休息!"一副理直气壮的神气。

今天早上,我们醒得早,聊天时,爸爸开玩笑地拍了我的肩膀一下,竹笛当时正睡得朦朦胧胧,我还没留意的当儿,他从被窝里站起来,走到爸爸跟前,重重地在爸爸手上打了一巴掌,把我俩都弄愣了,明明眼睛还没睁开,就来"保护"我了!心里感动坏了。

此事也可见,两三岁的小孩子还不懂得玩笑,他凡事都会当真。大人跟他说话,不能反着说,不能讥讽,不能太委婉。

然而有意思的是,最近一阵儿,每次我告诉他一个道理,竹笛就会"反面"强调一下。比如我说"东西掉地上了就不能吃喽",他会立即来一句:"没掉的才能吃!"我说"天快黑了,咱们不出去

玩了",他就说:"等天亮的时候我们才能出去玩!"他很会反面推理了。

　　2

　　前一阵因为看《葫芦娃》动画片比较多,竹笛特别喜欢葫芦,经常说,妈妈我也要个葫芦。这两天到网上一看,竟然有卖原生态葫芦的,于是一口气买了五个,连同自己家的一个,凑成一排葫芦兄弟。昨天快递送到,竹笛喜不自胜。抱着几个葫芦跑过来跑过去,高兴极了。以后每次再看动画片的时候,他就喊:"妈妈,快把我的葫芦拿给我!我也要我的葫芦!"

　　昨天去打印店他非要跟着,于是带着滑板车一起去打印店。回来路上经过一块小园地,三角形的,里面只一棵树。竹笛见了就拿着奶粉勺子在枯草里挖来挖去,弄得尘土飞扬到裤子上鞋子上。我站在一边不明所以,过了一会儿,他高兴地叫道:"妈妈快看,我挖到了一颗蜗牛!"原来他在草里挖蜗牛!我压根没想到这草下的松软土层中会有蜗牛壳。

　　于是陪他在树下挖蜗牛,两个人一起挖。下午两点左右,正是师大学生上课的时候,身边人来人往,我带着滑板车,拿着文件夹,陪着我们的小帅哥弯腰低头在挖蜗牛!而他根本不曾留意身边有什么人经过,低头只顾找蜗牛——专注力孩儿已经培养起来了,其实也不是我的培养,是我没有太多干涉他的专注力,尽量尊重他的玩耍意愿。一直挖了四十多个。竹笛每挖一个就高声叫唤,庆祝我们的发现,然后把蜗牛壳一一放在台子上。他说蜗牛怕冷,要给他们晒会太阳!

　　回家后拿出脸盆,让

挖蜗牛

他一一将蜗牛洗净了。晚上，顺着今天挖蜗牛的情境给他讲了蜗牛搬家的故事。

爱　　　　　　　　　　　　　　　　　　2016 年 3 月 12 日

　　今天是儿子三岁生日。三岁了，好快。三年前的那一天，是我平生最难熬的一天。经历了至痛之后，才是至爱。在产房观察的两个小时，就是眼睁睁地看着怀中的小不点儿度过的，都没有转过头看一眼走廊里经过的人。刚出生的孩儿额头皱皱的，是我完全没想到的样子，原来新生儿都是不好看的，可是越来越好看，每一个小时都比上一个小时好看。就这么一点儿一点儿，一天一天，会走路了，会说话了，会和我吵架拌嘴了，会画画了，今晚心里一想这三年，竟然热泪盈眶。

　　有了你，才知道什么是爱。爱是不计回报，爱是容忍你的所有，爱是放慢脚步，爱是不着急，不恼火，包容你的一切，爱你的一切。用我所有，守护你。尽我所能，给你最好。

　　这是今天孩儿的画:《鸡蛋》和《春天鸟》。每次陪孩儿画画，我所做的只是拿出一摞画笔和纸，他自己挑色彩，自己画，然后自己命名。今年最大的愿望，是让孩儿进一个能实行"爱和自由"的幼儿园，自然率性地成长。

鸡蛋

春天鸟

四

和妈妈一起
编故事

火龙果 2016 年 3 月 16 日

生活中处处是智慧。而小竹笛让我学到更多。譬如吃火龙果这个小事。奶奶喜欢先剥掉一小块果皮，然后用勺子挖果肉，给竹笛一口一口喂着吃，我则觉得应该把果皮全剥掉，切片让孩子一片一片拿着吃，从生活细节处培养孩子的独立自主意识。

今天奶奶又要挖火龙果，我情急之下，立即从桌子上拿过来，去厨房切片。结果我也不开心，奶奶也气恼。竹笛哥哥见状，温柔地说："奶奶，你不要生气，妈妈不是故意要抢走你的火龙果的。"一语温暖了所有人的心，彼此笑逐颜开。

你怕什么呢？ 2016 年 4 月 9 日

又一次，竹笛突然说："妈妈，我害怕。"以前的每一次，我都说："你怕什么呢？妈妈在呢！"今天我说："妈妈也害怕。"竹笛一下子声音硬朗起来："妈妈，你怕什么呢？"

我怕大灰狼。

妈妈，你不要怕，我把大灰狼赶走。

我也怕狮子。

我把狮子也赶走。

我还怕狐狸。

那我把狐狸也赶跑。妈妈，我把所有坏蛋都赶走了，你不害怕了吧！

感动坏了。

车的故事 2016 年 5 月 2 日

今晚从图书馆回家，儿子缠住讲故事。以前每次给他讲故

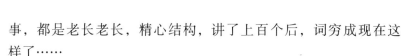

事，都是老长老长，精心结构，讲了上百个后，词穷成现在这样了……

竹笛：妈妈，你给我讲警报车的故事好吗？

我：从前森林里有一个大灰狼，他总喜欢欺负小动物，有一天他把小兔子抓伤了，于是小兔子就打了110，然后警察狮子大王就开着警报车来，把大灰狼抓走了。故事讲完了！

竹笛：大灰狼是坏人，警报车抓坏人！妈妈，你再给我讲救护车的故事吧？

我：小兔子受伤了，打了120，然后长颈鹿哥哥就开着救护车来了，把小兔子送到医院里，让山羊医生打了一针，小兔子就好了。这个故事讲完啦！

竹笛：再讲自行车的故事！

我：小兔子治好伤后，就骑着自行车去地里种胡萝卜啦。没了！

竹笛：再讲摩托车的故事好吗？

我：小兔子骑着自行车，在路上碰见了狐狸，啊，狐狸骑着摩托车跑得好快啊。完了。

竹笛：妈妈，你再讲搅拌车的故事！

我（怎么这么多车啊，晕）：……小兔子呢，有一天打算盖房子，他就把树枝泥巴都放搅拌车里搅拌，和成泥巴，打算刷墙。

竹笛：妈妈，你再讲出租车的故事！

我：小兔子想到好朋友松鼠家玩，可是他的自行车坏掉了，怎么办呢，这时候大象伯伯开着出租车过来了，小兔子就坐上大象的出租车走啦～

竹笛：妈妈，你再给我讲大象开着出租车带上自行车还有摩托车的故事好吗？

我：……

绿色的金箍棒　　　　　　　　　　　　2016 年 5 月 4 日

　　最近实在是太忙了。忙到每次儿子问我，妈妈你陪我玩吧？我都无奈地说，过几天好吗？过几天妈妈就陪你好好玩。

　　今天在外忙碌一天，晚上回到家，没几分钟，儿子也从广场回家来了，见我就喊："妈妈，我送你一个礼物，看，绿色的金箍棒！"

　　我问，你从哪里摘的金箍棒呢？

　　"我从草丛里摘给你的！"

　　心里瞬间力量满满的。谢谢你，宝贝儿。谢谢你每一天对我的最真诚的爱！

绿色金箍棒

竹笛语录　　　　　　　　　　　　　　2016 年 5 月 11 日

　　和竹笛一起去学校东门口买水果，看见马路上来来往往的车辆。

　　妈妈，小汽车生气了呢！

　　小汽车为什么生气呢？

　　它呜呜呜地……

　　晚上睡觉前，竹笛已经习惯了让我唱摇篮曲。这是我自己编的，从哺乳的时候唱到现在。

　　每次他说：妈妈，你给我唱小宝宝快睡觉……

　　我：小宝宝快睡觉，天快黑了……

　　孩儿就已经接上了：妈妈抱抱，抱着宝贝睡觉觉，噢～

　　然后再哼上一段啦啦啦的旋律～

　　在玉渊潭玩。一个阿姨送了一个网兜。竹笛拿着网兜在池塘里捞来捞去。

　　你想捞鱼还是草啊？

　　妈妈，我捞的是水！

爱　　　　　　　　　　　　　　　　　　　2016 年 7 月 6 日

　　回到家的第二天。早晨，和孩儿一起去爬南山。南山是这个小城最好的风景。天有点儿热，但一直坚持爬到山顶。在山顶，爸爸和爷爷给编了个草帽，很可爱。孩儿玩得也很开心，在十二生肖处恋恋不舍。

　　中午午休时，孩儿又吵着要回北京，并且"现在就回"，回家之念如此强烈，让我意外。看来，孩儿是在这个陕北小城呆得厌烦了。他时刻念叨着我们北京的家。粘着我不放，撒娇，只让我背，只让我抱，不要爸爸，也不要爷爷奶奶。我都懂得，我都理解。所以，我一直背着抱着。

　　委屈你了，我的宝贝儿。三年里，前后三次，离开爸爸妈妈。以后，妈妈不会再让你受委屈了。今天，又说了三四次："妈妈，我想你了。"妈妈一直也很想你，我的宝贝儿。

在南山，戴草帽

随感录　　　　　　　　　　　　　　　2016年7月7日

　　1. 请不要这样逗我的孩子

　　成人乱逗孩子的现象实在太普遍而又无人觉察了。竹笛哥哥在玩玩具，一个妇人走过来劈头拿走一个，说："你玩具这么多，给我一个吧！"竹笛恼了，说："还给我！"妇人答："你看你小气的！"我在一边听了，不好说啥，又不忍心啥都不说。我说："阿姨，下次你可以问一下：'我可以玩一下你的玩具吗？'孩子就会给你玩的。是不是，宝贝？"竹笛点点头。

　　我转向儿子，说出他的心声："我有这么多玩具，为什么就给你呢？你可以问我借，或是用玩具和我交换，对不对？"竹笛又点点头。妇人不悦，悻悻离去。

　　昨天又亲眼看见有成人对一个五六岁的孩子开玩笑说："你爸爸不要你了，早上也不见，晚上也不见，可不是不要你了吗？"孩子认真地回击道："你说的是醉话。我爸爸才不会不要我呢。"

　　成人用一种鲁莽而无礼的态度去抢走孩子的玩具，美其名曰"逗娃玩"。孩子合理的自卫，也被"玩笑式"地斥为小气。更严重的是开父母不要孩子这样的玩笑话，殊不知孩子小，不懂玩笑，往往当真，大人的玩笑话很多时候就会伤了孩子的自尊心和对父母的感情。这种现象太常见了，但实在是错的。

　　2. 不要为孩子做"所谓的好事"

　　成人常常爱对孩子"做好事"。但孩子不领情，每至于懊恼大哭，成人则曰："这孩子脾气咋这么坏！"于是，大人生气，孩子哭闹乃至挨打，不欢而散。如果大人能从细节处多体察孩子的心事，这样的场面就会避免。

　　奶奶家楼下有一个感应灯，竹笛哥哥喜欢在上楼梯的时候蹦一下，看见感应灯亮了，就开心地笑了。中午奶奶走在前面，拿脚使劲一踩，没等竹笛抬脚，灯已经亮了。竹笛大哭，奶奶很委屈，明明是帮你把灯弄亮了，你还哭啥？

我牵着竹笛的手，一边安抚他，一边等灯灭了。你看，灯灭了，你现在再跺脚让它亮好吗？竹笛用力蹦了一下，楼道的灯一下子亮了起来，竹笛破涕为笑。我们手牵手高高兴兴进了屋。

我知道，这要是在其他人的眼中，又是我的竹笛哥哥在无理取闹。其实，我明白，他不过是想用自己亲身的努力，就这么用力跺一下子，看见灯光亮起时，那份心中油然而起的喜悦。但很多人不懂孩子的这份敏感细腻，于是说，这孩子爱生气。其实，是成人不懂孩子的心。

给孩子爱，也给孩子尊重　　　2016 年 7 月 8 日

在回家之前，就听到亲戚反应，说竹笛哥哥把小表哥欺负了，说两人玩得好好的，竹笛哥哥就生气了，就开始动手了。听到这个，第一反应是不相信，因为竹笛哥哥在我身边的时候从不这样。于是回家后，就细心观察两个小孩的相处，看一次争执是如何发生的。

昨天，竹笛哥哥买了一大桶恐龙玩具，小表哥过来玩，于是，两个娃娃蹲地上开始摆放恐龙玩具。竹笛拿出一个红的恐龙摆在地上，小表哥一把拿过去，说弟弟你这样摆不好看！说着另放在一处。竹笛又拿出一个绿的恐龙，摆在地上，表哥又一把拿走，说弟弟你这样摆不好看！应该放这里！如此反复几次，竹笛恼了，站起来大声说："这是我的恐龙！"表哥被吼得也不高兴了。两人绷着脸怒气冲冲地就要干架。

眼看"战火"将起，我赶紧安抚两人："咱们把恐龙一人分一半，你俩各摆各的，你不要管弟弟怎么摆，弟弟也不管你好不好？"于是两人相安无事。

为了试着培养两人的合作精神，我把门关上，附在两人耳边悄

悄说:"我教你们打鸡蛋好不好? 悄悄地,别让奶奶看见。"两个孩子高兴极了,蹑手蹑脚从奶奶身边经过,拿来一个大碗。于是我安排任务,让他们一人拿了一个鸡蛋,在碗边轻轻地敲,敲完后提醒他们注意蛋白和蛋黄在碗里的形状。小表哥和竹笛惊喜万分,"看!""看!""看!"地哇哇叫。打完一个,小表哥说:"舅妈,我想再打一个。"竹笛也说:"妈妈,我也想再打一个。"我说好啊,咱们就再打一个鸡蛋,待会做炒鸡蛋吃好不好? 两个孩子更高兴。又各拿起一个鸡蛋,各自敲破,各自观察,各乐其乐。两人全程无冲突。

经过观察,发现每每两人冲突,都是竹笛哥哥的自主权利被侵犯的时候。小表哥是个热情的孩子,但时而有强迫给予善意的情形,让竹笛不满。大人常常注意肢体上的"暴力",却对这种精神上的"暴力"视而不见,也少见提醒。孩子之间的这种精神上的霸道,在成人对待孩子时更是常见。穿衣,吃饭,玩乐,方方面面,无不呈现出"霸道的爱"的模式。孩子大多数时候只是被动地接纳,自己的诉求得不到尊重,自己的意愿被当作"不懂事"。

竹笛小时候,我给他穿衣服,总是拿出两三件:"宝宝,喜欢穿哪一件?"他笑微微地用小手一指,指出他喜欢的。大了一些,就用语言告诉我,他喜欢这件,或是喜欢那件。习惯了自己主动做选择,当奶奶拿出一件衣服不由分说套在竹笛头上时,便引起孩子强烈的反抗,竹笛每每生气地把衣服又脱下来。如果奶奶继续强迫,就会引起竹笛哭闹。每次因为类似的事情和竹笛冲突,奶奶就说:"你这娃真是难缠,穿个衣服都这么麻烦。"

其实,竹笛并没有错。不懂给孩子选择的机会,总是强加大人的意愿给孩子。如果孩子幼年时期长期得不到尊重,常常处于这种霸道的爱的压力下,孩子的心理健康就会受到影响。

一根彩带　　　　　　　　　　2016 年 7 月 12 日

　　三岁孩子开始有了物品所有权的概念。昨天我们请快递上门取件，我随手拿了一根带子给快递员，让他扎紧口袋，竹笛在一边嘟嘟囔囔地一直说着什么，满脸不高兴。后来仔细一听，原来说的是"这是我的带子嘛"，我这才反应过来。

　　这根蛋糕盒上的袋子，我前几天随手摘下送给竹笛玩，说这个带子是你的了。竹笛很高兴，一会儿摇着带子跑，一会儿平铺在地上耍，我也没功夫留意。结果今天未经他同意，径直拿给快递员做绑带，侵犯他所有权了。于是，请快递员把扎好的带子又解下，还给竹笛。竹笛爸爸说："别解了，你要这个破带子有什么用。"竹笛一听，就要哭鼻子。我赶紧劝解，说这是我送给孩子的带子，咱们得经过他同意才可以用，否则就不能随意动。

　　这个小小的细节，也警醒我，日常生活中要做到尊重孩子着实不易，因为我们总是有意无意地忽视他们。记之自省。

小妈妈　　　　　　　　　　2016 年 7 月 14 日

　　之前两年，过的一直是忙碌的生活，没想到毕业了出博士后流动站了，这些天依旧是忙到脚不点地。下午给竹笛安装书柜，收拾整理玩具及书籍等，后又打扫阳台，收拾杂务。在我忙的这段时间里，竹笛在卧室里玩积木，过一阵儿叫我过去帮忙一次。然后也不知过了多久，他嚷着饿，我才想起他午后四点多吃的饭，这才觉得自己也饿了。

　　匆忙做了鸡蛋面，加了一点儿西红柿酱，结果孩儿却一个劲儿感叹："妈妈，你做的饭真好吃呀！"自己抱着碗，拿小筷子吃一回，打量我一回，说："妈妈，你吃面要吸着吃，就像我这样，咻！"一边吃一边给我示范。我看着他下巴上吸面条吸得黏乎乎的一片，心里笑了。口头说"好，妈妈跟你学"，于是也吸溜着吃。看我吸着吃，孩儿也笑了。

过了一会儿，孩儿又不满足了："妈妈，喂着吃一口！"说着就用他的小筷子夹起一根面条，往我口中送。我没多想，含笑吃下。他自个吃了一阵儿，又给我喂："妈妈，再喂一口。"连着几次。哈哈，这下是无意识地换了角色了。这些话大致都是我平常跟他说的。但在孩子面前示示弱，也挺好的，让他扮演一回大人，做一个指挥者，有利于培养他的自信。

这次吃饭，竹笛吃得光光的。最后还有一点儿汤，也抱起碗喝完了。吃完就说："妈妈，吃完了，咱们就拼命地睡一大觉，明天醒了再好好玩。"我说："好，真是个好主意，妈妈听你的，咱们就拼命地睡一大觉！"竹笛开心地指挥我用这个枕头，他用那个枕头，像个小小将军似的，自己关灯，自己分被子。看得我满心欢喜。

有时候，可以让娃娃做个大娃娃，让自己做个小妈妈。

树叶动物   2016 年 7 月 16 日

雨后，落叶纷飞，在小区里和竹笛一起拼小动物。

小狮子

小刺猬

葫芦娃　　　　　　　　　　　　　　　　2016 年 7 月 21 日

　　因为昨天大雨，幼儿园放学早，担心今天也是大雨，给竹笛请假一天，结果今天爆发了强烈的厌学情绪，比入园的前两天为甚。"妈妈，我不想去幼儿园，我想在家里玩。""妈妈，我不开心。""妈妈，我喜欢在家里挖蜗牛。"一个劲地表达着他的诉求。

　　是啊，有妈妈陪伴的时光肯定比在幼儿园一堆小朋友中愉快得多，也自由自在得多啊。上午没有雨，我们一起去楼下看雨后落下的灯笼树的果子，大雨过后，这些绿色的三角形的卵形果子落满了草丛。我剥开一只，取出里面的两粒橙色果子，放在随身携带的袋子上，竹笛一见，也跟着我捡拾剥开，就这样，我们也不说话，一个一个地捡拾地上的小绿灯笼，这些带着泥土味新鲜的水草味道的果子，一个个滚落到白袋子上，聚集在一处，很快有了斑斓的绚丽的美。

捡果子

葫芦娃

　　身边玩秋千的几个大孩子见我们玩得兴致盎然，也跑过来一起蹲着捡，并把剥好的果子都送给了我们。晚上，我用针线将这些果子串起来，做成了一个项链，还给竹笛做了一个短的手链，他称其为"毛毛虫"。

晚饭，用电饼铛做了煎饼，竹笛哥哥吃得很好，吃了快一大张了。晚上，一起画画，竹笛画了葫芦娃，前天我给他画了一个葫芦娃，我画得相当难看，可是儿子说，妈妈，你画得最好看了，比我的好看！真是愧煞我也～

画室的老师说，你家宝宝画画重在表达自己，是一个小浪漫派，此言甚有道理。今天竹笛将一根筷子穿过挖饭勺子的小洞，然后就在客厅里轻轻挥动手臂："妈妈，我的飞机要飞了！！呜呜呜呜～"

让孩子自己做决定　　　　　　　　　　　2016 年 7 月 22 日

竹笛在老家跟爷爷奶奶生活一个月后，学会了一句话："妈妈，今天咱们干啥？"这样的话在以前孩子从来不会说的，以前孩子总会说，妈妈我喜欢这个，妈妈我喜欢那个。回京后，我就发现了他这个问题。他好像习惯了被安排去做什么事，而不是自己主动去做事。我知道这和祖辈的教养习惯有关。竹笛爸爸有一天终于也发现了："孩子怎么最近爱说这样的话了？"

我说，没事，咱们不着急，慢慢来，给孩子时间。思维习惯和成长环境密不可分，让他改过来不能急于一时。于是，每当竹笛问："妈妈，一会儿我们干啥？"我就告诉他，你想干什么呢？你告诉妈妈。每一次，我都告诉他，自己的感受很重要，自己做选择也非常重要。如果孩子习惯了被指定去做一件事，被大人安排得团团转，这不是一个好现象。孩子的自立自主，必须从生活中的点滴小事做起。让孩子寻找发现他自己，让孩子成为他自己。

你可以……吗？　　　　　　　　　　　　2016 年 7 月 23 日

竹笛哥哥最近学会了礼貌问话，比如他想玩新买的米蛋卡拉

OK 机，就笑眯眯央求我："妈妈，我可以玩一下米蛋吗？"比如他想我抱抱，就说："妈妈，你可以抱我一下吗？"面对如此礼貌又微笑的竹笛哥哥，每一次，我都忍不住笑着说："可以啊～"连续几回，每次他礼貌问话都得到肯定的热情的回应。竹笛哥哥开始越来越多地使用礼貌用语了，之前的撒娇耍赖哭鼻子等手段慢慢少了，当他偶尔使用这些手段时，我也会冷处理。

　　另一方面，当我需要他帮我做什么事之际，我也会尊重他，征求他的意见，比如我想让他帮个小忙，就会问："你可以帮我拿一下胶带吗？"

　　你可以怎么怎么吗？看到我尊重他，竹笛每次也欣然答应帮我。所谓教育，就是这样一个言传身教的过程吧。

亲子故事｜七个葫芦娃之家　　　　　　　　　2016 年 7 月 27 日

　　知道今天不记日志，以后再也没精力提笔了，所以还是坚持记一下。白天出门办事，午后去幼儿园接竹笛。接竹笛放学，总是比别人走得慢，无论我们去得多早，因为在路上，他总是喜欢走走停停，今天又捡了几块小石头，发现了泥地上的几只小蜗牛，都放在我折的纸船里，当宝贝一样地拿回了家。今天仍然没有哭闹，开开心心跑出来了。

　　继昨天给竹笛开讲葫芦娃打败蛇精和蝎子精和爷爷一起在山里快乐生活的故事之后，今天开始了系列第二篇。我们合着编了一个。

　　竹笛：有一天，一个坏人大灰狼偷走了老爷爷的两只葫芦娃，拿回家，睡大觉。

　　我：老爷爷去救葫芦娃了，他又去把葫芦娃都拿回了家。

　　竹笛：可是，大灰狼又把葫芦娃偷回来了。全部偷回来了！

　　我：这一次，老爷爷又去救葫芦娃了！

竹笛：发现大灰狼在家吃草莓呢。

我：大灰狼没有睡觉，老爷爷打不过大灰狼咋办啊？

竹笛：葫芦娃拿出一把宝剑，杀死了大灰狼。

……

然后他便纠缠着我立即去买葫芦娃故事书，连平常最爱看的动画片也不看了。于是网上下单，购《葫芦兄弟》故事书五本。其实，我早该买这套书给孩子看的。

睡前，给竹笛讲葫芦娃故事之三。主要是我讲。

我：葫芦山中的小动物们为了感谢葫芦娃赶走了妖精，在一起开会讨论送个礼物给葫芦娃。长颈鹿说，给葫芦娃送个枕头吧，葫芦娃在葫芦里睡觉，没枕头咋办啊。小兔子说，送个被子吧，葫芦里没有被子啊。小松鼠说，葫芦里有吃饭的小桌子吗？每个小动物都想了一个好主意，最后他们决定，送给葫芦娃什么呢？

竹笛：房子！

我：于是，葫芦山里的小动物们开始建筑房子，每个人都参与其中，小兔子去找树枝，小鸟儿去找彩带，小鹿搬石头，最后啊他们终于盖好了一个漂亮的小房子。里面有七个小床，七个小桌子，七个枕头，还有七个喝水的杯子，每个葫芦娃都有一个。这个房子还有一个名字呢！叫"七个葫芦娃之家"。从此，葫芦山里多了一个"七个葫芦娃之家"。葫芦娃和老爷爷在房子周围都种上了葡萄树，结了好多大葡萄啊，他们一一分给葫芦山里的小动物们，感谢他们建造了"七个葫芦娃之家"。

省去 N 多语气词……哄睡了……呼呼……

安慰　　　　　　　　　　　　　　　　　　　　　2016 年 7 月 27 日

晚上，和竹笛一起玩积木，各自拼了一个小飞机，然后相撞让飞机打架，因我搭的积木悬空的多，每次都是我的被碰散架，三两回后，我有点儿沮丧地说："唉，妈妈又失败了。""妈妈，没关系的，咱们还是好朋友噢。"我的宝贝儿这么柔声地安慰我。

后来聊起幼儿园玩抓地鼠的游戏，我问："幼儿园好玩吗？"

"好玩！"

"妈妈也想去幼儿园，可惜妈妈太大了，幼儿园不收我。"我做出惋惜的样子。

"妈妈，没关系的，等你将来长小了，就可以上幼儿园了。"

心里感动得不要不要的。晚上竹笛用一根筷子顶住两块小积木盖子，说："快看，我的雨伞！"真是很可爱的一把积木伞啊～

初识苦之味   2016 年 7 月 29 日

今天晚饭时，我做了一盘子凉拌苦瓜，竹笛爸爸喜辣，于是给盘子里的一半苦瓜加了辣椒，另一半单留给竹笛吃。竹笛用筷子夹起一片，放进嘴里，立即做要吐状："妈妈，辣！"

我看了一下他口中的苦瓜，发现是没加辣椒的，猜到一定是把"苦"当作"辣"了，于是劝止住："先别吐，这是'苦'的味道，不是'辣'，你可以吃的，吃完后喝点儿水就不'苦'啦。"——这是第一次给竹笛解释"苦"这个词。以前他尝过酸甜辣咸，也都一一习得了词汇的含义，唯独漏了"苦"。

竹笛听了，犹豫着吃了口中的苦瓜片，大概是咂出苦和辣的区别了，自己欣然又夹起一片苦瓜，吃之前重复我的话说："妈妈，这是苦，不是辣，吃完后喝点儿水就不苦了。"吃完，喝了一口水。然而这个小小的教育场景并没结束，竹笛停下筷子，指着碗里的米饭开始问我："妈妈，这个是什么味道？"不等我回答，又指着杯子里的米油问："米油是什么味道？"又用筷子一指："绿豆汤是什么味道？"

额，我竟一时答不上来，想形容又觉得解释不清楚，于是只好说："你自己再吃一口米饭，这就是米饭的味道！"

……教学相长，孩子让我们学到更多。

学会"等待"　　　　　　　　　　　2016 年 7 月 30 日

　　竹笛哥哥性子急，虽然懂得礼貌用语，但一到自己喜欢的事务，就着急发火。我想应该慢慢地纠正他了，于是最近几次放学，就去得稍晚一点儿，让他多等一会儿，体验一下等人的心情。但也没有对竹笛讲过什么。

　　前天晚上看动画片葫芦娃的时候，我偶然说起想给他买一套《葫芦兄弟》的书，他很高兴，然后就立即催促着让我去买。我打算网购，但何谓网，和他也解释不清楚。于是只好含混说："妈妈明天白天给你买，现在是晚上了，买不了了。你等待一下好吗？"

　　竹笛还是不依，叽叽咕咕地闹情绪。于是我转移话题："宝贝，你知道什么叫等待吗？"竹笛自然很蒙，不知。"等待就是你先做别的事，然后快递叔叔就会把葫芦娃的故事书送来了。我们等一等好不好？"

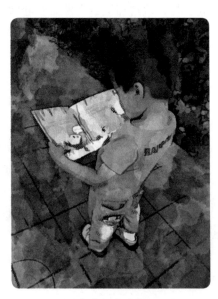

　　竹笛神色稍宽："我们等一等，快递叔叔明天就来了。"然后自我开解："妈妈，我们睡一觉，明天书就到了。"

　　昨天一早，送他上学的路上，放学见到我，都不停地问他的《葫芦兄弟》到了没有。我说还没呢，我们先做别的事，等快递叔叔慢慢来。今天一早，又问。我照旧答复。竹笛虽然着急，但不闹情绪了，

在路上看绘本

开始接受"等待"这个状态。今天中午，书到了。我赶紧拆开，把一套五本都放进书包，准备放学时候带着书去接他。竹笛爸爸说："你放在家，回家看不行么？何必在乎这一点儿时间呢？"我坚持背上，我知道竹笛见我后又会问起他的《葫芦兄弟》。我想带上，让他见到我第一眼就看见他想要的东西，体会"等待"后的喜悦。果然，放学时见到这套书的竹笛喜不自胜，在路上，就翻看完了。

我：宝贝，你看，等一等，书不就来了吗？（不失时机地）什么是等待，你还记得妈妈的话吗？

竹笛很雀跃地答：等待就是先上幼儿园，快递叔叔就会把我们的书送来了！

到家之际，楼下正停着两辆快递小车，竹笛满脸喜悦，小手指向一个快递员："妈妈，是这个快递叔叔给我送来的吗？"我知道他心中有感激。

爱笑的娃娃最好看　　　　　　　　　2016 年 8 月 3 日

进幼儿园已经两周了，从一开始的不适应、哭闹到现在的淡然处之，竹笛的幼儿园生活正一天天变得丰富多彩。

今晚吃饭时，他给我唱幼儿园老师教的歌，唱得很完整，睡前聊天，跟我提到了班里的两个同学，目前为止，他记住三个同学的名字了。记得早上送他入园，碰到另外一个小朋友，也一口叫出了竹笛的名字。

晚上，我们一起玩"不许笑"的游戏。白天，老师反应孩子喜皱眉，我早已留意到这个现象，但一直没有努力纠正，想顺其自然。

先给竹笛示范各种表情："你看，生气是这个样子的，妈妈生气了好看不好看？""不好看！"

"高兴是这个样子的，妈妈高兴了好不好看？"

"好看！"孩子一下就看出哪个情绪美和不美。

"那你生气给我看看好不好？"竹笛哥哥立即皱眉。

"呀，真是个丑娃娃。生气的娃娃不好看。不许笑，笑就输了！"听我这样说，竹笛就忍不住笑了。

"妈妈，生气的娃娃不好看，爱笑的娃娃最好看。"孩儿重复说。睡前，竹笛问我，这些情绪用英语怎么说？明显是受幼儿园老师的影响，求知欲日渐旺盛了。

这条河是小鱼的 2016 年 8 月 4 日

今天安装好了电视，竹笛放学回家，立即雀跃着想看动画片，晚上看了一会儿《疯狂动物城》，看到不到一半，我就关了。孩子一看动画片，就专注得很。有点儿后悔买电视了，以后还是要严格管控看电视时间。

晚上到楼下玩。孩儿拿着吹泡泡机，给比他小的两个小女孩吹泡泡，每次泡泡一朵朵散开，两个小女孩就蹒跚着四处去追，这时候，孩儿也特别高兴。看到自己能给别人带来快乐，他大概也感到了快乐。玩了半个多小时，和小女孩告别时，小女孩不乐意了，一下子捂住了眼睛。

今天班里同学的妈妈加我微信，说每次她女儿回家，都说和竹笛玩得很开心。昨天送孩子上学，也有一个小姑娘喊出了孩儿的名字。心里真快乐。做了妈妈后，发现和大多数妈妈都能一见倾心，因为有着相近的经历和生活状态的缘故吧，所谓幼吾幼以及人之幼，有着一样的同理心。这份心情做女孩儿时是绝没有的。

睡前竹笛央我讲故事。第一个讲大灰狼的故事，我说从前有一只大灰狼，他很霸道，有一天，看见小羊在河边喝水，他就去责怪小羊："小羊，这条河是我的，你为什么在我的小河里喝水？"小羊很不高兴，宝贝小羊他说什么呀？原本以为竹笛会说："这条河是大家的（我想趁机给他灌输一下公用品的概念）。"结果竹笛脱口而出："这条河是小鱼的！"

呃，（我"顽固"地继续我的思路）这条河呢，是大家的，森林里每一个小动物都可以在这喝水对不对？那你以后玩滑梯，还说不说，这滑梯是我的了？

不说啦，妈妈。

后又讲了红狐狸做葡萄冰棍的故事，蓝狐狸不讲礼貌的故事……

哄睡了。

快乐地涂鸦　　　　　　　　　　　　　　　　2016 年 8 月 6 日

昨晚陪竹笛画画，一直画到十一点多，不知何故，昨晚竹笛哥哥对画画的热情高涨，简直停不下来，一口气画了近二十幅。

《大狗》

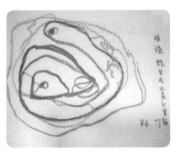

《眼镜蛇住在一个大房子里》

一边画一边口中念念有词，好像他的每幅画都在讲一个故事。他用红色的笔画火娃吐出火，围住了一个大嘴巴的人，用黑色的笔画了大圆形小圆形，我正猜测这是什么的时候，他说出了名字："妈妈，我画了一只大狗！"然后画了绿色的圆圈圈围着一堆红色的圆圈圈，说是眼镜蛇住在一个大房子里，他很爱画眼镜蛇。画完后我粘上胶带，让他自己全部贴到卧室墙上。竹笛哥哥一边贴一边感叹："妈妈，这么多画都是我画的！真好看呀！"

竹笛的画往往以流畅的圆形线条开始，然后小心翼翼地将圆弧封口，然后再肆无忌惮地涂抹、画曲线。画画的过程中，我只在旁边观看。画到十来幅的时候，他要求我给他画的葡萄架底下画一个狐狸："妈妈妈妈，你也给我画一个嘛。"其实我压根儿不会画画，被磨无奈，只好胡乱画几笔，但当我开始画，竹笛的自信心就忽然小了许多，有点儿懊恼地说："妈妈，你帮我画，我不会画梯子，不会画狐狸。"我坚持说服他："妈妈不会画啊，你画的都非常好！"

最后，我坚持不画了，说什么也不画了（真心羞愧，不忍看自己的"大作"）。竹笛哥哥又开始一边自言自语一边激情洋溢地画起来。——虽然我在绘画上是只大菜鸟，但好歹画得比较像，打击了竹笛的自信心，其实，孩子充满想象力的涂鸦比大人的不知美妙多少倍呢。竹笛画的大多是他想象的或之前接触过的事物，而不是眼前的实物，画画的过程激情洋溢，画画的时候心中十分快乐，还有什么比这更重要的？

一起劳动的幸福　　　　　　　　　　　2016 年 8 月 8 日

以前常听长辈说，穷人的孩子早当家，所以穷人家的孩子早早地就会做饭，认得各种庄稼蔬菜了。但我认为，不论穷不穷，早早养成生活的自立能力是非常重要的。

说起来，自竹笛两岁后，我就带他一起去超市，每次买菜或是买面包，只要他问这是什么那是什么，都会一一对照着实物告诉他。所以，孩儿现在基本上认识各种蔬菜和粮食了。有时候还抢着自己拿钱去收银台付款，每次他踮起脚尖，说："阿姨，付钱！"北师大小超市的阿姨都会甜甜一笑，给他刷条码，竹笛每次还不忘说："谢谢阿姨！"

昨天，我决定包饺子吃。用两种馅，一种木耳青菜，一种韭菜鸡蛋。做饭之初，本想让孩儿自己一边看书，我一个人做。可是他想帮忙的热情很高，于是我邀请他和我一起做饭。"好吧，妈妈，我和你一起包饺子！"竹笛爽快地答应了。

接下来，当我和面的时候，他就踩在旁边的小板凳上，在水槽里帮我洗了筷子一根，勺子一个，碗一个，擀面棍子一根，舀饺子的舀子一个，大蒜四五枚，木耳一盆，盛饭的勺子一枚，一一洗完了，意犹未尽："妈妈，还有什么需要洗的？"

在和我一起干活的时候，竹笛哥哥非常热情且自信，凡事都想尝试，我在安全的范围内尽量满足他的要求。他看到菜刀，也想摸一摸，我说这个不可以，菜刀大人才可以摸，小朋友不能碰，碰了会流红血的。他听了立即缩回手。后来，饺子熟了，我们一起交流饺子的味道：

我：妈妈今天做的饺子好吃吗？

竹笛（看到我忽视他所做的劳动，立即纠正我）：妈妈，是我和你一起做的饺子。

我连忙改口：是，妈妈刚才说错了，是你和妈妈一起做的饺子，你帮我洗了碗洗了勺子还洗了木耳大蒜，今天你很勤劳，表现得真棒……夸了他一通，最后问："我们一起做的饺子好吃吗？"

竹笛大声答：好吃！！

你不是说黑色的不好看吗？   2016 年 8 月 20 日

今天周末。早上一起去包子店吃包子。孩儿吃不完包子了，跟我说："妈妈，打勾好吗？"上回听我说打包，大概是仔细观察了我问老板娘要了袋子把剩下的包子带上的过程，这次他立即活学活用，但记对了一半。

回到家，不一会儿，就嚷着饿，但也不好意思明说，拉着我的手摸他的肚子，说："妈妈你摸摸我肚子，好像饿了。"

后来又一起玩黏土，他把一包包黏土——拿出，看到黑色的，我就随口说："这个放回去吧，黑色的不好看。"孩儿就放回去了。过了一会儿，我做七星瓢虫需要用到黑色的黏土，让他再去拿一下，谁知孩儿立即反问："你不是说黑色的不好看吗？"一副我不解释清楚就不给我拿的架势。我只好改口说妈妈刚才说错了，黑色的和其他颜色搭配起来也挺好看的。他这才把黑色黏土拿出。此事的教训：在孩子面前，下判断的话要少说，要慎重地说，以免造成误导啊～

再细心都不为过　　　　　　　　　　　2016 年 8 月 23 日

最大的幸福就是孩子不生病。这是每一次面对孩子感冒发烧所生出的感想。因为孩子一感冒，大人简直就是全线崩溃，一切都得停下。

孩儿前天夜里突然有点儿低烧，38 度以内，我给他吃了一顿感冒药，一瓶消炎口服液，过一会儿就退烧了。昨天一天都情绪很好，除了偶尔咳嗽外，感觉已经完全好了的样子。昨晚爸爸十一点出差回来，还开心地起来玩恐龙，我也就放心地睡了。梦里依稀听到他喉咙里有吼吼的声音，隐约觉得是不是发烧了，半睡半醒的就没有起来看。直到三点左右，我醒来摸摸他脑袋，已经烫得很，一测体温，39 度了。用酒精擦身子，用退烧贴，都没什么效果，最后还是爸爸出去买了退烧药回来。还不忘说："谢谢你妈妈，谢谢你给我喂药。"到早上的时候，终于退烧了。

今天早上，只喝了一碗粥。整个上午不停地咳嗽。一家人昨晚一夜都没睡好。突然之间，幸福变得很简单：不感冒就是幸福！而我以为自己足够细心，谁知还是大意了，以后洗完澡后应该立即关空调，不然他总调皮光身子乱跑。还有昨天，不该让他玩得太久，运动量有点儿大。细心，细心，再细心。每次感冒，还是我做得不够好。

火车轨道　　　　　　　　　　　　　　2016 年 8 月 24 日

　　整个白天，咳嗽都没有消停，到了睡前才缓和。因而哄孩儿入睡后，再醒来就不敢踏实睡了，很怕他再次发烧。隔半小时量一次体温，幸而有耳温枪，不用那么麻烦。

　　睡前一起玩彩色卡纸，我其实是个十分笨的人，只能照着图样做一些简单的手工，可是孩儿依然很惊喜，一一告诉爸爸："爸爸爸爸，这是我和妈妈做的蜗牛、树还有蝴蝶。"

　　过了一会儿，大概是玩彩卡纸玩厌了，孩儿把卫生纸卷放开一长条，让它自然舒展，端详一会儿，告诉我："妈妈，这是我的火车轨道。"前两天，他把塑料袋卷也打开一长条，拿着小汽车在上面滑上滑下，也说是他的汽车轨道。前一次我犹未注意，今天第二回才发现，原来孩儿在日常生活中学会了联想，在不同的事物中发现了相同的特性。对火车轨道的辨识就像小时候他指着指纹、窗口的空调风扇说它们是棒棒糖一样。

　　这种能力是已为成人的我所欠缺的。成人世界里的我们太匆忙了，来不及慢慢观察，慢慢思量，慢慢凝想。所以诗人说，孩子是成年人的父亲。在养育孩子的过程中，我们也在不断地发现失落的与潜藏的自我。大概这是诸多辛劳之外，最有意义的收获吧。

夜　　　　　　　　　　　　　　　　　2016 年 8 月 24 日

　　守护孩儿的夜里，把之前写的许多文字重又看了一遍。这才发现，随着孩儿的成长，生活压力的增大，忙碌的日常，我原来已经变得不及以前那般待他耐心温柔了。焦虑的时候，我会忽视他，烦恼的时候，我会三心二意，急躁的时候，我会打他屁屁。虽然心里不想，但又身不由己。事后每每有自省、反悔，忙碌之际，却依然免不了气急败坏。可是，一如既往的是孩子的爱啊，他对我的信任、依赖和爱，从未有一点儿改变。

世事纷扰，但你要做到，永远永远，不忘初心。

亲子故事｜小鱼和小虾的故事　　　　　　　　　　2016年9月1日

睡前给孩子讲故事，他想听小虾和小鱼的故事。讲了五个，简单记录一下前两个。

第一个：

我：很久以前，在一个池塘里，住着很多小动物，有小蝌蚪啊，小鱼啊，小虾啊，还有小乌龟、蜻蜓，还有一条小青蛇。小青蛇呢，住在一个大荷叶底下。他很喜欢他的大荷叶，每天总是懒洋洋地待在荷叶上睡觉。有一天，小鱼早上醒来，和好朋友小虾一起出门玩，他们游啊游啊，来到了大荷叶底下。这时候，小青蛇看见了，拦住了他们。他很霸道地说："小鱼小虾，这是我的大荷叶，不许你们经过！"小鱼很奇怪："这明明是池塘里的大荷叶呀，怎么是你的呢？"小虾也很奇怪："这是大家的大荷叶，不是你一个人的。"小青蛇不听，还是把小鱼小虾撵走了。

过了几天，一只小蝌蚪又游啊游，来到了大荷叶底下，想美美地睡个觉。可是小青蛇又说："这是我的大荷叶，不许你来！"小蝌蚪有点儿害怕："小青蛇，我可以在这玩一会儿吗？""不行！"小青蛇还是把小蝌蚪撵走了。

一天又一天，小青蛇霸占着大荷叶，谁也不让碰，池塘里的小动物们都不和他玩了。他们说，小青蛇是一个霸道的小家伙。时间长了，小青蛇一个人在大荷叶上，有时候觉得很快乐，有时候啊，他突然觉得，也很孤单。宝宝，小青蛇做得对不对啊？

竹笛：不对！

我：那你以后在楼下玩还说不说这是我的滑梯了？

竹笛：不说了妈妈。

第二个：

我：很久以前，有一个池塘，池塘里，也有一个幼儿园，就像森林幼儿园一样的地方，就像宝宝上的幼儿园一样的地方。池塘里所有的小动物都到幼儿园上课啦。小鱼和小虾也上幼儿园了！他们每天都会在大鱼先生的幼儿园里开心地玩耍。

这一天，大鱼先生给他们安排了一个任务。让他们在这个大池塘里找一个宝贝。这个宝贝是什么呀？是一个白白的鸭蛋。可是鸭蛋藏在哪里呢？大鱼先生不知道，小鱼小虾也不知道，他们只好慢慢地去找。

于是他们出发了……（接下来是一番历险故事，太长，不记录了，主旨是乐于助人善于合作的小鱼和小虾成功地找到了白鸭蛋，获得了大鱼先生的奖励）宝宝，大鱼先生奖励小鱼小虾什么啊？

南瓜灯

竹笛：很多苹果，香蕉还有小橘灯哪！

今天晚上我们刚一起做了小橘灯和南瓜灯。

亲子故事｜猫和老鼠的故事　　　　　　　　2016 年 9 月 7 日

睡前孩子让讲猫和老鼠的故事。

我：从前，姥姥家养了好多小动物，有一只大胖猫，有一只灰鸭子，一只大白鹅，一只羊，还有一只大黄狗，他们都住在一个大院子里。每天早上，这些动物们都去田野里散步，吃青草，游泳，然后太阳落山的时候，他们就都回家了。这一天，姥姥发现，咦，大胖猫怎么没回家啊？姥姥就出门找大胖猫。然后在一棵大树底下的草堆里发现了这只猫。原来啊，大胖猫在睡觉呢。"你这只懒猫，快跟我回家睡觉！"姥姥提着大胖猫的耳朵就回家了。

回到家里，姥姥把胖猫放在动物院子里，就走了。这时候，其他的小动物们都围过来了。"胖猫胖猫，你怎么这么晚才回来啊？"大白鹅问胖猫。"我呀，我去了很远的地方旅行来呢，那里有非常美的风景，有很多漂亮的花朵，还有河流，还有船，船上还有美丽的仙女呢。"宝宝胖猫说的是不是真的啊？

竹笛：不是，胖猫在睡觉呢。

我：那大白鹅听了怎么样呢？

竹笛：大白鹅生气了，他一把把门关上，还拿来了一把锁，把门锁住了！

我：这个时候，小鸭子又问大胖猫："胖猫胖猫，你今天怎么回来得这么晚啊？"胖猫晃了晃尾巴，慢腾腾地说："我今天去了很远的地方旅行了，那儿有高高的山，山上还有老虎、狮子，很多树呢。"宝宝小猫是不是说谎了？

竹笛：是！

我：他其实在草丛里睡觉呢对不对？宝宝，小鸭子听了怎么说啊？

竹笛：他就不理猫了！

我：小鸭子为什么不理猫呢？

竹笛：因为猫说谎了，他就找了一把锁子。

我：大白鹅把门锁了，小鸭子也把门锁了，这时候，小羊又来了。他问："胖猫胖猫，你今天怎么回来这么晚啊？"胖猫又说他去很远的地方旅行了——

竹笛：然后小羊也不理猫了，小羊找了一把锁子，啪的一声把门也锁住了！小老鼠也找了一把锁子，也锁住了。小老鼠还有一个香肠，还有一个小椅子，他睡着了。小老鼠也生气了。

　　我：小老鼠为什么生气啊？

　　竹笛：因为猫没有去旅行。

　　我：这些小动物们都不和小猫玩了。猫很孤单。猫就去问姥姥："为什么大家都不理我了？"姥姥告诉小猫，因为大家都不喜欢说假话的动物。

　　竹笛：说真话的动物大家才喜欢。

　　我：小猫很羞愧，他的脸红了。

八爪鱼和蓝尾巴的小狗　　　　　　　　　　　　2016 年 9 月 9 日

　　生活中不是缺少美，而是缺少发现。真真如此。

　　今早把昨晚剪剩下的鞋垫余料随手给竹笛玩，结果他大喜说："妈妈，这是八爪鱼嘛！"然后我对着这奇怪的造型，再揣摩一下，竟真有一点儿八爪鱼的感觉。

　　去上学的路上，我急匆匆直奔目的地，竹笛却走走停停，然后他停下脚，在我身后大喊："妈妈，快看，有只蓝尾巴的小狗狗呢！"我回头一看，真的，这只小狗的尾巴与众不同。

　　孩子是天生的美学家。

八爪鱼　　　　　　　　　　　　蓝尾巴的小狗

亲子故事｜大树爷爷的摇篮曲　　　　　　　　2016 年 9 月 10 日

　　七月份刚从老家回来时，给孩儿讲故事，几乎就是我一个人的独角戏，之前在北京时抢着和我一起编故事的状态迟迟没有恢复。每一次，我问他，想让他参与到故事进程中，他都说不知道。最近几周，随着故事越讲越多，参与的热情终于回来了，一方面我很高兴，孩子的想象力和语言组织能力都有很大提升，另一面，感觉自己快变成故事机了：早上上学路上讲，晚上睡觉前也讲，一天总要讲个四五个，且要用他能听得懂的语言和事物组织，加上语气词之类，着实很累。但已然形成了一个雷打不动的习惯，每天不讲故事就不老实睡觉了……这是昨晚一起编的故事，简单记录一下：

　　我：从前，森林里有一棵大树，这棵树非常的大，非常的高，他是大树里的树爷爷。在这棵大树上，住着好多小动物，树顶上住着一只小松鼠，树干上住着一只啄木鸟，树洞里面呢，住的小动物更多了，大树上有好多个树洞呢，住着小兔子、小刺猬、小蜗牛，还有一只小羊。

　　每天早晨，树顶上的小松鼠最先醒来了。他在树上蹦蹦跳跳地玩游戏，玩了好久了，咦，怎么树洞里的小动物们还没起床啊？我得去把他们叫醒。小松鼠就去敲门了。他先敲小兔子的门，咚咚咚，"谁啊？"门里面传来小兔子懒洋洋的声音。"是我啊，小松鼠，快起床了，太阳公公晒屁股了！"接着他又去敲小羊、小蜗牛的门，小动物们都说，"小松鼠，别急别急，我们穿好衣服就出来了！"过了一会儿，小兔子啊小刺猬啊小羊啊，都穿好衣服出来了，然后他们就一起去森林里找食物吃。

　　他们走啊走，来到了一个大草地旁边。这里有好多好多果树，有好多食物呢，有苹果啊葡萄啊。

　　竹笛：小刺猬找的是苹果。小羊最爱吃草，小羊在哪个洞洞里

睡觉呢？（思路偏离了我的～）

我：在最大的一个树洞里。

竹笛：小刺猬的家在哪儿呢？

我：在大树上，所有的小动物都住在这棵大树上，有的住在树梢上，有的住在树洞里。这棵树是世界上最大的一棵树，这棵大树有好多树洞呢。

竹笛：小刺猬的门是什么门？刺猬门。小山羊的是小山羊门。蜗牛在哪个房子里睡觉呢？

我：蜗牛在一个圆圆的弯弯的房子里睡觉。

竹笛：蜗牛就把衣服给脱掉了，他就睡着了，只有蜗牛一个人睡着了。

我：其他人呢？

竹笛：其他人还在那搭积木呢。

我：在谁的房子里搭积木呢？

竹笛：小山羊、小牛、小刺猬都在房子里搭积木。

我：（拉回主线）小动物们把食物都找回来了，在大树洞里开始吃早餐。吃完早餐他们又玩游戏。玩什么游戏呢？玩跑步的游戏，小羊和兔子要进行跑步比赛，小动物们都在旁边看，然后他们玩累了。到了晚上，太阳落山了，大树爷爷开始唱摇篮曲了：

摇啊摇，摇啊摇，小动物们快睡觉。

啄木鸟，你别吵，啄木鸟，你别吵。

摇啊摇，摇啊摇，小动物们快睡觉。

小蜗牛，你别笑。小兔子，快睡觉。

大树爷爷不停地唱着摇篮曲，终于，把所有的小动物都哄睡了，这时候，大树爷爷也打哈欠了，他说："呀，我也瞌睡了，我也要睡觉了。"

小老鼠的快递　　　　　　　　　　　2016 年 9 月 10 日

在我的要求下，刚才竹笛给我讲了一个小老鼠的故事。

竹笛：有一天，小老鼠把他的快递打开，原来是一个漂亮的跑车，一个大汽车，他的汽车还带了遥控器，出去玩游戏，要坐电梯，小老鼠的家是几号楼呀？

我：一号楼。

竹笛：他就去一号楼，一号楼到啦！他就下楼梯，他就玩啊，玩啊……他不跟大胖猫玩，他跟所有的小动物玩，他欧耶！——他玩滑梯，呜呜——呜呜——妈妈！现在妈妈给我们讲一个故事，欢迎欢迎！

我：……

亲子故事｜大笨猫的故事　　　　　　　2016 年 9 月 11 日

三岁半的竹笛已经可以用简单的语言组织故事了，虽然有时候遣词造句还是不通顺。昨晚我们合编了一个《大笨猫的故事》，由竹笛主导情节进展，我配合叙述。

竹笛：有一天，大笨猫碰到了一只老鼠，老鼠气鼓鼓的，他转头很晕，老鼠拿着一个汽车，按遥控，猫很害怕，他就关灯跑，车在后面追啊追啊追，小老鼠把大笨猫碰伤了，现在你给我讲吧？

我：碰伤了以后呢？小老鼠有没有去医院啊？

竹笛：小老鼠没去医院。

我：那他受伤了咋办？

竹笛：小老鼠把这个乱沙子（音似）给卖掉，把好的沙子（音似）给不卖掉，他就用铲子，嗯不卖掉不卖掉。

我：小老鼠身上哪里受伤了？腿呢？还是胳膊呢？

竹笛：嗯，不卖掉不卖掉，医生就给了他钱："猫，这是给你的"……你看我手里是什么？

我：是什么呢？

竹笛：钱！

我：钱？

竹笛：大笨猫就拿这个钱出去买东西。要赚钱！大笨猫！你怎么拿着小老鼠的钱啊？他就自己赚钱，自己工作，好长时间，他买了一件衣服。

我：他就买了一件衣服，买了一件什么颜色的衣服呢？

竹笛：买了一件红色的，买了一件红色的跑车。

我：他买了一个红色的跑车，小老鼠也有一个车，那他们——

竹笛：小老鼠买了一件飞机。

我：哦，那两个人谁跑得快啊？

竹笛：小老鼠第一名，小老鼠跑得快呀。

我：那他有什么奖品呢？

竹笛：猫第二名，猫追不上老鼠。老鼠用大吸管，噗噗噗～噗噗噗——看谁来了？

我：是不是刮风了？

竹笛：这时候刮风了，窗户就把大黄狗刮进来了。你给我讲！

我：黄狗刮进来了？大黄狗进来是不是想抢他们的跑车啊？

竹笛：可是小老鼠不听话，小老鼠走啦，对着一个枪，把大黄狗打住，他就 pi pi pi——

我：小老鼠开枪打大黄狗是不是？

竹笛：哪个枪打得快？这个！答对啦！pi！pi！pi！然后猫说："谢谢你，小老鼠，谢谢你帮我打大笨猫，打大黄狗。谢谢你！"

我：小老鼠和大笨猫就成了好朋友了，对不对？

竹笛：对！

我：你这个故事叫什么名字啊？

竹笛：叫大笨猫——

中秋   2016 年 9 月 15 日

今天是第一次参加孩儿班级的集体活动。值得纪念，记录一下。幼儿园组织去通州第五季生态农业园过中秋。早上 7 点 45 出发，午后五点回来。去了十五个孩子，只三两个是和我一样，一个大人陪着的，大多数都是两个大人带一个孩子。路上，孩子累了要抱的时候，可以有个替换。

小孩子只觉得有趣，除了路上晕车的时间，整个过程都是快乐的。摘葡萄，做月饼。一起说说笑笑，打打闹闹。只一个小姑娘哭闹了小半程，把她的妈妈快要累疯掉。午后去看小动物的环节，我们没有去，和其他两个家庭在喷泉边铺了地垫短暂露营了会儿。孩儿和另外两个小女孩玩得很开心，两个女孩，一个灵动活泼，一个美丽安静。和灵动活泼的姑娘明显更投契些，一起嬉闹不休，拉手碰头蹦跳一刻不闲。回家时在车上睡了一觉，没晕车。

晚上玩到十点半，拿着一根塑料管唱跳了半天，孩儿的节奏感非常棒。随着音乐，或快或慢地挥动着这根小塑料棒，玩得开心极了。睡前因为我不陪他做叠三角形的游戏，他有点儿生气，我宽解了好一阵，好了，但是因为我今天有点儿累不太想说话，后来的睡前故事讲得十分简略，夜里又惊醒哭闹。

我知道他又做梦了，等他哭累了问明白，他原来是要我给他讲故事，一边讲一边情绪就安静下来了，后来破涕为笑。大概小孩子睡前凡有不满足的情绪，都沉潜入梦，醒来分不清梦境和现实，于是哭闹许久。对待这样的情况，只能柔声安慰，不能有一句高声大语。这个时刻不是讲大道理的时间，关键是平复他的情绪。

若仅因为自己睡眠被打断，便恼羞成怒，大声责问孩子为什么哭闹不懂事，甚至动手打孩子，不懂得也不想去懂得孩子的思维方式和大人是不一样的，相信棍棒底下出乖孩子，这就是愚蠢透顶的方式。做家长，是需要时刻学习的。

好龙的"叶公"　　　　　　　　　　　　　2016 年 9 月 17 日

今天和孩儿一起看了电影《侏罗纪公园》，之前他看过恐龙图册，电影里出现的恐龙都能认得，只是电影画面太暴力，里面的暴龙简直是嗜杀成性，孩儿看了一会儿就说害怕，不看了，拿起图册却又说爸爸还没给我买暴龙呢！可见小孩子们都是好龙的叶公啊。

早上系皮带，他说："你把我的小黄蛇给拿走了！"晚上吃个筷子扎玉米，他说："你干吗把我的火箭给吃了！"现在但凡喊我，两声不答应就开始指责："妈妈，我跟你说话呢！你听见了没有啊！真烦人！"让他吃饭，催促两次后，也开始不满："妈妈，你真是的，烦人！"偶尔心情大好的时候又抱起我的胳膊和脸一通狂啃……见我发微信语音，抢过手机，自己按下录音键，就开始咯咯笑闹发言～总之，最近长本事了。

学会了感恩　　　　　　　　　　　　　　2016 年 9 月 22 日

今天很感动，孩儿好像一下子懂事了。晚上给他做了面条，洗了黄瓜和胡萝卜，他看见我端上桌，说："谢谢妈妈给我做了这么多好吃的！"睡前给他剪指甲，他说："谢谢妈妈给我剪指甲。"剪完手指甲又剪脚趾甲，他又谢了我好几回。每一回都发自真心。后来他要喝水，我给他倒了一杯，他说："谢谢妈妈给我倒水喝。"

心里真是感动极了。这么点儿小屁孩，知道感恩了。晚上，自己放音乐跳舞，跳得停不下来，最后索性指挥我坐好，让我一招一式跟他学。说妈妈你看，这样！你跟我学！我照样学了一招，又学了一招，他跑过来亲了我一口，说："奖励你一个！"大概舞蹈是老师教的。他学得很好，跳得有模有样。

连续三天没有提看电视了。今晚一直要我给他讲图画书《小猪佩奇》，里面小狗小象的英文名我都记不住，他竟然记得。小孩子的记忆力真是了得。心里觉得很是安慰和幸福，一切的辛苦都值得了。

生活剧 　　　　　　　　　　　　　　　　　　　2016 年 9 月 24 日

新近竹笛孩儿发明了一种新的娱乐方式，就是自己在床上搬演"生活剧"，并要求我观看和配合。

昨晚又把床上所有能找得到的东西堆放在一处，他先把枕头搭在被子上，一边向高处踩，一边说："妈妈，快看，我要上楼梯了！"一会儿又反方向走："妈妈，快看，我要下楼梯了！"我在一边看书，不作声，只笑看。

竹笛自己玩了半天上下楼梯游戏后，走到我身边："妈妈，现在我要给你买好吃的了，你在这乖乖等着噢。"我说好啊！然后他就迈着小碎步，到他的被子搭建的"小房子"里拿来一只袜子，笑微微地递给我："妈妈，你的葡萄来了！"

"啊，真好吃啊！啊呜啊呜，妈妈吃完了！"我作势大口吃着"葡萄"。

"妈妈，我再给你买苹果。"他又走开，拿来他的上衣，递给我："妈妈，好吃的饼干来了！""呀，真好吃的饼干呀，妈妈啊呜一口吃完了，谢谢你！"

"不客气，妈妈我再给你买东西！"他又快乐地走开了——

接下来的半小时里，他的小裤子、枕巾、我的衣服、他的图画书、被子的一角轮番变成各类"美食"来到我面前，我一一配合他，完成这一场场生活剧展演。这已经不是第一次了，前几天他用我的方巾做桌布，拿起一盒纸巾啊呜啊呜地吃起了"大美餐"。

这类象征性游戏自三岁以后才见他摸索出来，可见抽象思维能力进展不错。

亲子故事｜蛇颈龙的故事　　　　　　　　2016 年 9 月 25 日

我： 现在欢迎竹笛小朋友讲一个马门溪龙的故事，大家欢迎，鼓掌！

竹笛： 现在妈妈讲一个蛇颈龙的故事，欢迎！

我： 宝宝讲一个蛇颈龙的故事，欢迎！

竹笛： 妈妈讲一个大象的故事，欢迎！

我： 我们讲一个小狐狸的故事好不好？

竹笛： 不好，你给我讲，讲蛇颈龙嘛！

我： 好，从前，有一个蛇颈龙，他的脖子非常非常长，他比长颈鹿的脖子还长呢。

竹笛： 比马门溪龙的还长呢。

我： 对，有一天蛇颈龙出去散步的时候，他就碰到了谁啊？碰到了一只三角龙。三角龙看到蛇颈龙的脖子那么长，好吃惊呀。他说："呀，这是什么呀，是长颈鹿吗？"

竹笛： 不是，他是蛇颈龙。

我： "我不是，我是蛇颈龙。"蛇颈龙就跟三角龙说，"我不是长颈鹿，我是蛇颈龙。"三角龙又说："啊，可是，你的脖子为什么跟我的不一样啊？我也是恐龙，你也是恐龙，为什么我们两个长得不一样呢？"蛇颈龙说："恐龙有好多种，除了你，头上长着角，我的脖子长，还有一种恐龙——"

竹笛： 就像牛一样，哞——

我： 羊呢？

竹笛：咩——

我：狗呢？

竹笛：汪——

我：小鸡呢？

竹笛：JI——

我：小鸟呢？

竹笛：WEI——

我：小刺猬呢？

竹笛：TUO——

我：每个小动物的声音是不一样的对不对？

竹笛：对。

我：就像每个恐龙呢，他们的模样也是不一样的。然后蛇颈龙说："三角龙我告诉你哦，除了你跟我不一样呢，我们俩，跟另外一种龙也不一样——"

竹笛：就像大暴龙一样，哈！（模仿大暴龙的声音）

我：还有一种龙，会飞，他长着翅膀。

竹笛：还有一种龙，会走。

我：他是什么龙？

竹笛：暴龙，就这样。（比画）

我：还有一种龙，他身上长满了盔甲，他叫什么龙？

竹笛：盔甲龙。

我：还有一种龙，长了鱼尾巴，叫什么龙？

竹笛：鱼龙。

我：嗯，对了，"恐龙的模样并不都是一样的，你不要觉得我跟你不一样就觉得奇怪哦，是不是？"三角龙听了以后，他说："嗯，这下我明白了。原来大家都是不一样的。我们一块玩吧？"蛇颈龙说："我们玩什么游戏呢？"他们打算去玩什么游戏啊？

竹笛：不知道。

我：蛇颈龙说："这样吧，我们去草地上散步吧！"于是他们两个就去恐龙公园里的一个大草坪上散步。正走着走着，又遇到了谁啊？

竹笛：不知道。

我：来了一只鸟龙，鸟龙扑棱棱扑棱棱飞得高高的，蛇颈龙都够不着它。蛇颈龙说："嗨，你好，鸟龙。"鸟龙说："嗨，你好，蛇颈龙、三角龙。我正要回家呢，我今天找到了好多好多的食物，想拿回家给我的爸爸妈妈吃。"

竹笛：他的爸爸妈妈是什么？

我：他的爸爸妈妈也是长了翅膀的鸟龙。

竹笛：（挥动胳膊）就这样吗？

我：对，他们住在一棵非常非常高的大树上，而且非常非常粗，这棵大树上住着好多好多的鸟龙。这个小鸟龙说："再见了，蛇颈龙、三角龙。"他们俩也说："拜拜鸟龙。"小鸟龙就扑棱棱扑棱棱飞呀飞，就飞到了大树上去了。到了晚上的时候，大树老爷爷说："小鸟龙们，现在天黑了，到了睡觉的时间了，大树爷爷现在要给你们唱摇篮曲了。"大树爷爷怎么唱摇篮曲啊？

竹笛：摇啊摇，摇啊摇。

我：然后呢？

竹笛：你给我讲！

我：摇啊摇，摇啊摇，小动物们快睡觉——

竹笛：不是小动物们，是恐龙。

我：恐龙呢，快睡觉，天快黑了，太阳也落山了。小动物们、小鸟龙们你们快睡觉。然后呢，鸟龙爸爸鸟龙妈妈还有鸟龙啊，就开始找被子，拿枕头，要准备休息。天黑了，太阳公公也落山了，月亮，星星都睡着了。小鸟龙和爸爸妈妈也要——

竹笛：马门溪龙也睡着了。

我：马门溪龙也睡着了，所有的恐龙都要睡着了，天黑了对不对？那我们也休息好不好？

竹笛：妈妈你给我讲好不好？——

（意犹未尽，后来又讲了一个暴龙的故事）

亲子故事 | Hi，你好妈妈！　　　　　　　　2016 年 10 月 15 日

　　晚上讲了四个故事，《小猫种玉米》《小猫拔萝卜》《马门溪龙画画》，还有一个《三角龙肚子疼》的故事。竹笛最近总爱让我讲小猫偷吃鱼、小猫偷玉米之类的故事，我说小猫现在不偷懒了，他现在可勤劳了，今天我们就讲一个小猫种玉米的故事。

　　1. 小猫种玉米

　　从前，有一个可爱的小猫。他很爱吃玉米，他就自己种了一块玉米田。每天给它浇水施肥，玉米越长越高，终于结出了大玉米了！这一天，他到玉米田里拔草，正低头拔草的时候，他听到有叽叽咕咕的声音，抬头一看，原来，草丛里有一个鸟窝，鸟窝里的小鸟在叫呢，小鸟饿得咕咕叫。"小鸟，你饿了吗？你的妈妈去哪里了啊？"小猫问小鸟。"妈妈出去找虫子吃了，呜呜还没回来呢，呜呜，我好饿呀！"小猫于是给小鸟摘了一个大玉米，把玉米掰成玉米粒喂给小鸟吃。过了一会儿，鸟妈妈飞回来了，她很感谢小猫。还要给他虫子吃呢，小猫说我不吃虫子，谢谢你鸟妈妈。小猫做了一件好事，他很开心。这个故事讲完了。

　　2. 恐龙故事

　　竹笛哥哥特别喜欢听恐龙的故事，今晚又出恐龙题让我做。答案如下：

　　从前，有一个恐龙公园，公园里住着一只马门溪龙，他很喜欢画画。可是他没有笔，他就拿着一根树枝，在沙地上画，当天上飘来白云的时候，他就画白云，当河里游过一只大白鹅的时候，他就画大白鹅，有时候，草地上开出一朵美丽的花，他就在沙地上画一

朵花。他每天画画都很开心。

有一天，马门溪龙坐在草地上画画的时候，突然发现草丛里一闪一闪的，原来是一支红色的笔，啊，还有一摞纸呢。马门溪龙高兴极了，他拿着这支笔开始在纸上画画！

他画了一只小鸭子，刚画完，纸上的小鸭子就嘎嘎地叫起来了。他又画了一朵花，然后就闻到一阵甜甜的香味，哪里来的香味呢？原来啊，是纸上的花的味道。马门溪龙高兴极了，他想自己一个人好没意思，再画一只恐龙好了，于是他又画了一只小马门溪龙，画好了刚放下笔，就听到有人叫他妈妈！

"妈妈——妈妈——"

啊，纸上的小马门溪龙也变成真的了！原来这是一枝神奇的魔幻笔，画什么就都变成真的。马门溪龙高兴极了，他抱住小恐龙，高高兴兴一起回家了。这个故事讲完了。

（然后是故事后的喝水环节，睡前我们聊天）

我：假若我有一枝魔幻笔，我想画一个小娃娃。你呢，假如你有一枝魔幻笔，你想画什么呢？

竹笛：我想画一个三角龙，三角龙就变成真的了，他对我说："Hi，你好，蛮蛮！"我就带他回家跟我一起玩滑梯！

我：假如我有一枝魔幻笔，我还想画一个——

竹笛：假如我有一枝魔幻笔，我还想画一个圆角龙，圆角龙也变成真的了，他跳下来跟我说："Hi，你好，妈妈！"可是，妈妈，哪里有卖魔幻笔的呢？你给我买好吗？

我：额……

讲故事的要点　　　　　　　　　　　2016 年 10 月 20 日

爸爸带孩子，都是从理论出发，而妈妈，则有密切的日常经验做底子。昨儿竹笛爸爸第一天独自带娃，才发现"安徒生童话确乎是写给成人的著作，并不适合孩子"，讲故事把孩子讲哭了。平常我讲故事，孩儿都是欢欢喜喜甜甜蜜蜜的，还要求"再讲一个""再讲一个"。外出一天，竹笛爸爸独自哄娃睡觉的心得如下：

儿童是一面镜子，映照出成人世界的种种无奈、刻板与丑恶。

1. 前段去银川出差，偶遇幼儿教育专家周安娜老师，闲聊之后，她提议帮蛮仔做气质分析。回答了几百道问题后我逐渐将这件事淡忘，直到前几日她提醒我电话上沟通。感谢她的热忱，通话一个半小时，仔细分析蛮仔的性格：善良，敏感，情绪反映强烈，有点儿慢吞吞。最后她告诉我：这是一个需要时间与耐心对待的孩子。她的分析很有道理，那一瞬间让我想到电影《杯酒人生》中Miles 对 Pinot noir（黑皮诺葡萄）的分析："需要不断的照料和关注，它只生长在这个世界上那些隐蔽的、特别的角落里面，也只有园丁最大的耐心和培育才能让它生长。只有肯花时间去了解 Pinot noir 的人才能理解它的潜质，才能感觉到它所有的表情，我的意思是说味道。"每个孩子都是独一无二的，只是我们太缺乏耐心，缺乏足够的了解与平等对待。

法国导演特吕弗在半自传电影《四百击》中描写的问题少年那明媚而残酷的青春，何尝不是这样，没人注意到他喜欢巴尔扎克，只会因为他点蜡烛烧了帘布揍他，借鉴作家的语句讥讽他；当他把偷走的打字机送回时，没人关注他的善良，只将他当作贼送到劳教所。影片结尾孩子接受问讯时近乎自白的讲述，仿佛在拷打着每一个成人。毕竟，像《死亡诗社》《放牛班的春天》中那样的好老师太少。

2. 安徒生童话确乎是写给成人的著作，并不适合孩子。晚上睡前给蛮仔讲《豌豆公主》和《卖火柴的小女孩》。第一个故事，全然是成人的经验，故事结尾作者也强调是真实。第二个故事太过悲惨，讲的时候，蛮仔一直问："小女孩的妈妈哪去了？"我只好说："死了。"后来听到小女孩蜷缩在大街的房屋外，蛮蛮又问："爸爸哪去了？"我告诉他："爸爸在家里，因为小女孩没有卖掉火柴，不敢回家，怕爸爸打她。"快讲完时，蛮仔眼圈发红，带着哭腔说："爸爸，换一个故事好不好？"我只好自己编了两个不那么悲伤的动物故事，才算把他哄睡。

将我的指导意见告诉竹笛爸爸：

1.《安徒生童话》《格林童话》，包括所有的经典童话都有暴力恐怖的成分，很多时候是写给"长大后的孩子"看的，不适合做睡前故事讲给幼儿听。家长讲故事前最好问一问孩子喜欢听什么故事，让他自己命题，家长再酌情自己编故事。

2. 给孩子讲和他的日常生活、他的已学词汇有联系的故事，这样他才能听懂。宗旨是让他感到甜蜜而尽快入睡。

3. 即使讲经典，也需要适当改编。比如把狐狸吃不到葡萄而嫉妒的故事，改成狐狸如何想办法摘到葡萄的故事，卖火柴的小女孩的故事，可以讲成小动物帮助小女孩卖掉火柴的故事。这些经典童话孩子长大后迟早会读到，但幼时最好改编成适合孩子心理发展和情感发展的故事。

晚安　　　　　　　　　　　　　　　　2016 年 10 月 30 日

连日出差，舟车劳顿，好几天没和儿子打电话了。晚上和儿子视频。告诉他我今天在山上给他买了一个礼物：木头雕刻的恐龙。

妈妈，你把恐龙给我看看？

从头到尾展示完……

妈妈，你还给我买了什么礼物？

妈妈还给你买了一只木头做的小松鼠。

你给我看看？

从头到尾比画给他看……

妈妈，你还给我买了什么礼物？

嗯，妈妈给你买了两只松鼠，他们俩是好朋友，所以我就一起买了。

你拿给我看看？

把两只松鼠一起从头到尾比画给他看……

妈妈，你还给我买了什么礼物？

妈妈还给你买了好吃的饼干。

你拿给我看看？

掏出太行山上买的两袋核桃仁饼干比画给他看。

妈妈，你还给我买了什么礼物？

妈妈还给你买了4本小人书。

你拿给我看看？

于是从书包里拿出《嫦娥奔月》《小兵张嘎》等一一翻给他看。

至此，收拾好的行李一一开封。

妈妈你给我讲故事好吗？

于是把匹诺曹的故事主人公换成了木头小恐龙讲了一遍。

妈妈，你再给我讲一个故事好吗？

于是又讲了一个松鼠妈妈外出找食物的故事：从前森林里有一只小松鼠，有一天，松鼠妈妈要到很远的地方找食物，松鼠爸爸和小松鼠就留在家里等妈妈。松鼠妈妈说："宝贝，你和爸爸在家里好好玩，妈妈过几天就回来了——""就像我的妈妈一样。"竹笛立即说。

晚安，我的宝贝。

从山上带回的木雕松鼠

亲子故事 | 小恐龙的故事　　　　　　　2016 年 11 月 3 日

出差半月归来，竹笛和爸爸不在家，去超市了。匆忙放下行李，就奔下楼去接。快到小区大门口时候，看见父子俩边聊天边走过来。他们没有看见我。我在一米开外蹲下，伸出双手。喊竹笛的名字。"妈妈！"竹笛抬头向我跑过来。

"妈妈，抱抱！"在回家的路上，竹笛在我怀里笑闹，却又不大直视我的眼睛。非常欢喜，却又有点儿害羞。和之前的每次离别重逢一样。才十五天。

我开门时，他突然说："妈妈，我太想你了！"进门时，他又说："妈妈，我太想你了！"晚上睡前一直缠着我讲了四五个故事，方才睡下。第一个要听的依然是"恐龙的故事"，于是给他讲了一个小恐龙等妈妈的故事：

从前，有一只小恐龙，他和爸爸妈妈住在恐龙公园里。有一天，妈妈去很远的地方找食物吃，好多天都不能回家。小恐龙在家里非常地想念妈妈。

早晨，小恐龙起床看见太阳公公，他想起了妈妈。"太阳公公，你知道我的妈妈在哪里吗？她冷不冷？你可以去看看她吗？让她不要冻着好吗?"太阳公公笑眯眯地也不说话,慢慢地落山了。

午饭后,小恐龙来到一条小河边。他看见哗啦啦唱歌的小恐龙,想起了妈妈。"小河流,你知道我的妈妈去哪里了吗?她渴不渴?你可以去看看她吗?"小河流不说话,哗啦啦流走了。

在公园散步时,小恐龙看见一只快乐的小鸟,他想起了妈妈。"小鸟儿,你知道我的妈妈去哪里了吗?她什么时候回来?请你告诉她,我很想她。"小鸟点点头,不说话,也飞走了。

晚上睡觉时,小恐龙抱着自己的小熊布娃娃,想起了妈妈。"小熊小熊,你知道我的妈妈去哪里了吗?我好想听她讲故事啊,不过没关系,今天我抱着你睡。晚安,小熊。晚安,妈妈。"

过了一天,又过了一天,过了好多天。这一天,小恐龙起床了。他推开门一看,咦,怎么门口有这么多的水果!各种各样的水果堆满了院子,还有好吃的饼干啊,核桃啊,好多好吃的东西啊,小恐龙开心极了,他抬头一看——小恐龙看到了什么啊?

"妈妈!小恐龙的妈妈回来了!"一直安静听故事的竹笛立即说。

亲子故事 | 画上的恐龙　　　　　　　　　　　2016 年 11 月 6 日

让孩子拥有自己寻找快乐的能力是很重要的。昨天儿子拿着我家那簸箕柄摇来晃去,爸爸说多脏啊快放下,儿子答:"我在唱歌呢!"原来他把簸箕柄端当成话筒了,嘴巴里叽里咕噜不知在唱什么,一副自得其乐、天下舍我其谁的架势。

晚上在卧室里要我陪他看书,我说妈妈也想看自己的书,你一个人看好不好。他就开始发呆,没一会儿,要画画。我拿出一沓白纸一盒蜡笔,交给他,自己在一边看。

他就开始兴致盎然地画起来,一边画一边不停强调,让我看着他画。画完后问他画的是什么?他都答曰恐龙,一边还分别模拟恐龙的声音给我听。他画了屁龙,BIAB 龙,WU 龙(这些龙都是他自造的……）每种龙声音都不同。

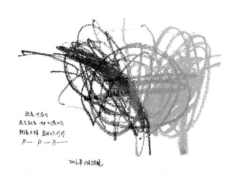

都是恐龙

三岁多的孩子，不宜让他多涂填色画，涂色画会束缚孩子的想象力，消退绘画的积极性。幼儿的画不仅需要看，更需要去听。听他讲述，在看似相近的线条里，有着怎样的故事，问问他把画里的线条看作什么，这样，以后他就更喜欢画能表达自己真实感受的画了。技法是其次，在画画中表达肆无忌惮的心情是最重要的。

睡前讲故事，于是就讲了一个"画上的恐龙"的故事。

我： 从前，有一个小朋友叫麦兜，他特别喜欢恐龙。有一天，麦兜画了好多张画，画了好多恐龙在草地上散步。晚上，他做了一个奇怪的梦，他梦见墙上的恐龙都不见了，只剩下白白的纸了。这些恐龙到哪里去了呢！小麦兜就出门找。刚出门，他就发现他家院子里的草地上有好多动物，这些动物是什么啊？啊，原来就是他画的那些恐龙呢，画上的恐龙都变成真的了，他们正在草地上散步呢。小麦兜问："恐龙，恐龙，你们怎么只吃草啊？"一个大暴龙说："因为你只给我们画了草啊，我们没有别的食物可以吃。"小麦兜又问："那你们还喜欢吃什么呢？我给你们重新画。"

苹果，香蕉，梨，桃子！每个恐龙都说了他们想吃的食物。小麦兜回到家，就在墙上的画里画上了这些水果，他希望他喜欢的恐龙们吃到香香甜甜的水果，他还画了一块肉肉给恐龙吃。

竹笛：是谁的肉肉？（很深刻的问题）

我：嗯……给恐龙吃的肉肉啊。麦兜画好了食物，就睡觉了。小麦兜睡着的时候，这些恐龙又出现了，嘴巴里吃着水果，他们非常感谢麦兜。吃完水果，小麦兜还到恐龙的家里去玩了，和恐龙一起睡觉。现在，宝宝也睡觉好不好？睡着了就可以和你画的恐龙见面了。

竹笛：妈妈，恐龙会永远和我在一起吗？

我：会的，当你睡着的时候，他们就来看你来了，他们就在你的画里，永远也不会走。

竹笛：好的，妈妈，那我现在就睡觉。

今晚把竹笛的画一张张贴到墙上，方便他随时炫耀自己的成果。

《逃家小兔》读后感   2016 年 11 月 8 日

今天的"读后感"起源于我把竹笛放在杯子口的一小块面包弄掉在桌子上：

妈妈，你把我的面包弄掉了，你跟我的面包道歉！不然，我要变成一只小青蛙了，让你找不着我。

那我就变成池塘里的荷叶，你在池塘里游泳，就找到你了。

你变成荷叶，我就变成一朵花，放在你的大荷叶上，让大荷叶飘。

我要变成一只小鸡，让你找不着我。

那我就变成面包，让你有粮食吃，让你吃得饱饱的，你就回来找我了。

我要变成口香糖，让你找不着我。

那我就变成一个小盒子，让你睡在我的小盒子里面，让风吹不着你，雨也淋不到你。

我要变成电脑，让你找不着我。

那我就变成电脑里的动画片，和你在一起。

我要变成一个红旗，让你找不着我。

那我就变成风，把红旗吹得高高的，和你在一起。

我又要变成一条衣服，让你找不着我。

那我就变成一条裤子，和你一起穿在一个小朋友的身上。

我要变成一本书，让你找不着我。

那我就变成一支画笔，在书上面画画。

我要变成一个袜子，让你找不到我。

我就变成一只脚，穿在袜子里面。

我要变成一个小贴画，让你找不着我。

那我就变成一本书，让你贴在我的书里面。

我要变成一朵花，让你找不着我。

那我就变成树叶子，在你身边陪着你。

我要变成照片，让你找不着我。

那我就变成小夹子，和你一起贴在墙上。

我要变成一个被子，让你找不着我。

那我就变成一个枕头，和你靠在一起，等晚上小朋友睡觉时候
枕着。

那我要变成葫芦娃，让你找不着我。

那我就变成老爷爷，和葫芦娃住在一起。

我要变成一个台灯，让你找不着我。

那我就变成一张桌子，让台灯放在桌子上面。

我还要变成蛮蛮！

那我就变成蛮蛮的妈妈，把你抱住！

这是今晚和竹笛之间进行的一场对话，前天我们刚一起看了绘
本《逃家小兔》，所以一开始他提起一句我接下一句，他就能明白

"典"出何处，并能举一反三，模仿《逃家小兔》的对话开始了自己的一系列"变身"计划。这是第一次尝试用日常生活的对话来温习阅读过的绘本。效果特别好，孩儿意犹未尽，说妈妈我们明天还玩变身游戏吧。

儿童教育理应是随风潜入夜润物细无声的，长久的陪伴是关键。前天幼儿园老师反馈说，孩儿从入园时爱皱眉头到现在爱说爱笑，进步很大。在老家期间，孩子和爱犯愁的奶奶长期在一起耳濡目染而来的习惯，纠正它用了我三个月的时间。看到孩儿现在爱唱歌爱跳舞爱说爱闹，心事一片阳光明媚，心里宽慰极了。

亲子故事｜绿老鼠的故事　　　　　　　　　2016 年 11 月 10 日

回家路上，以竹笛为主导方，合作了一个故事，根据录音整理如下：

我： 现在欢迎蛮蛮小朋友给我们讲一个故事！

竹笛： 大家好，我是蛮蛮，我要给大家讲一只绿色的小老鼠和一只黄色的大笨猫（的故事）。

我： 欢迎欢迎！

竹笛： 有一天，一个绿老鼠跑出来，一个白花猫跑出来，他们两个在打架，打打打，小老鼠拿一个骨头，哐！大笨猫拿一个铁铲，哐！（大笨猫）把小老鼠的脸挖破了！

这时候老鼠妈妈和老鼠爸爸出来了，然后老鼠爸爸看到（小老鼠）流血了，就一把把猫的铲子给弄坏了，变成了一个大圆球，把大笨猫给扔到一个泥土里。

我： 扔到泥土里以后怎么办呢？

竹笛： 老鼠妈妈就把小老鼠的脸上涂了一个白乎乎的唇膏，这边也涂了一个白乎乎的唇膏。

我： 然后呢？

竹笛：然后没有了。

我：大笨猫被埋到土里了以后怎么样了？

竹笛：也没有了。

我：那小老鼠以后怎么样了？

竹笛：第二天，小老鼠起来一把把铲子给挖出来，把大笨猫脸上又挖破了一顿。

我：噢，那大笨猫——

竹笛：大笨猫生气了，大笨猫打不过小老鼠，小老鼠是世界上最厉害的！

我：小老鼠是世界上最厉害的动物啊？那大笨猫灰溜溜地回家了是吗？

竹笛：是的！

我：那这只绿色的小老鼠叫什么名字啊？

竹笛：叫 JERRY！

我：大笨猫叫什么名字呢？

竹笛：大笨猫叫 TOM！

我：那你这个故事叫什么名字呢？

竹笛：叫 AXITOTONA！

亲子故事 | 梦里的动物园及七彩花　　　　　　2016 年 11 月 13 日

周末两天和孩子一起做彩泥动物。我做了一只鸟。竹笛做了一只粉红色的眼镜蛇。这是幼儿园安排的课后作业，一时兴起就和竹笛一起做了这许多。别人家小朋友大多是按模板做的，我们的感觉有创意，有故事。自己点个赞！

今晚讲了三个故事才把娃哄睡，一个是以白天的动物彩泥为素材的。简单记录一下：

我：从前，有一个小朋友，他叫麦兜，麦兜非常喜欢捏小动物，有一天他捏了蛇、老鼠、马、牛还有狮子啊大象啊好多好多小动物，他把他们都放在柜子里。晚上睡觉了，麦兜梦见自己来到了一个动物园里，动物园里好多漂亮的动物啊。有狮子啊大象啊牛啊小白马啊，他们一看见小麦兜来了，就都和他打招呼。

"麦兜麦兜你好啊！"小麦兜很好奇："你们怎么都认识我啊？"小白马笑了："因为你是我们的小主人啊！"小老鼠也说："我本来是黏土，是你把我变成现在这个样子的。小麦兜，谢谢你！"

小麦兜在动物园里玩得开心极了。第二天早上，麦兜醒来，发现动物园的动物们又回到柜子里了！原来啊，只有当麦兜睡着的时候，这些动物们才会出现呢。

竹笛：就像我们的小马和小蜗牛一样。

我：那你现在也睡觉好吗？睡着了就可以梦见你捏的小白马了啊！！

竹笛（大写的 NO）：不行，再讲一个！

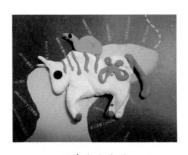 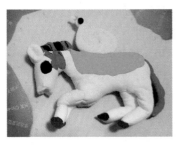

蜗牛和小白马　　　　　　　　牛和蜗牛

第二个故事是《七彩花》。

我：在一片草地上，有一朵非常美丽的花，它有七个颜色呢。有红色、绿色、黄色、蓝色、橙色、紫色、白色，每个花瓣的颜色都不一样。它叫七彩花。有一天，有一只小蝴蝶飞到草地上玩。他玩得太开心了，都没有注意天下雨了。啊呀，这可怎么办呢？小蝴蝶很发愁，下雨了怎么回家啊？七彩花看见小蝴蝶发愁的样子，说："别担心小蝴蝶，我送你一朵红色的花瓣吧，它可是一把漂亮的雨伞呢！"小蝴蝶感谢了七彩花，打着花瓣伞飞回家了。

又过了一天，一只小蚂蚁来到了草地上玩耍，他玩着玩着累坏了，就想睡一个午觉。可是，没有被子盖会不会感冒呢？七彩花说："小蚂蚁，别担心，我送你一朵紫色的花瓣吧，它可是一床很舒服的棉被呢！"小蚂蚁感谢了七彩花，在草地上盖着紫色的花瓣被子睡着了。

竹笛：又过了一天，一只短尾巴的恐龙走了过来。他转晕头了妈妈。

我：七彩花说："别担心，小恐龙，你到大树下休息休息吧，我送你一个黄色的花瓣，它可以盖在你的眼睛上，它可是一个漂亮的眼镜呢。"小恐龙感谢了七彩花，拿着黄色的花瓣眼镜走过去了。

竹笛：又过了一天，来了一条小蛇。妈妈，这下是什么颜色的花？

我：小蛇口渴了，七彩花说："别担心，小蛇，我送你一个绿色的花瓣吧，花瓣上有露水，你可以喝掉它。"小蛇感谢了七彩花，拿着绿色的花瓣水走了。

我：又过了一天，来了一只小松鼠，小松鼠饿坏了，到处找松果吃，七彩花说："别担心，小松鼠，我送你一朵橙色的花瓣吧，它可是美味的点心呢。"小松鼠感谢了七彩花，拿着橙色的花瓣点心也走了。

竹笛：妈妈，还剩下什么颜色的？

我：还剩下蓝色的和白色的花瓣。这一天，小麦兜来到了草地上，他看到了七彩花，他非常喜欢七彩花，七彩花说："小朋友，我送你一个蓝色的花瓣吧？它可是一个非常棒的枕头呢，晚上你可以做一个美丽的梦。"小麦兜拿着蓝色花瓣也高高兴兴地回家了。这时候，七彩花还有什么花瓣啊？

竹笛：还有一个白色的。

我：这时候，突然刮起了大风，把最后一个白色的花瓣给吹走了。七彩花现在一个花瓣也没有了，它现在变得很难看。它变成一个光秃秃的花了。

第二天早上，小麦兜又来看七彩花，他看到七彩花光秃秃的，心里好难过啊。他说："七彩花，我要给你重新做一个美丽的花瓣！"过了几天，小蛇、蝴蝶、松鼠、恐龙都回来了，每个人手里都拿着一个彩色的花瓣，这是他们亲自用布做的！他们把花瓣都送给了七彩花。七彩花又变成一朵美丽的花了！这个故事讲完了～

……

竹笛也讲了一个故事：有一天，一只白马在路上遇见了一只黄色的小蜗牛。小蜗牛拉了一个臭臭。白马一把把臭臭踢得远远的，后来，他们又遇到了一只牛和一个橙色的小蜗牛，他们就一起吃草了。

亲子故事｜白绳子的故事   2016 年 11 月 20 日

竹笛哥哥睡前故事的命题越来越变幻莫测了，今晚的话题竟是"绳子"和"蛋糕"。简单记录一下。

从前，在一个村庄里，住着一个老爷爷，老爷爷家有一根长长的白绳子。这是一根神奇的绳子。为什么说它神奇呢？有一天，有一个小偷在晚上偷偷溜进老爷爷的家。小偷想把老爷爷养的大白鹅抱走。这时，老爷爷拿着神奇的白绳子出来了。"白绳子，变变变！"老爷爷嘴巴里念起了咒语。刚念完，白绳子变成了一条白蛇。白蛇一下子飞了起来，把小偷的腿狠狠地咬了一口。"啊呀！"小偷疼得大叫起来，赶紧放下大白鹅，逃走了。

"这时候，白蛇怎么样了呢？它变回绳子了！"竹笛说。

对，白蛇又 PIU PIU 地变成了白绳子啦。又有一天，一个强盗来到老爷爷家，他要把老爷爷的粮食抢走，怎么办啊？神奇的白绳子又出来了！它越变越长越变越长，啊，它把强盗捆住了！这时候老爷爷出来了，他问强盗："你为什么自己不种粮食，来抢我们的啊？"强盗的脸都羞红了……这个白绳子厉害吧？嗯，这个故事讲完了。

第二个故事讲的是一个小姑娘吃蛋糕时掉进了一个戒指，后被小老鼠捡到，纷纷猜测这是什么东东的故事。略。

无意义的事　　　　　　　　　　　　　　2016 年 11 月 24 日

昨晚讲绘本，我有点儿伤感："妈妈小时候都没有这么多图画书看，一本都没有。""没关系的妈妈，我的图画书可以借给你看啊……"

早上送他上学，一个男人拎着几袋东西赶在我们前面飞速跑下楼梯。"这个叔叔的垃圾碰到了栏杆。"竹笛点评道。"啊，你说什么？"我完全没有注意到，脑子里只有赶快送他上学这一个念头。

吃饭路上，看见被挤弯的桩子，他说这是月亮。"妈妈，我们的月亮好好玩呀。"

 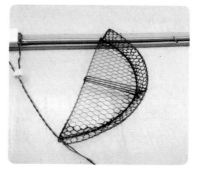

铁柱"月亮"　　　　　　　　　　铁网"月亮"

饭店里，看见墙上挂的折叠的蒸笼，他也说，这是一个月亮。而我压根没有留意。

小孩子真是喜欢这些无意义的事啊。在这些"无意义"的事物中，感受着生活的趣味。

不一样的卡梅拉　　　　　　　　　　　2016 年 11 月 28 日

睡前孩儿吵着要"光不溜溜"睡，心里一直担心他蹬被子，睡不安稳，刚才不知怎么就醒来，看到他果然就像一条小鱼一样，把被子踢得远远的，赶紧把睡衣给他穿上。一时竟又睡不着了。

一天讲五六本图画书，一晚讲三个"自己的故事"，真是很累的事。今晚编了个说辞，说妈妈肚里的故事小精灵也要过星期天，明天再接着讲故事。小家伙竟然相信了。一想到这些天真无邪的信任，又叫我心里感动，还是要坚持下去。

睡前陪孩儿看图画书《不一样的卡梅拉》，一口气讲了六本。这套书非常适合幼儿读。好的童书作者，都是深切理解儿童心理的人，自己先有一颗不老的童心，用心讲故事，用童心绘图，作品才能引起儿童的兴趣。一句话：少说道理，多一些纯粹的天真。就是要讲道理，也应该像水果果冻一样，将水果的汁水融进去，而不是放一块果皮在上层煞风景——经典多"想象自己是儿童"而非"我要教育儿童"。

《小鹿斑比》　　　　　　　　　　　2016 年 12 月 4 日

昨晚睡前给竹笛讲《小鹿斑比》。

小鹿斑比和妈妈在草地上玩耍，这时候，猎人来了。在逃跑的时候，鹿妈妈被猎枪打中了膝盖，她摔倒了。"斑比，你快点儿跑，用你最大的力气跑，不要管我，不要回头看，直到你跑进灌木丛，跑到安全的地方。"可是，妈妈摔倒了，她跑不动了，留在这里很危险，要是被猎人抓到怎么办呢？小鹿着急地看着妈妈。

"宝宝，小鹿决定自己一个人往前跑还是留下来陪妈妈呢？"我把这困境抛给孩儿，想看一看在这两难的选择面前他怎么办。竹笛不说话，好像在认真地思考，这几秒钟里，我竟然有点儿紧张，有点儿伤感，无论哪一个选择，都是不完美的，都会有伤痛。没多会儿，孩儿激动地说："妈妈，小鹿拿绳子把猎人捆起来！！这时候，蛇也来了，把猎人的脚狠狠地咬了一口！！"

我笑了，觉得意外又特别欣慰。

"小鹿接着吹起了口哨，他把所有的好朋友都呼唤到身边，大象来了，山羊来了，兔子来了，松鼠来了……大象用长鼻子一把把猎人卷得高高的，松鼠用松果砸猎人，山羊用它的角顶猎人。最后，他们终于把猎人赶跑了！猎人再也不敢来森林里做坏事了。"

"这个故事讲完了！"竹笛开心地说。

愿望　　　　　　　　　　　　　　　　　　2016 年 12 月 6 日

今晚八点半开始讲故事，讲了四个，刚终于哄睡了。都是《鹅妈妈故事集》里的，重点讲了"三个愿望"的故事。

这个故事大意是：一个樵夫得到天神垂青，可以实现三个愿望。樵夫和妻子想来想去，不知许什么愿望好，结果醉意朦胧间樵夫要了一根香肠，被妻子臭骂一通，樵夫气急败坏中让香肠贴到妻子鼻上拿不下来了。轮到第三个愿望之际，樵夫问妻子："你是愿意做一个国王的香肠鼻王后呢？还是做一个樵夫的正常的妻子呢？"最后他们开开心心许了第三个愿望：拿走香肠。两人又回到原来的状态，什么也没多，什么也没少，不，多了快乐，少了抱怨。

讲完后，问竹笛："如果你可以实现一个愿望，你愿意向天神要一大堆玩具但是得有一个香肠鼻子，还是愿意要一个正常的鼻子但不给你玩具呢？"长长的绕来绕去的问题竹笛哥哥竟然听明白了，他郑重思考了一会儿，答："妈妈，我不要香肠鼻子，我已经有玩具了！"

好小子，经受得住诱惑了！

心里的话　　　　　　　　　　　　　　　　　　　　2016 年 12 月 11 日

今晚"应邀"一起看了三本图画书又讲了女娲补天、挪亚方舟两个故事后，竹笛哥哥终于眯眯瞪瞪犯瞌睡了。睡了一会儿，他又想起来什么似的，跟我聊天：

超人妈妈，我想快点儿长大。

为什么想快点儿长大呢？

老师教的歌里说的呀！

嗯，妈妈告诉你，你要说自己的话，不要说别人的话，记住了吗？

记住了。

过了一会儿，又起来和我聊天：

超人妈妈，幼儿园不好玩。

哪里不好玩呢？

"娃娃家"不好玩。拼插区不好玩。

嗯，老师讲故事好玩吗？

没有妈妈讲得好玩。

……

这应该是"心里的话"了。讲了三年睡前故事，换来一句"好玩"的评语，心中甚慰。

亲子故事丨下雪天，田鼠找食物　　　　　　　　2016 年 12 月 13 日

今天整理近日购买图书，前后约二三百册。将书架上久不看之书收起，放入将要看和新买的书。小时候，直到小学毕业，才有机会借阅到图画书。那种急切的匮乏感，大概是我的小竹笛不会体会到的了。

今晚睡前一起看《威廉先生的圣诞树》，孩儿非常喜欢，让我讲了两遍。又看了《古伦巴幼儿园》，也是一本非常贴合幼儿心理的绘本。后又看"开车出发"系列中的两本。后又讲了一个故事，方才睡了。我俩编的故事如下：

我：森林里下了一场大雪。漫山遍野的雪花遮住了一切，大树上，田野里，到处都是雪花。这时候，小田鼠一家过冬的粮食吃完了。怎么办呢？饿肚子可不行啊，田鼠爸爸田鼠妈妈开始商量怎么去找食物。小田鼠说："爸爸妈妈，我长大了，让我下山去找吧！我知道山脚下有一户人家，他们的厨房总是香喷喷的。"爸爸妈妈同意了。于是小田鼠出发了，他走了长长的路，身上都变成白的了。终于，小田鼠来到了山脚下。这家人家的厨房里有好多食物啊，有饼干啊，馒头啊，面包啊，小田鼠看得肚子咕咕叫。可是这时候，小田鼠发现厨房里有一只大猫。这可怎么办呢？

竹笛：小田鼠就走过去，跟大猫说："猫，我可以进厨房拿点儿食物吃吗？"

我：可是猫和田鼠是敌人啊，你这样走过去，猫会吃掉小田鼠的——怎么办呢？小田鼠就在门外等，过了一会儿，主人喊猫去吃鱼了，小田鼠就赶紧走到厨房里，拿了几块饼干，回家了！爸爸妈妈看到小田鼠回来，高兴极了。他们吃了饼干，肚子不叫唤了。

过了两天，饼干吃完了。田鼠一家又饿肚子了。这回小田鼠去哪里找食物呢？上次小田鼠偷了饼干，大猫肯定发现了——（我本想讲一个猫鼠斗智斗勇的故事）

竹笛：小田鼠把树上的雪弄掉，树上的苹果就可以吃啦！他把雪摇下来，爬上树，摘了苹果回家。

我不忍心告诉他树上没有苹果，于是称赞道："这真是一个聪明的主意啊！田鼠爸爸和妈妈也来帮忙摇雪了，他们一起摘了好多苹果。他们吃得肚子饱饱的了。这个故事讲完了。"

亲子故事｜小麦兜的饼干小屋　　　　　　　2016 年 12 月 13 日

晚上路过蛋糕店，看到一个饼干小屋，竹笛十分喜欢，央我买了，回家后却不吃，只手中摩挲，问他原因，答曰："我舍不得吃，我要给超人爸爸看一看。"睡前于是让我讲一个饼干小屋的故事。记录如下。

我：从前，有一个小朋友。他叫小麦兜。小麦兜住在森林里，他的房子是木头做的，已经很破旧了，刮风的时候，风会从门缝里挤进来，把门窗吹得呜呜地响。可是小麦兜仍然喜欢他的木头小房子。他在房子周围种了花草，种了胡萝卜，他把他的小房子打扮得很漂亮。

这天晚上，森林里下了很大的雨。小木屋的屋顶都开始漏雨了，小麦兜就拿了盆子接雨。这时候，突然有人咚咚咚地敲门。"是谁呢，下雨天来我家？"小麦兜很好奇。"是我！小麦兜，我是你的邻居长耳朵兔子啊，我的家被雨水淹了，我可以到你家躲躲雨吗？"小麦兜打开门，只见长耳朵兔子身上湿淋淋的，冻得发抖。小麦兜赶紧拿来毛巾给兔子，让他睡在自己的被窝里。过了一会儿，兔子就浑身暖洋洋的了。

小麦兜正和兔子聊天呢，又有人敲门了。是谁呢？原来是一只小鸟。小鸟缩着脑袋说："小麦兜，我的窝被风刮掉了，我没有地方住了呜呜。""小鸟别难过，快到我的房子里来吧！"于是小麦兜让小鸟也睡到了自己的被窝里，让他暖暖翅膀。

他们三个正聊天呢，又有人敲门了。是谁呢？

竹笛： 葫芦娃来了！

我： 葫芦娃住的葫芦房子被风刮得摇摇晃晃的，他也来小麦兜家躲雨来了是吗？小麦兜把葫芦娃也让进房子。过了一会儿，又有人敲门，打开门一看，原来是一只刺猬！刺猬说："麦兜哥哥，我好冷。""可怜的小刺猬，快进来暖和暖和吧。"小麦兜让刺猬也到被窝里住下了。

最后，来了一个老爷爷，老爷爷胡子长长的，老爷爷敲门进来时，小麦兜的床已经住满了。小麦兜就拿来一个椅子，让老爷爷坐着。老爷爷说："小麦兜，你真是一个好孩子。小麦兜，你最喜欢吃什么？""饼干！爷爷，我最喜欢吃饼干！"

整个晚上，虽然森林里一直在下雨，小麦兜和老爷爷、小刺猬、小鸟，还有长耳朵兔子、葫芦娃他们一起聊天，他觉得非常快乐。

第二天早上，小动物们被一阵香味惊醒了，哪来的香味啊？甜丝丝的，香喷喷的，真好闻呀！长耳朵兔子最先起床，它蹦下床时磕到了床沿，可是一点儿也不疼，这床怎么还香喷喷的？啊，原来床变成了饼干床了！小动物们四处摸，四处看，发现整个房子都变成饼干房子了！

竹笛： 就跟我们的饼干小屋一样！！

我： 是啊，就跟我们的一样，小麦兜和小动物们早餐吃了什么呢？他们吃了一个饼干椅子！从此以后，他们就住在这个饼干房子里了。这个故事讲完了！

竹笛： 妈妈，我想我的饼

饼干小屋

干房子变大，我想住到我的饼干房子里。

我： ……故事讲完了，快睡觉……

亲子故事｜贝贝和哇西塔的故事　　　　　　　　　　2016 年 12 月 17 日

今晚讲了两个故事，一是《贝贝和哇西塔》，二是《羊和蜘蛛》。简单记下故事一。

我： 从前，有一个小姑娘，你给小姑娘取个名字好不好？

竹笛： 叫贝贝！

我： 贝贝养了一只鹅，这只鹅叫什么名字呢？

竹笛： 哇西塔！

我： 小姑娘和大白鹅是非常好的朋友，她每天都带着大白鹅一起去河边的草地上吃草，大白鹅哇西塔吃饱了，喜欢到河里游会泳，小姑娘贝贝就在河边看。哇西塔有着白白的羽毛，红红的嘴巴，黄黄的脚，在清水里游来游去的时候特别好看。贝贝很喜欢看哇西塔游泳。

竹笛： 贝贝会游泳吗？

我： 贝贝不会，有一天，他们在回家的路上遇到了一只凶恶的大狗。大狗汪汪地叫着想要咬他们。贝贝说，哇西塔快跑！贝贝个子小，她抱不动哇西塔呀，她只好让鹅自己跑。可是大狗越来越近，就要追上他们了！这时候，大白鹅突然说话了，他说："贝贝，快到我的背上来，我带着你飞到天上去！"贝贝高兴极了，赶紧骑到鹅的背上，抱住大鹅的脖子，他们就飞了起来，没一会儿，大狗就被他们甩到后面去了，再也追不上他们了！

大白鹅带着贝贝，一直飞啊飞，飞到了一个森林里，森林里有一棵大树，他们在这棵树下停了下来。树身上有一个狭长的洞口，哇西塔说："贝贝，这洞里面有一个秘密花园，我带你进去玩一玩吧。"洞口很小，刚好他们可以钻进去。可是等到大白鹅和贝贝进了树洞一看，哇，里面好宽阔呀！是一个很大很大的花园，有五颜六色的花，还有各种树木，还有小动物呢，他们就在花园里散步，这时候，贝贝他们看到了什么小动物呀？

竹笛：啄木鸟！

我：一只啄木鸟正躺在椅子上晒太阳呢，这个椅子是一个蘑菇做的，看起来非常舒服。"你好，啄木鸟！"贝贝说。啄木鸟看了他们一眼，笑了一下，又继续晒太阳了。贝贝和大白鹅继续往前走，他们又看到了什么了？

竹笛：蜘蛛！

我：他们看到一只蜘蛛在织网呢！"你好，蜘蛛！"贝贝说。蜘蛛向他们笑了笑，又继续织网了。大白鹅和贝贝继续向前走。他们来到一个池塘边，池塘里的鱼儿正在游泳呢。贝贝和大白鹅挥着手说："你好，小鱼儿！"这时候，又看到什么了？

竹笛：大暴龙！

我：一只大暴龙突然出现了，花园里突然安静了下来，啄木鸟、小鱼儿、蜘蛛都藏了起来。大白鹅赶紧带着贝贝，扑棱棱飞到了身边的一棵大树上。大暴龙谁也没找到，灰溜溜地走了。后来，贝贝和大白鹅就用树枝还有各种颜色的花还有青草做了一个漂亮的树上房子，他们在花园里玩了一天，又玩了一天，才飞回家。这个故事讲完了。

讲完故事后，竹笛也给我讲了几个。

1. 有一天，猫和蛇在打架。猫拿着一把刀，蛇拿着一个铲子，嚓嚓嚓！猫把蛇砍断了，然后把蛇吃了。这个故事讲完了。

2. 有一天，鱼碰到了螃蟹。鱼说："快来快来，喝酒酒！"螃蟹说："鱼，我不会喝酒！"螃蟹不喝酒，他给鱼倒了一杯。鱼喝醉了。蛇来了，把螃蟹捆住。谁都没来救螃蟹。这个故事讲完了。

3. 从前，牛是不会说话的。这个故事讲完了。

扮演游戏　　　　　　　　　　　　　2016 年 12 月 20 日

一个月来孩儿第一次没有主动要求讲故事就睡着了。睡前，和竹笛爸爸一起和孩儿做扮演游戏。三个人各自扮演一种动物。每个人都尽情投入，我扮演鳄鱼，便作匍匐状作咬人状，孩儿扮演蛇，发出嗞嗞之声，我做躲闪状，爸爸扮演马，供孩儿骑背。后我敷面膜，因是黑色的便假扮小黑猫，逗得小家伙咯咯大笑。平常，大多是我一个人哄他入睡，爸爸不是工作就是在客厅看电视，而且我们总觉得哄睡不必两个人一起花费精力。如今看来，竟是错的。

睡前不能总是沉浸在虚幻的故事王国里，一家人的亲子游戏时光也很重要，需要专门安排时间。

织网　　　　　　　　　　　　　　　2016 年 12 月 21 日

上一秒钟还在庆幸自己找到了一个平衡之道，成功调动起了竹笛的独立能动性，让我得以静静读书一小时。然而再回首之际，房间已成蜘蛛洞府举步维艰——他将几团绒线一把拆开，门把手凳脚诸处打结，来来回回织网……呵呵，我要保持微笑，修身养性的机会到了。

小人国　　　　　　　　　　　　　　2017 年 1 月 7 日

竹笛孩儿好像生活在小人国里。一片电脑清洁布是他的好友葫芦娃的被子，卧室床头的装饰凹槽是滑梯，画册中间的活页环是长长的火车轨道，圆形积木上的两个卡扣正好组成了饭桌和餐碗。尿不湿，对，两片储物袋里的尿不湿，恰好是两个葫芦娃的小摇篮，大哥睡在左，二哥睡在右。他拿起空的擦脸油的盒子，放在耳边："喂！是妖精吗？你要乖乖的哦！不要欺负葫芦娃哦！听到没有？！"

昨晚的故事和今天的梦　　　　　　　2017 年 1 月 16 日

记一下昨晚竹笛讲的故事。

1. 绿色的花和红色的花。从前，草地上有一个绿色的花。一个小鸟来了，小鸟说："你真美啊，绿色的花！"绿色的花说："有很多和我一样的花，她们也很美啊！"要是刮风把花瓣吹跑了怎么办呢？小鸟就用羽毛把绿色的花抱住，不让她吹跑。狐狸也来了，他喜欢红色的花。他们都把花带回家了。

2. 小白兔和紫色的花。从前，在草地上有一个紫色的花，这时候一个小白兔来了，她摔倒了，紫色的花哈哈哈笑了："摔倒了还不赶快爬起来呢，羞羞羞！"紫色的花就扶起小白兔，带她去医院，医生是一个七彩花，七彩花给小白兔一个蒲地蓝消炎液，他们给小白兔抹上药水，小白兔就治好了。

3. 橙色的花和小狐狸。小狐狸喜欢橙色的花，他每天都给她浇水，橙色的花叫来一个快递叔叔，给小狐狸送了一个盒子。盒子里装着一个生日蛋糕！

早上，赖床的竹笛醒来告诉我他的梦，梦里也在讲故事:《小象打败妖精》。小象拿着一个神奇的剪刀，小象说："剪刀剪刀，快把妖精打败。"小象把妖精的魔镜砸碎了，把妖精的尾巴剪掉了，扔到了山底，把葫芦娃都救了出来——这应是白天读的书《花园小象波米诺》和葫芦娃的梦境呈现了。

大灰狼和兔子的故事　　　　　　　　2017 年 2 月 23 日

上学路上。

妈妈，你给我讲一个大灰狼和兔子的故事？

声情并茂讲了无数个细节丰满的故事之后，竹笛妈妈开始做减法：从前，森林里有一只大灰狼，有一天它饿了就出门找食物吃。它看见了一只兔子，啊呜一口就把兔子吃了。这个故事讲完了！

竹笛：这个故事太短了！我不要兔子这么快被吃！

我：那你来救救它吧？

竹笛：兔子拿起一块大石头，啪地砸到了大灰狼的身上，然后赶紧跑走了。它没有被吃掉。

我：大灰狼没吃到兔子，它只好继续找食物，它又看到了一只松鼠，啊呜一口把松鼠吃掉了。

竹笛：不，松鼠也没吃掉，松鼠蹭蹭爬到树上去了！

我：大灰狼继续走，它看到了一只羊，啊呜一口把羊吃掉了。

竹笛：羊也没被吃，羊拿树枝把大灰狼挡住，然后跑走了……妈妈你再给我讲一个老虎和狐狸的故事。

……

终于，幼儿园到了！

造句练习　　　　　　　　　　　　　　　2017 年 2 月 27 日

竹笛今日"造句"：

　1. 钓鱼

妈妈，我小时候特别喜欢钓鱼，我拿着一个水桶，拿着一个鱼竿，我的鱼竿往上一拉，一条大鱼钓了起来！大鱼在地上噼噼啪啪地摔跤呢。

　2. 过年

妈妈，我小时候特别喜欢过年放鞭炮。我看到一些草莓就说，我要买草莓，我要买草莓，爸爸就给我买了。我看到了一些对联，过新年要贴对联，还要放烟花！放鞭炮！吃好吃的！我不喜欢过年，因为过年有一些大怪兽。

五

爱读书的娃娃

Again？Mummy！　　　　　　　　　　　2017 年 3 月 30 日

　　方才孩儿梦里咯咯笑出声来，把我惊醒了，因为什么笑呢？梦见了小恐龙吗？睡前一起读这本《Again》的绘本：睡觉的时间到了，可是小绿龙不想睡，它拿着一本书让妈妈讲故事，第一次妈妈很有兴致地把小绿龙抱在怀里，一起专心地阅读，讲完后小绿龙意犹未尽："再来一次吧妈妈？"妈妈又讲了第二遍，讲完了，然而小绿龙拉着妈妈的尾巴不让走："再讲一次吧妈妈？"妈妈神情倦怠地讲了第三遍，然而还有第四遍，妈妈这下熬不住了，呼呼打起了瞌睡，小绿龙气得变成了小红龙，鼻子冒烟，喷出火来，把手中的书烧了一个大洞！……

　　孩儿听这书听得专心致志，不时哈哈大笑，讲完后不出所料，开始学小绿龙的口吻一遍又一遍说："Again mummy? Again mummy?"然后我把这个恐龙妈妈讲了四遍的故事也讲了四遍……

　　睡前，孩儿说："妈妈，我喜欢这只小恐龙。""为什么呢？"我问。"因为它让妈妈一遍又一遍地讲故事！"——就像他平时一样，小恐龙就是他自己，或者说他找到了一个知己。这让我很开心。

《Again》封面

　　童书虽多，但大多是写到大人心里去的，像这样写到孩子心里去的，就很少见。作者是一位妈妈，有长期共读的经验，所以才有这个看似普通实则精妙的绘本。推荐～

春天里的一天　　　　　　　　　　　　2017 年 4 月 16 日

　　昨儿幼儿园办跳蚤市场，事先问过孩儿，谁知他玩具书籍都舍不得卖。于是折了一船小飞笼，成功卖出，得四元六角钱，买回来一个长火车，一个小汽车，一个长卡车。可谓满载而归。

傍晚，竹笛拿着在跳蚤市场买的玩具车在楼下玩得正嗨，一个两岁多的小男孩走过来，伸手就要拿其中一个。竹笛立即用手臂环住玩具车，表情严肃，不让小男孩碰。我在一边有点儿担心地看着，怕他不小心推搡到小朋友。"你应该经过我的同意！"竹笛大声说，"你应该跟我说，我可以玩你的玩具车吗？"小男孩懵懵的，呆立不动，不敢上前也不退后。这时候他爸爸走过来，鼓励他说："你要先问问哥哥。"小男孩于是奶声奶气地问："哥哥，我可以玩你的车吗？""可以的！"竹笛爽快答应了，两人愉快地玩耍了好一阵。我心甚慰，觉得娃沟通能力不错。

然而，旁观者清，当局者迷。随后自己即"受教"了。睡前给竹笛洗澡后，小屁蛋泼猴一样不肯穿衣服。我于是警告说："快穿衣服！不然感冒了！医生阿姨要给你打针的！"不听，依然故我。继而改成威胁："你穿不穿？！不穿打屁股了！"不听！继续翻跟头。过一会儿，忽然笑眯嘻嘻地看着我："妈妈，你应该说，你可以把你的睡衣穿上吗？这样我就穿啦！"

我微笑着："你可以把你的睡衣穿上吗？"（心中暗暗佩服）

"嗯——嗯！"犹豫着想继续赖皮然而终于觉得不能失信继之爽快地答应了！还不忘叮嘱："妈妈，下回你要记得这么说噢！"

接下来讲故事。这次让我选题目，"牛郎织女""叶公好龙""掩耳盗铃"，十来个简单的好忽悠的故事都听过了不愿意再听。唯有"亡羊补牢"，希望再听一次。于是就讲这个，讲的过程中觉得真是一个好的绘本改编素材啊，学了文学又同时学了数学。讲罢，开始谈闲天。聊起上午的跳蚤市场活动。

"妈妈，我今天怎么没有发现崔老师啊？"

"大概崔老师有事吧，所以没来。"

"你最喜欢你们班哪位老师啊？"随口一问，以为答案肯定是崔老师，刚才他那么问了嘛。

"王老师！"

"嗯，为什么喜欢王老师呢？"

"因为我今天给王老师身上撒了好美好美的花瓣！一大片的花瓣！满天都是花瓣！"

这答案真让我意外。今天去跳蚤市场路上，在一棵花树下捡了许多花瓣，放纸船里带上了。活动过程中，乘王老师不注意，浑小子一把把纸船里的花都撒到了老师身上。

对这一行为，我的反应是抱歉，一是弄乱了场地，二是惊了老师。然而没想到，在孩儿心中，那么大半天过去，睡前还记得这么美好的一个画面——我想，有时候，"不乖"的孩子或许会有更多的快乐。

纸船里的花瓣

长颈鹿老师　　　　　　　　　　　　　　　　2017 年 4 月 29 日

睡前读《长颈鹿不会跳舞》，书中提到长颈鹿收到动物们的帮助后向大家鞠躬致谢，竹笛问我："妈妈，鞠躬是什么意思？"于是示范给他看，说这是向他人郑重表示感谢之意。他淡淡点了点头，表示明白了。

晚上玩积木，搭了好几个款式送给我。我说谢谢你做了这么多礼物给我，话音刚落，竹笛已从积木堆中站起，右手轻放腰间，弯腰低头一鞠躬："妈妈，谢谢你对我的夸奖！"一惊。赶紧转移话题："今天积木就搭到这里吧，我们吃点儿苹果就睡觉好不好？""好的，没问题！妈妈，谢谢你给我削苹果！"又是一鞠躬！

看来我得感谢长颈鹿驯化了我家的小野人。

夜谈　　　　　　　　　　　　　　　　2017 年 5 月 13 日

睡前聊天，因为看小红帽的故事，就聊起了相关话题。

我：儿子，生活中充满了危险。有很多的坏人，都是大灰狼变的。

竹笛：有好人，也有坏人。

我：嗯……

竹笛：孟子墨是不是坏人？（十分有底气地）

我：当然不……

竹笛：生活中充满危险，比如你不能走在路上，跳进海里，因为你会被鲨鱼吃掉。

我：我不会跳进海里的……生活里有好人，也有坏人，对我们不认识的人，不熟悉的人，不能相信知道吗？

竹笛：嗯，有很多人是大灰狼变的。但是，也有好人的，妈妈。

心里很是感动。对于悲观主义者的我来说，第一次感觉到从儿子这里真正上了一课。

永远爱你　　　　　　　　　　　　　　2017 年 5 月 15 日

"妈妈，遇到任何事我都会爱你的，妈妈。"睡前故事结束有一阵了，黑暗里等待入眠，竹笛突然翻身起来，到我耳边说。我会永远记得这句话。

甜言蜜语 　　　　　　　　　　　　　　　　　　2017 年 5 月 29 日

　　睡前聊天。

　　我问：等你大了，有一天妈妈走不动了，艾迪也走不动了，你背谁呢？

　　笑答：我谁都不背，我也走不动了！

　　这答案让我笑了半天，每次遇到两难选择，他都狡猾地躲开。

　　昨晚聊天。

　　我问：妈妈和艾迪的妈妈，谁好看？

　　答：我的妈妈好看！

　　啊，真的吗？（艾迪的妈妈是个大眼美女）

　　是啊！我的妈妈整天笑，所以我的妈妈最好看！

　　这答案让我感动了半天，他全不记得我的凶了。

　　刚听到他说梦话，他说："妈妈你是世界上最好看的妈妈！"——梦里还和我聊天～

　　一切的辛苦都值得。

妈妈，对不起 　　　　　　　　　　　　　　　　　　2017 年 6 月 2 日

　　妈妈喝水……于是我又醒了。

　　想起昨晚睡前看的一本书，非常值得推荐一下。读到书中讲生日那页，我解释说："生日就是小娃娃出生的日子，离开妈妈肚子的日子，这会儿妈妈的肚子会非常疼。"

　　"妈妈，我生日的时候你肚子是不是也疼？"

　　"当然，疼了一天呢。"

　　"妈妈，对不起。"他说。

总是在疲惫的时候来一句甜蜜的安慰，让你感动得目瞪口呆……

竹笛日记 | 快乐的一天　　　　　　　　　　　　2017 年 6 月 8 日

最近着力引导竹笛养成"写日记"的习惯——由他口述，我记录。这是第一篇：

从今儿起，开始记日记喽！

今天的奶酪好好吃啊！太美味了！奶酪是崔老师从一个绿色的袋子里拿出来的，袋子上面还有一个小人，一个长着丑丑的圆头的小人，崔老师一人给了一个奶酪。每个人吃奶酪的样子都是不一样的。我是一下子就吃完的。崔老师还切了西瓜呢，崔老师就这样咔嚓咔嚓地切了西瓜，然后她一人分了一片西瓜，大家都吃完了！

我还玩了糖果的游戏！用一个骰子甩一甩，骰子变成什么颜色我们就拿什么糖果。这是琪琪带我们一起玩的，琪琪是个男孩子，短头发，他的眼睛是小一点点儿的那种，和我们一起玩的还有蒙蒙、彩菲、果果，还有我。散步的时候我还唱了黑猫警长的歌，我今天还做操了。做操不好玩，玩玩具好玩，我玩了呼啦圈和皮球，呼啦圈转起来像个圆形，嗞嗞嗞——是这样轻轻的声音。皮球没什么好玩的。

孟子墨今天还没上学，这个讨厌的家伙！妈妈，我突然有一个想法，我想让所有的同学都骑在一个恐龙上来回走，我觉得这样很有趣。每个人都要扶紧恐龙噢，要不然就会扑通一声摔下来了。说完了。

竹笛日记 | 第一次做饼子　　　　　　　　　　　2017 年 6 月 10 日

今天我和妈妈学会做饼子了。首先我们拿一盆面粉，加水，搅，加水，再搅，再加水，再搅、搅、搅，面粉变成大疙瘩，后来变成糊糊，再拿勺子把它倒进做饼子的锅里，烤了一会儿，就做好了饼子。我做了小熊饼子、大象饼子和乌龟饼子，它们吃起来香喷喷的——首先把里面加上好多菜，然后卷起来啊呜啊呜地就吃了。

我今天还练习跳远了。从一个方格子跳到很远很远一个方格子那儿。今天有一个小弟弟来我家玩了，妈妈睡觉的时候我不睡，我和小弟弟一起玩，然后小弟弟回家了，我和他再见了。我们吃了一顿香喷喷的大美餐。我今天取了一个快递，是我的防晒霜。晚上爸爸妈妈给我玩摇摇椅的游戏，用被子把我放在中间，摇啊摇，摇起来舒舒服服的，像摇篮。

我今天看了《梦想家威利》《捉小熊》，还有《不一样的卡梅拉》，还有《神笔马良》，还有《大禹治水》。说完了。

亲子故事｜河洞里的宝石　　　　　　　　　　2017 年 6 月 11 日

早上竹笛醒来跟我说，他做梦梦见了宝石，还梦见了乌龟和小鱼。于是午睡时合编了这个故事。

我：从前，在一条小河里，住着一只小乌龟，这条河里还住着什么？

竹笛：还住了一条大龙虾，还住了一条小青蛇，还住了一条小红鱼，还住了一只老乌龟，还有其他小鱼。

我：它们都在这条河里快乐地生活，每天早上起来一起玩耍，晚上就回到河底各自的洞里睡觉。有一天，来了一只大螃蟹。这个大螃蟹非常大，两个大钳子很锋利，大螃蟹来这干什么呢？原来它发现了这条河的一个秘密。什么秘密呢？这条河底，有一个神奇的洞，洞里有许多的宝石，红的蓝的绿的都有，当晚上河面上的星光暗淡下来的时候，这个河洞里的宝石就开始闪闪发亮起来了，看起来就像天上的星星一样。平常啊，小乌龟经常和老乌龟还有好朋友们一起来这个洞里看来看去，每一块宝石它们都非常喜欢。

虽然大螃蟹是晚上悄悄来的，但河里的小动物们还是很快就知道了大螃蟹到来的消息，它们约好在一块大青石上开会，商量怎么办。开会的时候老乌龟爷爷说："今天我们要商量一个重要的事情，大螃蟹来抢宝石，我们是保卫宝石还是和他一起去拿呢？"

大龙虾说："我们也去拿吧，放在自己的家里当电灯用！"小乌龟说："我不同意，宝石是河洞里的，就让它们安安静静地留在那里，做我们的星星不是很好吗？"小青蛇说："我也不同意，把宝石拿走了，以后我们的河就黑乎乎的，再也没有亮光了，再说我们不能随便拿不属于我们的东西。"他们商量来商量去，最后听谁的？

竹笛：听小青蛇和小红鱼！

我：对了，它们决定保卫这些宝石，不让大螃蟹拿走，可是大螃蟹是个力大无穷的家伙，它们几个打不过螃蟹，怎么办呢？它们决定在宝石周围打上围栏，把洞围住，这样大螃蟹就进不去了。

竹笛：它们用大木头做围栏把宝石结结实实围住。

我：可是河里哪来这么多大木头呢？

竹笛：应该爬上岸啊！用一个光头强锯子！问熊二找锯子！

我（不想提熊二）：在这条河的岸边，有一个小朋友，住在一个小木屋里，小木屋周围有一个小花园，小花园就是用木头围栏围起来了的，所以小朋友家肯定有锯子对不对？

竹笛：对。

我：它们决定向小朋友求助。小乌龟他们就去敲门，说——咱们给小朋友取个名字好不好？

竹笛：叫粑粑！

我：不行，太难听了，小朋友不喜欢这个名字，我们叫他麦兜小王子好不好？小乌龟就跟麦兜小王子说："麦兜哥哥，我们遇到困难了，大螃蟹要来抢宝石，你可以帮我们砍一些木桩吗？我们要保卫宝石。"小麦兜答应了，砍了好多木桩给它们，然后小乌龟它们把木桩搬到河边，慢慢地推到河里，搬回了河底的家。然后用木桩把宝石团团围住！过了几天，大螃蟹来了，它使劲地用大钳子拔围栏，可是围栏太重了，大螃蟹根本拔不动。大螃蟹气得哇哇大叫！

竹笛：这时候来了乌贼，也来保护宝石了！乌贼也是小乌龟的好朋友！

我：乌贼也来了，喷出了好多臭屁，把大螃蟹熏倒了！这下大螃蟹灰溜溜地走了，再也不敢来了！乌龟爷爷又带着小乌龟，还有大龙虾小青蛇小红鱼们一起在河里快快乐乐地生活了。这个故事讲完了。

竹笛：妈妈，再讲一个！

竹笛日记|《天空之城》观后感　　　　　　　　2017 年 6 月 11 日

今天我玩球的时候碰到了伤口。我觉得有点儿疼，但我很勇敢，我没哭。我和一个小姑娘一起玩球的。我给爸爸妈妈做了好多宝石，都是用磁力片做的，每个形状都不一样，它们都叫宝石。

我今天看了《天空之城》，里面有好多机器人，有一个小男孩，还有一个小姑娘。小姑娘被那些坏人保护起来了，机器人把所有的地方都喷成火了，最后那些坏人和小姑娘成了好朋友。坏人把宝石拿出来，全给了小男孩和小姑娘。最后就结束了。我非常喜欢这个动画片。

晚上我看了《梁山伯与祝英台》，我不喜欢这本书。因为里面没有好看的图画。我喜欢神奇的书，这里面没有神奇。

眼睫毛　　　　　　　　　　　　　　　　　2017 年 7 月 16 日

晚上出去吃晚饭，电梯门快关之际闪进来一个小伙，竹笛说：

"啊！好险！差一点儿把叔叔的眼睫毛给夹住了！"于是众人都齐刷刷地去看那人的眼睛……小孩子的关注点真是好奇怪啊！

微喜　　　　　　　　　　　　　　　　　2017 年 7 月 30 日

　　平常的苦心果然没有白费，感觉孩儿最近进步不少。

　　首先专注力很好。做一件事，能专心致志坚持做完。今天陪他画画，我在一边画狐狸，他在那边画《彩虹色的花》里的插图，接连绘制了六幅。一页画完，即兴高采烈画下一页，一直把整本绘本的主要故事插画页临摹完毕，然后又用胶水一一贴到墙壁上。整个过程，一直很快乐。中午自己抱着围棋书翻看了半天，把两本都翻完了。然后午后玩磁力片。把自己摸索出的玩法一一教给姥姥，做出了七八个造型。期间，一直兴致勃勃，不见撂挑子。种种迹象表明，专注力和定力都不错。

　　其次，有自己的想法并能坚持了。昨晚一起出门，在小区里散步，孩儿问姥姥要饼干吃。姥姥用家乡口头语随口说道："还没出家门，就又吃开了。"他即刻反驳道："我们出家门了啊姥姥，你看我们现在不是在路上吗？"

　　找彩笔一事亦如此。原本家中和幼儿园各有一盒一模一样的彩笔，周末幼儿园将彩笔发还，可家中找来找去只有一盒彩笔。我问他："这盒彩笔是我们自己家的吧？你是不是没把幼儿园的拿回来？"姥姥也这么说。孩儿却坚持这盒彩笔是自己从幼儿园带回来的，并给出证据："你看彩笔盒子上有我和琪琪画的图案，所以这是幼儿园带回的彩笔，不是家里的。"又反问我："妈妈，你确定这是家里的吗？"我说："不能确定。"

　　晚上玩磁力片也是，一处拼法姥姥说不行，他非坚持说可以做到，最后气汹汹地问到姥姥眼前来："我说行，你让我做出来不就行了吗？你干吗说不行？"

再次，有了一定的意志力。昨天出去买菜，回来路上，缠着我买了一根冰棍，我说，你吃了感冒药，不能吃这么凉的东西，得回家拆开放碗里放一会儿再吃。他问："妈妈，你说话算数吗？"我答："算数！"于是，为了吃冰棍，在大热天里，屁蛋不肯歇一步，小脚飞快地在前头走着，中途遇到凉棚，我建议休息一会儿他都不同意，只为了尽快到家，为了到家后即允许他吃冰棍的承诺……喜读绘本，能读出幽默的书和无聊的书，喜欢的书反反复复看，不喜欢的看过一次再也不拿起。毛病也还不少，依然爱娇粘人，看动画片之际意志力依然缺乏。

亲子故事 | 老鼠一家捡麦穗　　　　　　2017 年 8 月 4 日

今晚的睡前故事，记录一下。

我：很久很久以前，在一个村庄里，有一个小院子，小院子的围墙下，有一个小小的洞，洞里住着小老鼠一家。有一天，老鼠妈妈发现家里没食物吃了，老鼠哥哥、老鼠弟弟还有老鼠妹妹肚子饿得咕咕叫。怎么办呢？他们围在一起想办法。想啊想，有了！老鼠哥哥想出了一个好主意："妈妈，我们可以去麦田里捡麦穗呀！"老鼠妈妈听了，高兴地说："嗯，这真是一个好主意！"捡麦穗需要篮子啊，老鼠妈妈赶紧找来一些柔软的树枝，编成了一只小篮子。然后就带着孩子们向麦田出发了。

麦田在村庄外面，他们走了一会儿就到了，哇，好大好大的一片麦田啊！老鼠妈妈指着麦田里掉落的麦穗，对孩子说："快捡吧，孩子们！把它们放进我们的篮子里！把它们放进我们的衣服口袋里！然后把它们放进我们的肚子里！快捡吧，孩子们！"

于是老鼠哥哥、老鼠弟弟还有老鼠妹妹，马上四下里分开，到处捡麦穗了。他们捡起一个麦穗，就放进小篮子里，又捡起一个，再放进篮子里，不一会儿，小篮子就快装满了。就在这时，老鼠弟弟突然大叫起来："妈妈，快看，这是什么？！"老鼠哥哥和老鼠妹妹立即向老鼠弟弟这边跑过来，老鼠妈妈也慢腾腾地过来了。

原来，老鼠弟弟在麦田里发现了一个鸟窝，鸟窝里还有三只鸟蛋呢！小小的白白的三只鸟蛋，在绿草丛里看起来特别可爱。嚓嚓嚓，是什么声音？哦，老鼠们吓了一跳。嚓嚓嚓，声音又来了，就在脚底下呢，噢，原来是鸟蛋发出来的。嚓嚓嚓，声音越来越响了，不一会儿，一只鸟蛋开了一条小缝。

竹笛：是小鸟要出来了吗？

我：对，小缝里露出来一只小鸟的嘴巴了，过了一会儿，蛋壳又破了一块，缝隙越来越大，啊，小鸟的头和身体也露出来了！老鼠一家惊奇地看着，都忘了捡麦穗了。不一会儿，另外两只鸟蛋也孵出小鸟来了。现在有几只小鸟了？

竹笛：三只小鸟！

我："妈妈，小鸟们怎么没有妈妈呢？"老鼠妹妹问。"谁说他们没有妈妈呢？他们的妈妈一定也是像我们一样出去找食物了！"老鼠妈妈笑眯眯地说。就在这时，天上突然传来了喳喳喳的声音，原来是鸟妈妈飞回来了。可是她没有落下，只在天空转来转去地飞，不停地扑扇着翅膀，看起来凶巴巴的。你说为什么鸟妈妈这么凶呢？

竹笛：因为鸟妈妈怕老鼠吃小鸟！

我：对，鸟妈妈很害怕。老鼠妈妈说："孩子们，我们走远一点儿吧。"于是老鼠妈妈带着小老鼠走远了，躲在一个土堆后面悄悄地观察小鸟。这时候，鸟妈妈才赶紧飞了下来。她看见自己的鸟宝宝，开心极了。她给一只鸟宝宝喂虫子吃，然后又喂了另外两只，再然后呢，把他们都背在身上，飞到麦田旁边的树林里去了。在那里，鸟妈妈在树梢上安了一个新家。老鼠妈妈和老鼠哥哥、老鼠弟弟还有老鼠妹妹，一直等鸟妈妈一家飞得看不见了，才离开麦田。这时候啊，天已经黑了。月亮出来了，星星也出来了，老鼠妈妈和小老鼠们就在星光下，提着装满了麦穗的小篮子，高高兴兴地回家了。这个故事讲完了。

游植物园琐记　　　　　　　　　　　　　2017 年 8 月 16 日

1

带孩子坐地铁是一种冒险。今儿在植物园走了近两万步后，我们终于上地铁回家。一开始没人让座，竹笛就四处瞅标识，问是什么。爸爸告诉他一是禁止抽烟，一是请勿饮食。

为什么禁止抽烟？竹笛问。

你说呢？

因为在车上抽烟熏死人了！

那为什么禁止饮食呢？又问。

你说呢？

吃饭应该在饭店里吃！

过了一会儿，一位叔叔让座了，我和竹笛坐下，爸爸和姥姥在另一边远远站着。突然他拉着我问："妈妈，你闻，是什么味道？"我嗅一嗅："嗯，食物的味道呀！"

"地铁上不是不能吃东西的吗？她怎么在吃？"竹笛的手指向新上车的一个姑娘，问我。在我的嘘声里，姑娘好像听见了，把袋子放进包里。

下车后，我把姑娘放弃吃东西的事讲给爸爸和姥姥听，心中有为姑娘点赞之意。竹笛听见了，笑道："妈妈，那个女的是吃完了才把袋子放进包里的！"

嗯，我回想了一下，似乎真的如此，我自作多情了……

2

走在小区里，竹笛突然抬头看天："妈妈，星星在我对面，它正在看着我呢！"

3

路上，竹笛实在走不动了，只好抱着他。我吐槽说："你看，妈妈抱着你走了这么远，实在太累了！"他转身指向姥姥："妈妈，你要向姥姥学习，坚持住！"

竹笛讲故事｜大灰狼与小兔子　　　　　　　　　　2017 年 8 月 20 日

有一天，一只大灰狼开着红色的车去买菜，他去的菜市场里，都是大灰狼，他还带了一个红色的蝴蝶结，他买了火腿肠和香皂，全是红的，他最喜欢红色。回家路上，他遇见了另一只大灰狼，想抢他的菜，大灰狼就用玫瑰的刺把他扎跑了，然后他回到家，用香皂洗了手，做了饭菜，然后大灰狼的妈妈给他讲了故事，他们就睡觉了。

有一天，一只小兔子开着绿色的车去买胡萝卜，她带着一个绿色的蝴蝶结，她去的菜市场里全是小兔子，她买了好多胡萝卜，然后她开车回家了，吃了午餐，洗了个热水澡，刷了牙，洗了脸，兔妈妈给她讲了个故事，然后就睡觉了。

又有一天，大灰狼和小兔子又去开车买菜，路上堵车了，他们两个就下来聊聊天，后来就都回家了。

小书痴　　　　　　　　　　　　　　　　　　　2017 年 8 月 31 日

昨晚睡前，我有点儿累，不想讲图画书了，便哄竹笛说，妈妈今天生病了，不能讲故事了，你来照顾我吧。我想让他知难而退，少讲一天故事。他却赌气不理我了，很生气，说你自己照顾自己吧，我不照顾你。最后竟然哭了起来。后来，我才明白，孩儿大概还不习惯一向强大的妈妈有虚弱的一面。等我陪他讲故事之际，又兴高采烈起来了。

讲的故事是《翻开这本小小的书》，这是一本互动性的绘本，他喜欢得不得了，让我连续讲了五六次，他自己又讲了五六次。竹笛已经认识上百个汉字了，读这本书勉强够用，于是一遍一遍地念，充满了成就感。

夜里做梦，竟然也梦见这本书了，说："妈妈，我早上要看那本小书——"睡前，他要我答应，早上起来让他再看一遍。早上起床，只唤了一声，竟然一骨碌爬起来了，揉揉惺忪的睡眼，就去找那本书，自己看了一遍，又让我讲了两遍。

《翻开这本小小的书》书影

真是小孩子啊，喜欢什么，就一个劲地喜欢。上学路上，他问："妈妈，你生病好了吗？"——我已经忘记我说过生病这回事了。

《蚂蚁和西瓜》　　　　　　　　　　　2017 年 9 月 9 日

每次陪孩子读书都感觉心灵得到了净化。早上看《蚂蚁和西瓜》的绘本，故事开始，四只小蚂蚁在路上发现了一瓣西瓜。这西瓜是哪来的呢？我指指远去的一家人："是不是这家人扔的呀？""不！妈妈，是这家人专门留给小蚂蚁吃的！"——我立即觉出自己的"小"来。

由蜘蛛网想到的　　　　　　　　　　2017 年 9 月 14 日

教育的场合随处可见。生活中处处都能学习，学前儿童压根不用刻意坐在教室里面对老师才能学习。

早晨上学路上，竹笛哥哥遇见了女同学艾迪，两人边走边聊。我引导他们谈起了蜘蛛网。

艾迪：我觉得蜘蛛网好像棉花糖啊！

竹笛：不像，棉花糖上没有线！不像我在山上吃的棉花糖！

艾迪：可是它们都是白白的，软软的！

竹笛：我觉得像哈密瓜的条纹！

艾迪：我给它取了个名字叫棉花糖蜘蛛网水。

竹笛：那就让我们到幼儿园旁边的冬青树上观察观察吧，看是不是软的，好吗艾迪？

观察观察这个词是我常用的，每当孩子要我给答案的时候，我会鼓励他自己去观察观察，给出自己的答案，他如今形成口头禅了。于是和艾迪奶奶各自抱起他们，我让竹笛伸手摸了摸。以前只是看，没有摸过蜘蛛网。

竹笛：真的是软软的，像白白的风，啊，蜘蛛网还像一个跳跳床！

艾迪：是软软的吧？

竹笛：以后我们就叫它棉花糖蜘蛛网好吗？

艾迪：还有一个水！

两人一起：它叫棉花糖蜘蛛网水！

他们都发现了蜘蛛网上的水珠。早操铃声响起，讨论中断了——这个话题很可爱，可以设置成一堂课了，今天时间关系，没有能够启发他们继续思考，其实可以接着提一系列问题：比如棉花糖可以吃，蜘蛛网能不能？蜘蛛网可以帮助蜘蛛捉虫子，棉花糖可不可以？蜘蛛网是黏在树枝上的，不能动，棉花糖是可以移动的，风吹的时候，蜘蛛网又是可以微微地动，而棉花糖遇到风会如何呢？蜘蛛网上的条纹，我们在生活中哪些地方还可以看到？哈密瓜的条纹和蜘蛛网的纹路有什么区别？哈密瓜是什么形状的？蜘蛛网又是什么形状的？生活中有哪些可见的椭圆？……好多好多问题，可以围绕生活中的"蜘蛛网"来讨论，把孩子们的思维发散开来。这个话题特别适合一个班的孩子来讨论，相信孩子们会生发出更多更精彩的话题！

当了一回导游

2017 年 9 月 16 日

午后在圆明园坐船，竹笛实实在在当了一回导游："我们的船开了！看，前面的水面上有一个漩涡，对面又来了两艘船，啊，这艘船要和我们撞上了！没有撞上，我们的船继续开，前面出现了一个彩虹桥，可是桥这么低，我们的船能过去吗？过去了！耶！船拐弯了，前面又有一个桥，穿过这个桥，我们就到西洋楼了吗？船开得真快呀！"

全船的其他小朋友静静地听……

在圆明园

朗读的功用

2017 年 9 月 19 日

讲故事、共读和朗读有着不同的功效。最近连续几天给竹笛讲杨永青民间故事绘本《捆龙仙绳》和《司马光砸缸》，为了省事，基本上放弃了以往讲故事之际的绘声绘色，和共读之际的启发式提问，改成我念他听——因为洒家实在太累了！

刚送上学的路上，竹笛要求我再讲讲这两个故事，于是我开始按以往讲故事的节奏讲起来，结果每讲几句就被挑一个错，不是指出我漏了哪一句没讲，就是指出我用词的错误，比如我说："小仙女救了青娃后就飞走了。"他纠正道："妈妈你说错了，是一会儿就消失得无影无踪了！"

原来在听我朗读之际，竹笛已经记住了文本。而我无论讲多少遍，也只记得大意。由此可见，朗读绘本的好处是，孩子在听父母朗读的过程中，词汇量会猛涨，也会习得很多新句式，文字多的绘本虽然孩子自己一个人看不懂，但经过家长朗读潜移默化后慢慢就能听懂。另一面，要注意的是，这就要求家长对给孩子朗读的绘本一定要精选再三，因为孩子的吸收力是非常惊人的。

昨晚做梦，梦里还让我给他念《木偶奇遇记》，家中这本是注音版童书，之前我讲过故事，念文字则只念了前几节，但孩子却念念不忘，可见朗读可以增加难度，免得孩子们老觉得我们把他们看幼稚了，毕竟他们已经不是三岁小孩了～

《我可是猫啊》　　　　　　　2017 年 9 月 21 日

陪竹笛看过几百本绘本了，有时候很想把共读的经过写下来，又苦于没有时间，只能偶尔记一下。

今天谈一谈《我可是猫啊》这本绘本。这本绘本的作者佐野洋子比较知名的是另一本书《活了一百万次的猫》,《我可是猫啊》相比而言，知道的人不多。对于这本绘本的评价，也有不少争议。我看到一位家长购书留言说此书画风太阴森，怕吓到小孩子，退货！其实这只是

《我可是猫啊》封面

大人的看法，我们读绘本，最好避免以大人的眼光取代孩子的。我初读这本书时，也是莫名其妙，觉得猫画得既不好看，画面也嫌太

空，简简单单的几幅图，有什么好看的。但在实际共读的过程中，却发现大大的惊喜。

　　这个画风粗狂情节简单主人公丑陋且有抑郁倾向的绘本，没想到竹笛特别喜欢。《我可是猫啊》的封面是一只长相凶恶的猫，拿着刀叉，面对着眼前桌子上的一盘鱼；封底也是一盘鱼，只是只剩下了鱼头和鱼骨了。竹笛看书多了，很自然地看了封面后又看封底，得出了猫把鱼吃完了的结论。接下来的书名页也有一幅画。

　　我问："刚才封面上猫在吃鱼，这幅画里猫在干吗呢？"竹笛答："猫戴着一顶帽子，好像在照镜子呢！""嗯，照完镜子猫想干吗呢？我们继续往下面看。"很明显，封面和书名页都是在给正文的情节铺路。翻开书，第一个跨页里，主角出场，配的文字是：

　　有一只爱吃鱼的猫

　　它最爱吃青花鱼

　　竹笛已经识字，这句话就完全念了出来。这幅图上的猫我们看到了正脸，戴着帽子叼着烟斗，正在树林子里优哉游哉地散步。第二个跨页依然是猫叼着烟斗散步，所不同的是甩起了尾巴，抬起了胳膊。

　　文字配的是：

　　我今晚就吃青花鱼吧，我可好久没吃了。

　　我问："猫是不是好久没吃鱼了啊？"竹笛答："它刚刚吃过一条啊（翻回去看封面）。"

　　我接着念文字：

　　其实，它中午刚刚吃过青花鱼。

　　猫在散步时，满脑子想的都是青花鱼。

《我可是猫啊》插图

　　"当你喜欢一个东西的时候，是不是也一直会想着它？就像你喜欢《翻开这本小小的书》，放学的路上一直跟妈妈提是不是？"

竹笛说："是，我一直看一直看那本书。"

　　除了猫的姿势发生了变化，这一页的树林也变了。"为什么变了呢？"我问。"因为猫一直在走啊！真是个傻妈妈，这个都不知道！"好吧，现在竹笛经常会嘲笑我提出的一些他认为幼稚的问题。

　　第三四五三幅跨页画的是猫被越来越多的青花鱼追逐落荒而逃的情景。

《我可是猫啊》插图

　　猫扭头一看，树林中，大群的青花鱼飞快地冲自己游了过来。

　　我继续抛出傻问题："为什么说鱼游过来而不是飞过来呢？你看，鱼是在树林中，不是大海里啊！"竹笛不回答，大概没想好怎么回答。我继续往下讲，猫也很吃惊，它自言自语地说："莫名其妙，怎么会有这种事？"猫飞快地逃跑，"它紧闭双眼，跑得上气不接下气"。

　　这幅图完全没有影像，只是斜刷了几笔棕色。"这幅图为什么不画猫和鱼呢？"我问道。"因为猫这会闭上眼睛了啊，它什么也看不见。"竹笛说。

　　"看不见东西，猫能听见什么呢？"

　　"猫能听见青花鱼在唱歌，唱'你吃了青花鱼了吧？'"

　　"嗯，它还能听见什么声音呢？"我启发道，"晚上妈妈和你一起在小区里走，你听见了什么声音？"

　　"我听见了草丛里虫子的声音，还有风的声音。"

　　"那你猜一猜，猫这会还听到了什么声音呢？"

　　嗯，竹笛想了想，说，它也听到了树叶的声音，和风的声音。

我补充道:"它还听见了自己的心跳声和呼呼的喘气声。"这幅纯黑的画面后来书中又出现了一次。接下来的画面也是十分奇特,情节是猫继续逃跑,此刻画家画了一个双脸猫,看起来真是好难看。竹笛倒是不管难看不难看,一看就问我:"妈妈,为什么猫变成了两个脸了呢?"

"你平常玩风车的时候,风车转起来和没转的时候有什么差别呢?"我转换话题,问他。

"风车会变成好多个,会变成圆圈。"

我拿起手中的彩笔飞快地摇动:"看,彩笔摇得很快的时候,有什么变化?"

"彩笔也变成好多个了!"

(回到画面)"那我们再看看,猫吓得没命地逃跑,它一会儿回头看看青花鱼追没追上来,一会儿看看前面的城市还远不远,它一会儿转过来一会儿转过去(示范给他看),一会儿转过头来,一会儿转过头去——"

"它转得太快了,看起来像是两张脸了!"竹笛说。

继续往下讲。

猫逃进了城,一头钻进了电影院。

它找了个位子坐稳长长地舒了一口气

猫悄悄环顾了一下四周

"猫看见了什么呢?"我问。

"青花鱼吗?"竹笛不确定地回答。

下面两页画面实在震撼,画家把猫的惊恐画得淋漓尽致。真是"惊掉下巴"的节奏,看,猫的牙齿都吓掉了!

"环顾"是一个新词汇,我先解释了环顾的意思,然后让竹笛注意两幅画的区别,希望借助画面更好地理解这个词汇。他很容易地指出第一幅图里猫是向左边看,第二幅图里猫是向右边看,左看看右看看,"环顾"一圈后,猫吓得再度落荒而逃,逃回了树林。

回到树林后，一切恢复了平静，仿佛做了一场噩梦。我把这段文字逐字逐句念出，让竹笛留意猫的神态，然后结束了这个绘本的共读。

这是一个可以从很多层面进行解读的绘本，但最贴近的还是启发孩子去感受猫的心理变化，观察由猫的心理随之变化的画面中景物、神态的细微转变，启发孩子观察细节，并展开想象。画面的大幅留白正给了小读者这样的空间。

《我可是猫啊》插图

所以说，精细有精细的好，简洁有简洁的妙处。但往往后者不大受家长的欢迎，家长会觉得买这样的绘本太亏了，或者吓到孩子了，其实关键还是要靠家长的引导。

讲完全部文本后，应竹笛的要求我又从头把文字念了一遍，与此同时，让他再过一遍画面。读第二遍的时候，我发现了一个细节，于是提出了我的疑问："为什么说青花鱼的歌声是动听的呢？你看画面里的青花鱼牙齿尖尖的，嘴巴张得大大的，看起来要把猫吃掉的样子，怎么说青花鱼用动听的声音唱着歌'你吃青花鱼了吧？'"

竹笛也困惑了，说："是啊，青花鱼好凶啊！"之前阅读的时候，我和竹笛明显都站在猫的立场考虑问题。那从鱼的角度想一想会怎样呢？我忽然明白了"动听"的用意。

"嗯，之前猫吃了一只青花鱼，现在这么多的青花鱼都来追猫，要是那只被吃掉的青花鱼看见这幅画面，它会怎么想呢？青花鱼的这些好朋友们，要追上猫了，它们开始唱起了歌，它们会不会觉得自己凶巴巴的呢？"

"不会，它们觉得很开心，它们觉得自己唱的歌很好听！它们要给被吃掉的青花鱼报仇！"竹笛说。"可是猫听到这些歌声会不会觉得动听呢？"我接着问。"不会，猫会觉得害怕！它肯定觉得这个歌唱得特别凶巴巴的！"

故事就这样讲完了，结果竹笛又拦住爸爸，让爸爸再给他讲一遍，当爸爸用动听的语调念起那句"你吃青花鱼了吧"之际，竹笛更正道："爸爸，这里你应该凶巴巴地唱！这样猫才害怕才逃跑呢！"竹笛给爸爸提的两个问题是："猫一屁股坐在树墩上，什么是一屁股？"于是爸爸"一屁股"坐在床上给他示范了一次，对此讲解娃表示满意。

终于，爸爸也讲完了，然而还没有完，竹笛还摩挲着书不放，要求再讲一次。我已经崩溃了，再也没力气细讲了。于是哄他关灯，说咱们给故事换一组主人公吧，这样就不用看书了——于是换成汤姆和杰瑞（猫和老鼠版）。后来他又要来一版《我可是狮子啊》，就这样，没有灯的房间里，他说一段我说一段，成了下面的新的故事：

我可是狮子啊

有一只爱吃兔子的狮子
他最喜欢吃白白的小兔子了
我今晚就吃小兔子吧
其实他中午刚吃过兔子

狮子在散步时
满脑子想的都是兔子
突然 有什么东西飞了过来
砸到了狮子的帽子

帽子骨碌碌滚到了地上
砸到帽子上的竟然是
一只扛着胡萝卜的兔子
怎么会有这种事
我可是狮子啊

狮子扭头一看
大群的兔子扛着胡萝卜
正向自己冲过来
你吃兔子了吧

兔子们一边唱着歌
一边举起胡萝卜扔过来啊
一个胡萝卜砸到了狮子的眼睛
一个胡萝卜砸到了狮子的鼻子
一个胡萝卜砸到了狮子的额头
这是怎么一回事
我可是狮子啊

狮子不顾一切地逃啊逃
你吃兔子了吧
兔子们在身后磨牙唱着歌

狮子好不容易逃出了森林
逃进了电影院
想坐下来休息一下
结果他环顾四周

啊左边全是举着胡萝卜的兔子
右边全是举着胡萝卜的兔子
你吃兔子了吧

兔子们唱着歌举着胡萝卜
一窝蜂地冲着狮子砸过来
这是怎么一回事
我可是狮子啊

狮子吓得赶紧溜出了电影院
他又逃进了森林
森林里安安静静的
没有一点儿声音

地上是他刚才被砸落的帽子
还有扔掉的烟斗
兔子们不见了
歌声也不见了
啊我晚上就吃兔子吧
狮子拿起烟斗边走边说
我可是狮子啊

竹笛日记｜一只逃跑的螃蟹　　　　　　　2017 年 9 月 29 日

　　今天中午，我和爸爸一起去菜市场买了两只螃蟹。一只是大的，一只是小的。大的是非常大的，小的就这么一点点儿。晚上我和妈妈去游乐场玩，等我们回到家的时候，小螃蟹不见了！只剩下一只大螃蟹了！它在冒泡呢……

　　假如你想找回一只逃跑的螃蟹？一、追踪它的脚印啊！你看地上这些小小的水印（对话：这是妈妈倒水不小心滴的），螃蟹的脚印应该也是水滴，可是现在水已经干了，因为我们回家太晚了！二、听声音！妈妈你听，嗼喋嗼喋是螃蟹冒泡的声音，咯吱咯吱是螃蟹走路的声音。如果我们听到这两种声音，就可以找到逃跑的螃蟹了！让我们听一听吧！嘘……螃蟹不在桌子底下，不在枕头底下，不在书架上，也不在厨房里。啊！我看见螃蟹的眼睛了！它在我们的花盆旁边！它也发现我了！呀，它在干吗呢？它向自行车爬呢，它难道要骑爸爸的自行车吗？我靠近它，它就一动也不动我走远了，它又开始爬了……

　　注：把孩儿哄睡，那只逃跑的螃蟹已不知所踪，然后突然间听到窸窸窣窣的声音，我寻声找寻，才发现它已爬到门前，断了一只脚，还一遍又一遍地翻爬对抗摔倒又重试——这让我心生悲哀，它的灯光下的按捺不动，黑夜里的悄然疾行，都是毫无意义，它最终还是要回到原点，和它的同伴——一直一动不动蜗守的那只螃蟹一起，接受属于它们的不可改变的命运。然而，我的竹笛说，妈妈我不要吃掉螃蟹，我要和它俩一起玩——我们商量决定，明日放走这只一直在逃跑的螃蟹，不辜负它对生的执着。

我来给你讲一个故事　　　　　　　　　　2017 年 10 月 8 日

　　今晚共读《杜噜嘟嘟：我来给你讲一个故事》，讲了七八遍，讲一次笑一次，我说有这么好笑吗？答曰："是啊，真的好好笑啊！妈妈，你看，他把大象说成了一匹马！他还把大象说成了母鸡！他的故事讲得乱七八糟！"……

我说，杜噜嘟嘟好难看啊！答曰："我觉得不难看啊，我喜欢它！"

《杜噜嘟嘟》封面

杜莱真是懂小孩子啊！他知道小孩子不喜欢规规矩矩的说教，用面对面交谈的口吻亲切地和小读者说话，而且总是站在小读者这一边，对故事里的人物或情节指指点点，让他们发现差错和不完美，爆发肆无忌惮的开怀大笑——简单说，他能完美地 get（抓）到小孩子的笑点，因而看似无意味的画面总能激发孩子的热情和共鸣，此书适合三到六岁儿童。推荐～

颓丧的小孩　　　　　　　　　　　2017 年 10 月 11 日

每次带娃出门都感觉提心吊胆。回来的公交车上，司机提醒玩手机的一个姑娘："都扶一下啊，不要造成不必要的损失。"我家屁蛋应声答道："是啊，不然你一会儿摔个四脚朝天怎么办呢？！"姑娘狠狠地扫了我一眼，囧得我不知说什么好。等姑娘走了，我低声问："谁教你四脚朝天这个词的？"答曰："你讲的图画书里啊！"

……

下车后，走累了，开始要赖，打着哈欠眯着眼可怜兮兮地说："妈妈，你抱抱我吧？你看我都变成一个颓丧的小孩了！"——被惊到了！我不记得讲过"颓丧"的故事或主人公，我问这词哪来的，答：动画片"小熊嘟拉讲故事"。

拉他过马路，让他靠边站，他不听非要往外挣，我大声吼："你离马路太近很危险，知道不知道！"他怼道："你拉我太紧了，所以我才往外挣的，你不拉我，我不就不挣了吗?！"我忍气吞声："妈妈的话说得对的你要听！"答曰："我不听你的话，我要听自己的话！"

每每这时候就气到头晕！

立大功了！   2017 年 10 月 14 日

今晚不小心把卫生间的门撞死了，试了好几把钥匙都开不了，儿子屁颠屁颠地跟着我，高兴地也把钥匙一个个试来试去，对他而言，生活中有了这样的插曲，是非常有意思的事。他兴奋地开开这把钥匙，试试那把，一点儿也不急。

我脑子里不断地想象如果开不了门，万一待会儿娃和自己上厕所该怎么整，越想越着急，准备拿锤子砸门了都，这时候儿子说："妈妈，我钻底下的小窗户进去不就行了吗？"真是一语惊醒梦中人！这百叶窗他以前就钻过，那会儿我在里面上厕所，他咚咚咚地敲门，为了不让他进来，我只好反锁门，于是他就直接从小窗户里往里面钻……

这平日里的馊主意坏点子这一回却立了大功，他看自己解决了妈妈的难题，也骄傲自信得不得了！如果不经他提醒，我是怎么都不会想起来门下的百叶窗是可以钻的，所谓视野决定了思考。嗯，也是值得我反思的一件事了！

爱

晚上讲了《蚂蚁和西瓜》《开车去兜风》《两只坏蚂蚁》《捆龙仙绳》之后，和竹笛开始谈心。

竹笛：妈妈，我想养一只小老鼠。

我：为什么想养老鼠呢？

竹笛：因为杰瑞好可爱，我也想养一只。

我：可是杰瑞只是动画片里的，你见过真的老鼠吗？

竹笛：从来没有。

我：如果你见了真的老鼠，你会不会像叶公一样？

竹笛：不会，叶公是个屁蛋，见到龙就晕倒了，我才不会见到老鼠晕倒呢。

我：真的老鼠眼睛小小的，叫起来吱吱吱的，很难听，可一点儿也不可爱。

竹笛：那我就养一只小白鼠吧，小白鼠可爱，妈妈你见到小白鼠的话就给我买。

我：我们城市里没有小白鼠，小白鼠住在森林里，如果有一天我见到了就给你买……嗯，假如你可以变成别的东西，你愿意变成什么呢？

竹笛：老鼠，我想变成老鼠，妈妈你呢？

我：我想变成一棵树，森林里的一棵树。

竹笛：那我就住在你的嘴巴里，要是讨厌的汤姆来追我，你就把嘴巴闭上，他走了你再打开。我就一直住在你的嘴巴里。

我：……你还想变成别的什么吗？

竹笛：我还想变成一只鸟，妈妈你呢？

我：嗯，我想变成一匹马，在草原上自由自在地跑。

竹笛：妈妈那你要小心——妈妈，马最怕什么？

我：马最怕坏的猎人吧，会拿箭射它。

竹笛：那人怕老鹰吗？

我：受伤的人会怕老鹰，老鹰会飞下来啄受伤的人。

竹笛：那我就变成老鹰，如果那个人射你，我就从天空飞下来啄他的手。

我（心里感动得哗哗的）：……

其实，孩子爱我们更多。我再不嫌累了。

期待　　　　　　　　　　　　　　　2017 年 10 月 19 日

在师大住的时候，小学门前有一片荒地，每次孩儿都要走荒地前的那段高台子，牵着我的手，晃晃悠悠地走，走到最后，发现路断了，没有高台了。

"没有路走的时候怎么办呢？"

"妈妈抱我下来！"

第一次的时候孩儿这样说。

"没有路走的时候，记得换一条路。"

这是有意识教孩儿记住的第一句话。以后每次经过那里，都有意无意地重复这个小小的语言游戏。这句话他一直记得。

第二句是搬家后教的。有一阵儿，竹笛气性特别大——这大概是遗传——做不好事时就会对自己很气恼，气恼了就发火或者大哭。于是我告诉他："遇到问题的时候先不要生气发火，要想办法解决问题！"并在日常生活中有意引导——最后的结果是，孩儿做得比我们大人要好多了！

上周末出游回来，到家时一翻书包，钥匙不见了！竹笛爸爸以为我把钥匙弄丢了，开始指责我粗心，总是丢三落四云云。我一言不发，自己一个人立即回来时的路上找寻。后来发现没丢，在包的夹层里。竹笛爸爸笑嘻嘻地道歉，说请吃饭赔罪。我说吃饭不急，先开家庭会议。

先问儿子："妈妈刚才出去了，你知道为什么吗？"

你去找钥匙了。

钥匙丢了吗?

丢了!

是钥匙丢了,还是爸爸以为钥匙丢了?

是爸爸以为钥匙丢了,其实在书包里呢。

那爸爸没有弄清楚就发火,对不对?

不对!

妈妈发火了吗?

妈妈没有发火。

爸爸做得对还是妈妈做得对?

妈妈对。

妈妈没有发火,妈妈做什么了呢?

妈妈找钥匙去了。

妈妈也没有在包里找到钥匙是不是?

对,妈妈你也以为钥匙丢了。

妈妈没有认真看包,也不够仔细。

对,是我发现钥匙的!

我们遇到问题应该怎么办?

想办法解决问题!

这是第二句我让竹笛记住的话。

第三句是"妈妈爱你,永远都爱你。"这句话每天睡前都说,孩儿也回以同样的话。今晚讲故事刚结束,他就催:"妈妈,你还没跟我说你的心里话呢?"我困惑道:"什么心里话?"竹笛笑:"就是你每天晚上说的那句。"——他已将这句话当作一个甜蜜的催眠剂了。知道自己被无条件地爱着,将来也报以同样的温柔给自己爱的人;遇到难题不绝望不灰心,哪怕走再多的弯路,还会勇敢地尝试下一条路;知道化解自己的不良情绪,有很好的行动力和解决问题的能力。我所期望孩儿的,仅此三项也。

父与子 　　　　　　　　　2017 年 10 月 27 日

　　每日的日志还是坚持要写，一则记录，一则也可随时反思一下自己。睡前陪孩子看《父与子》大开本全集漫画，孩儿看得嘎嘎大笑。以前的成人版本他没有翻看过，我也不曾陪读，竟错过了现有的宝贝了。这本漫画集把日常生活中的父子趣事绘制得惟妙惟肖，画中的父亲童心未泯，孩子调皮可爱，二人之间常逗乐玩耍，一派天真自然，看了几节，孩儿对"打屁屁"的图像也完全懂得其中的幽默感了。

　　最好的阅读就是得读书之乐了。画家懂儿童心理，有慈爱心，有赤子心，可谓小孩子的解人。国内类似的经典儿童漫画似还不多见。读罢，便与孩儿玩扮演游戏。我自然演父亲，孩儿演儿子。两人假装在水池处低头玩纸船。他道"爸爸，你把我的舰船弄翻了"，我道"哼哼哼"。他道"我要叫你好看"，于是做偷开水龙头状，我道"呀，怎么突然下雨了？啊！原来是你这浑小子"，啪啪啪作打屁屁状……孩儿大乐……反复扮演四五个情节，不亦乐乎。

　　白日工作之后，晚上也不得闲，虽然有点儿累，但好在笑声会淡化疲倦。

孩子提问题，大人来回答 　　　　2017 年 10 月 27 日

　　吃完早餐上学路上，问我：妈妈我有两个问题想问你。我说问吧。

　　竹笛：为什么卖包子的地方有那么多人，而卖煎饼的奶奶那没有那么多人呢？

　　我：你觉得呢？

　　竹笛：因为大家爱吃包子，"总有一个爱吃包子的理由"，大家不爱吃煎饼。

我：嗯，你也爱吃包子对不对？我们在包子铺除了包子，还可以买到什么呢？

竹笛：油条、豆浆和鸡蛋！

我：可是我们在奶奶那只能买到煎饼，只能吃一样对不对？这也是一个原因。

竹笛：嗯！

我：我们刚才吃包子时是坐在桌子前吃的，奶奶那买了煎饼后只能站着吃。

竹笛：站着会很累！

我：对啊，而且早上叔叔阿姨上班很着急，包子铺那么多人卖包子，大家买到食物就很快。奶奶这儿呢？

竹笛：做煎饼很慢！

我：嗯，这也是一个原因！好了，第二个问题是什么呢？

竹笛：我忘了……

兴高采烈地进幼儿园了。终于能理解班主任说的每次爸爸送孩子入园，竹笛到班级后总是嘟着嘴一副气鼓鼓的样子了。可以想象他们的对话：

爸爸：快点儿走！快点儿走！快点儿走！

竹笛：……！！！……！！！

伟大的梦想　　　　　　　　　　　　　2017 年 11 月 1 日

刚在楼下散步。竹笛抬头凝望，感叹道："妈妈，我从来没有见过圆圆的星星，它们都是一个个白白的小点儿。"然后一扭头看见了东边的月亮："妈妈，我想骑着滑板车到月亮上逛来逛去，我想把月亮当成一个广场，你和爸爸也可以乘坐宇宙飞船来月亮上和我一起玩，带上孟子墨一家！"

嗯，真是一个伟大的梦想！

心计　　　　　　　　　　　　2017 年 11 月 5 日

早饭时，竹笛哥哥喝粥，喝了一半不想喝了，想跟爸爸说，爸爸眼一瞪，然后转向我："妈妈咱们玩石头剪刀布，谁赢谁喝粥怎么样？"我心想，小样跟我比这个，分分钟赢你！——结果我果然赢了。

"妈妈你喝粥！"

午餐吃饺子，想吃我的虾仁馅的，央求道："妈妈，我可以吃一个你的虾仁饺子吗？"我说当然可以啊！然而——"妈妈，我吃虾仁，饺子皮你吃吧！听说你最爱吃饺子皮了！"——我什么时候说过最爱吃饺子皮啊。

《噗，放屁了》　　　　　　　　　2017 年 11 月 8 日

果真四岁多的孩子到了屎尿屁敏感期了吗？昨天给娃讲了《噗，放屁了》一书后，他就去考爸爸："狮子放屁臭呢，还是牛放屁臭呢？兔子放屁臭呢，还是大灰狼放屁臭呢？"某人自然是晕圈。

今日继续打破砂锅问到底，共读《爸爸，动物都会放屁吗》。自己不陪读之际一点儿也不觉得累哈哈，看着父子俩读书，真觉得不妨慢慢讲。这本书很适合父子共读，推荐～

夜谈　　　　　　　　　　　　2017 年 11 月 12 日

八点半开始哄睡，十点正式进入深度睡眠，顺手记一下今天的"夜谈"。近九点的时候，开始催竹笛睡觉，不听，再催，不为所动，于是开始凶他，结果小子怒了！

竹笛：妈妈，我对你很生气很烦躁，你打我，你还骂我，你是世界上最爱生气的妈妈！

我：……我什么时候打你骂你了啊？我凶你是因为你不听我说话。

竹笛：可是你凶我没用！

我：凶你没用是吧？打你有没有用？！

竹笛：没用。（威胁无效，果然像我，好小子！）

我（笑）：给你棒棒糖有用没？

竹笛（笑）：有用～

我：……

竹笛：你再这样凶我，我就要独自生活了！

我：你要独自生活，好啊，可是你怎么吃饭呢？

竹笛：我自己工作，我要当医生！

我：你给谁看病啊？（知道他只和孟子墨玩过医生和病人的过家家游戏而已）你又不会打针。

竹笛：我是假装当医生呢！我还可以卖我的玩具赚钱，卖家里的雨伞赚钱，卖纸箱子赚钱！

我：……可是赚的钱不够你买食物吃怎么办？

竹笛：有的事我自己做，但有的事你们要做！

我（偷笑）：好了好了，我们睡觉吧，太阳睡觉的时候，我们也要睡了。我们要和太阳一起睡觉啦。

竹笛：那月亮睡觉的时候，我们为什么不睡觉？

我（懵）：月亮睡觉的时候？

竹笛：太阳升起的时候就是月亮睡觉的时候，月亮睡觉我们为什么不睡呢？

我：哦，这个，这个问题我现在没想好，等想好了明天告诉你。睡吧……

翻来覆去一阵，又打开话匣子。

竹笛：妈妈，我们以后不吵架了好吗？

我：我们没有吵架啊，我们在讨论问题呢！

竹笛：什么是"讨论"？

我："讨论"就是两个人有不同的说法，比如我说："快把这碗饭吃光，对你身体好！"可是你觉得自己已经饱了，不想吃了，你就可以跟我说："我吃饱了，不想吃完了。"还比如说，早上上学，我说："穿这件衣服吧，这个黄色的毛衣好看。"而你喜欢蓝色的，你就可以跟我说："我喜欢蓝色的，我不穿黄色的。"只要你说的对，我就会听你的。如果我觉得你说的不对，我也会说出我的看法给你听。两个人这样分享不同的看法，就是"讨论"～

竹笛：嗯，我知道了，妈妈晚安，我爱你妈妈～

我：睡吧……

"泡汤"的含义　　　　　　　　　　2017 年 11 月 14 日

"妈妈，你泡汤吃！泡汤好吃！"晚饭时，竹笛给我米饭碗里舀了一勺香菇青菜汁。

我：泡汤？泡汤还有什么别的意思？

竹笛：失败的意思，大象哥哥想出去兜风，他们没有车，就泡汤了。

我：还可以说一句话，把泡汤用进去吗？

竹笛：今天放学我和孟子墨说好了要一起玩，可是我去她家敲门，没人开门，我的计划泡汤了！还有，我的乐高也泡汤了，我的车没有拼成功！

我：所以，泡汤有几个意思？

竹笛：两个意思！

嗯，孺子可教也～

家庭教育是一门学问   2017 年 11 月 15 日

　　早上看见一个父亲带孩子上学，孩子不知何故哭闹不休，不愿去幼儿园，这位父亲全程黑脸，拖拽无效后，走在前面等，然后两人就在寒风里对峙，孩子哭泣的小脸上泪痕斑斑。还有一对母女，女儿说："妈妈你给我穿这么厚的衣服干吗，老师说不要穿这么厚！"妈妈说："我们都走到这了，明天再给你换。"女儿不依，举手便打妈妈……

　　一个冷战，一个热战，本想说几句帮一下，想了想，又作罢。这种情况下，父亲只需要抱一抱孩子，摸一摸他的脑袋，先把孩子的情绪暖了，然后再温言沟通。男孩子一看就性子倔，冷战无济于事。女孩子的妈妈明显平时大包大揽，很少给孩子选择的余地，穿衣服都是自己一手安排，没征求孩子的意愿，面对孩子的指责，首先应该承认自己的问题，然后再好好沟通……家庭教育是一门学问，父母也是需要随时学习的。

勇敢的小孩   2017 年 11 月 19 日

　　在医院排队抽血，前头的小朋友们一个个哭喊起来。竹笛先是笑，后来突然反应过来自己也要轮到了，不停地说："妈妈我怕，妈妈我怕。"我说，妈妈小时候打针也很害怕，后来我想到一个好主意，就再也不怕了。

　　"什么主意？"

　　"打针的时候你就在心里悄悄地说：'我不怕我不怕，我不怕你小针头！'另外，如果你今天不哭，妈妈奖励你一个新乐高，怎么样？"

　　果真，全程笑眯嘻嘻，抽完血后还跟后面的小姑娘说："你别怕，你看我都没哭！"出来后又跟我说："妈妈我爱你！"

　　"为什么又说这样的话？"

"因为刚才你教会我说我不怕，我就真的不怕了。回家后你要跟爸爸说我今天抽血没哭噢，不然他还以为我又哭了呢！"

想起上回和爸爸一起带娃来抽血，爸爸看见竹笛畏畏缩缩的样子，一顿斥责，最后抽血前大哭，抽血时也大哭，既没解决问题，还把孩子弄得哭哭啼啼。可见，在教育上，正面鼓励比指责明显有效多了。

《痴鸡》　　　　　　　　　　　　　　2017 年 11 月 20 日

晚上看图画书《痴鸡》，这是曹老师的短篇小说改写的。讲一只母鸡想当妈妈，死活不愿下蛋，被主人千般折磨仍初心不改，最终逃离主人家自己孵出了一窝小鸡的故事。小说和绘本都同样动人，美中不足的是插画师色彩用得太暗淡了些！这个小说值得有更多版本。但竹笛太小，听不懂。讲完问他："你喜欢这只痴鸡吗？"答曰："不喜欢，她总是不下蛋。"

"为什么不下蛋就不喜欢？"

"不下蛋我们怎么吃炒鸡蛋呀……"

这个小功利主义者！

《痴鸡》封面

竹笛讲故事 | 怪物与青蛙　　　　　　　　2017 年 11 月 21 日

晚上竹笛给我讲了一个故事。根据录音整理如下：

有一天，有一只小青蛙在池塘边，突然吓了一跳躲进池塘里。有一个怪物走过来了，这个怪物长着牛的头，蛇的身体，长着两只手，喷着毒液，它的名字叫波拉斯克拉巫，它气喘吁吁地走过来了，朝向小青蛙说："你这个混蛋，干吗偷袭我的池塘呀！"

青蛙很生气，把怪物的脚拔掉了，拿着那个怪物的脚吹喇叭，嘟——嘟——嘟——嘟——嘟——

怪物也很生气，一把把小青蛙扔到河对岸。青蛙更生气，念起了魔法咒语：巴拉巴拉克拉斯，青蛙的手就变得很长很长，力气忒大，一把把大怪物扔到水里。

一条蛇看到了，于是蛇赶到小青蛙那儿，把小青蛙团团围住，把小青蛙扔到火山堆里，小青蛙念起了魔法咒语：巴拉巴拉克拉斯，然后小青蛙就变成一只黄色的鸟飞了出来。蛇说："你这个混蛋，干吗偷袭我的大怪物朋友啊？"小青蛙一句话都不敢说。后来，小青蛙说，我没时间和你玩了，拜拜。

这个故事讲完了。

藏钥匙 2017 年 11 月 21 日

早上，起了个大早，想在七点半地铁高峰期前出行，结果临出门时却发现钥匙不见了，哪哪哪儿都找不着，从七点半找到了八点半，还是没找着，发动竹笛爸爸和我一起找，也没找着。心想这下麻烦了，开不了办公室的门了，没抱希望地问了刚睡醒的竹笛一句："你知道妈妈的钥匙放哪里了吗？"

"在箱子后面靠墙那儿！"

"谁放那里的？"

"是爸爸！"爸爸赶紧摇头说他没放。

于是又哼哧哼哧找了半天，还是没找着，再问竹笛："你看见妈妈的钥匙了吗？"竹笛说："跟你说了在箱子后面啊！"这下我有点儿信了！搬开沉重的书箱，钥匙果然在墙缝那躺着呢！

我问："你把钥匙放进这里的吗？你觉得好玩是吗？"竹笛有点儿

怕怕地说是。我说，谢谢你帮我找到钥匙，但下回不要藏了噢，不然妈妈找不到钥匙就没办法上班了。竹笛嘟囔着说："我不想你上班，你陪我去医院！"——今天是做雾化的第三天，他希望我陪他去。原来是藏了这个小心思。我说，爸爸陪你也是一样的，咳嗽了，你就要好好做雾化，还像前天抽血没哭一样勇敢好不好？竹笛立马过来抱了抱我，温柔地说："嗯，妈妈你也要好好上班噢！"

于是，我好好地上了一天班，竹笛乖乖地做了雾化，晚上他开心地给我讲了一个故事《怪物和青蛙》，我给他讲了三本图画书《公鸡有了新邻居》《太阳晚上去哪里了？》《达芬奇想飞》，每本各讲了两遍，皆大欢喜！

啊，真是充实的一天啊。

独立思想   2017 年 11 月 25 日

晚上给竹笛脱秋衣，领口小了，使劲一拉袖子，他的大脑袋就狠狠砸在我脸上，疼得要命。然后我捂着脸，吸溜咬牙喊疼，安静地等待道歉。半天没反应。继续咬牙哼唧疼着，好一会儿后：

"妈妈，你没事吧？"

"怎么没事，我疼死了！"

"不是我的错，是衣服的问题。"竹笛说，很冷静地不看我。丝毫没有做错事的歉疚。心中默默点了个赞。这事的确不怪他，也不怪我，怪衣服不合适，领口小脑袋大，所以才撞到我的脸。不给我道歉，说明我的屁蛋观察力精准，有自己的判断和独立思考能力，没有被我营造的形势迷惑住。这是我最看重的一项能力。遇到事情，能冷静地观察，给出自己的判断。这对一个孩子的成长至关重要。

今天这脸肿得值了！

最美的情话　　　　　　　　　　　　　2017 年 12 月 1 日

白天，去咖啡馆的路上。

竹笛：妈妈你给我买个新玩具吧？

我：哪能老买玩具呢！妈妈小时候可没你这么多玩具，小时候我到田野里摘狗尾巴草玩，踢沙包玩，没有你这样多的小汽车，也没有你这样好看的图画书，总之，我小时候比你现在可没意思多了！

竹笛：没关系啊妈妈，等你长小了我把我的玩具送给你！如果你饿了，我给你喂奶粉吃，你想出去玩，我就推着滑板车带你出去玩，我还可以带你做游戏，玩积木。总之，我会好好照顾你的……

水中的平行线　　　　　　　　　　　　2017 年 12 月 11 日

发现每天晚上和孩子一起泡脚的时光，是第二个适合亲子对话的时间。这个时候和睡前，孩儿都最安静，一改日常泼猴一般性子，说话也总似经过细细思索而来。泡脚时，孩儿一会儿把脚浸进水中，一会儿拿出。

"妈妈，脚在水里的时候很像一张照片哎！"我仔细端详，怎么也没发现有什么照片的感觉，转移话题道："你觉得现在水是什么形状的？"

圆圆的！

那窗台上杯子里的水是什么形状的呢？

也是圆圆的。

那如果我把水放进一个正方形的杯子里，水是什么形状的？

正方形的！

嗯，答对了——到此为止，便不再问他。不喜欢教他知识，所以每次总是点到为止。

孩儿不说话，沉思了好一会儿，才慢慢地告诉我："水放在什么样的杯子里，就会是什么样的形状，水的形状和杯子的形状是一样的。要是水在椭圆形的杯子里，就是椭圆形的。"我一愣。孩儿得出这个结论是经过自己观察而来的，出乎我意料。于是继续追问："牛奶在各种各样的杯子里什么形状呢？"

和水是一样的。

果汁呢？

也是一样的。

那棒棒糖在各种各样的杯子里是什么形状的？

还是圆圆的！棒棒糖是硬硬的，不会变，水和牛奶是软软的，会变来变去。

过了一会儿，他又发现了新东西："快看妈妈，我盆里的水有一条条线！"我低头仔细端详，发现是暖气片倒映在水中形成的线条。"真的有线哎！""看起来就像是地毯！"孩儿自言自语道。在他眼中，水中忽隐忽现的平行线是一件无比神奇又令人喜悦之事。

幽默感　　　　　　　　　　　　　　　　2017 年 12 月 11 日

今晚带孩子看《至爱梵高》。看前，担心他看不懂，接受不了油画的画面，特意给他翻了梵高作品集，加上家里有一幅《星夜》，便满怀信心地出发了。前半小时，孩儿可说充满了观看的热情，不停地问，梵高在哪？梵高怎么还不出来？小朋友为什么要打梵高？后来就慢慢没了兴趣，只偶然看见见过的油画画面时，眼中一亮。这个电影要是有中文配音就好了。

回来路上，甜腻着问爸爸，回家后我可以看动画片吗？不能。

我是在开玩笑呢哈哈！不似以前一脸不开心。

最近几次，当无理要求被驳回，竹笛学会自我解嘲了。平常，也常会说几句越轨的话，然后道："哈哈，我是开玩笑呢！"嗯，开始有了幽默感！

过马路的时候，绿灯时间有点儿短，行人们纷纷小跑起来。孩儿道："妈妈，回家后我要画画，就画这些来不及的人！太好玩了！""来不及的人"这个词让我们一愣，最近娃的一些用词，常让人一愣。就如昨天他说"这个家不是你们两个的，也是我的"一样。会思考的孩子，是最棒的！

游乐场的一天　　　　　　　　　　　　　2017 年 12 月 14 日

今天一整天和竹笛在游乐场度过。他在各个区玩耍，我在一边等候区看书，发现两个有趣的现象，简单记录一下。

1

一对母子，孩子在海洋球池里玩，她和我一样，在一边等候。

孩子正开心地翻来翻去之际，她用平静却坚定的口气说："XX，过来妈妈给你擦擦额头的汗！"孩子玩得尽兴，没理她。她接着说，还是平静而坚定的口气："XX，过来妈妈给你擦擦额头的汗！"孩子在海洋球池里翻滚，没理她。她第三次说："XX，过来妈妈给你擦擦额头的汗！"孩子继续玩，不理。

温柔而平静的母亲道："我已经和你说了好几遍了，XX，过来妈妈给你擦擦额头的汗！"还是平静的语气，却带着不容置疑。孩子扭头恼怒地瞪了母亲一眼，不情不愿地走过去了。心中感叹这位母亲强大的意志力，如此锲而不舍地打断孩子专注、自得、惬意的玩耍时光……其实，额头的汗有什么要紧呢，需要擦拭的时候孩子自己会说呀……

竹笛没遇到玩伴之际，他怎么玩我都不管，反倒是他过一会儿就跑过来找我："妈妈快看，我做了一个什么！"

嗯，他今天搭了一张积木床，说："玩累了，就搭张床啦……"

2

游乐场是孩子们很好的社交场所。

竹笛每次去游乐场，都想学其他孩子，拉着妈妈一起陪他玩，每次我都说妈妈还有事要做，拒绝了，之所以这么说，一面出于实情，一面也是想看看竹笛自己在陌生的环境里能不能交到玩得来的伙伴。

没多久，他就和一个叫仔仔的大班的哥哥玩上了，两人性情相投，在一起玩得非常愉快。一开始在城堡区，仔仔用小推车推着竹笛满场转，一边口里还呜呜呜地调动着气氛。后来两人又转到沙子区。各自堆了一个火山，上面插满各色工具——铲子推车勺子什么的。在我的建议下，仔仔和竹笛对各自的沙堆分别做了介绍，介绍完，竹笛把余下的工具摆成一排，一面挨个击鼓，一面唱《种太阳》。仔仔见状，也跟着唱起《小苹果》。那画面美好得让我眼睛笑成一条缝了……

这时候，又来了一个小男孩，姑且叫安安吧，年龄和竹笛差不多大，向这边探视，很想参与到他们两人中的样子。仔仔和竹笛看见了新来者，却继续玩，没理人家。

我说：仔仔竹笛，你们要不要鼓掌欢迎新的小朋友加入你们的"火山小纵队"呢？

听到火山小纵队的提议，两个孩子立即来了劲儿。

仔仔说："我做队长！"

竹笛说："我做队员，我做医生！"然后给安安分配角色："你就做呱唧吧！"

仔仔也说："你就做呱唧吧！"

安安小朋友高兴地默认了安排，拿起铲子就往眼前的一个沙堆上加沙子，连加几铲子，把沙堆原来的图案和工具都压倒了。

这下风云逆转，仔仔一见，立即怒气冲冲地说："你干吗把我的火山推倒了！这是我的奶油火山！"

竹笛一见，也跟着嚷："你自己堆新的啊，干吗推别人的？"

安安委屈地："我想帮你把火山堆高点儿。"

安安奶奶见状立即过来拉孙子："走，不玩了！"

仔仔道："我的火山就这么矮，我不喜欢它高。"

竹笛也道："对，我们的火山就这么矮！"

小男孩默然不说话了。

奶奶继续那句话："不玩了，走！"

我看着没法，赶紧脱袜进沙堆，跟两个孩子解释：小男孩是好意，只不过忘了问你俩意见了，咱们告诉他就行了，不用这么大声啊。两人不说话。

又跑过去跟小男孩说："你没错，你帮哥哥们堆火山，是好意，只是哥哥们误会你了，下一次你堆沙子前问问他们的意见好吗？"小男孩点点头。

可是仔仔不同意，仔仔说："我们不和你一起玩了！"

这时候我很希望我的竹笛说一句"仔仔我们原谅他一次吧，我们再重新把火山堆好不就行了吗"这样的话。

然而，并没有，竹笛说："好，我们不和他玩了！"两个孩子一溜儿跑走了，留下一个只买了沙子区单票无法跟过去的安安。

我心里不忍心，安慰了小男孩好一阵儿，最后悻悻地离开了沙子区。下午仔仔回家了，在闯关区，竹笛和一个叫小小的女孩结成新玩伴之际，出现了同样的情形，竹笛和小小结伴闯关，一个新来的小朋友航航，跟在后面。与安安的莽撞不同，航航说："我能加入你们吗？"竹笛和小小听了，笑着转移闯关方向，爱搭不理的，让我在航航妈妈面前深觉尴尬……

嗯，今天是第一次意识到小朋友之间有这样非常排外和欺生的"小团体"意识——一个很包容的孩子在这样的团体中，也很可能被裹挟失去判断力而人云亦云。而如何教导孩子不被裹挟，在遇见冲突或纠纷之际有自己的思考和主见，还任重道远。

《小老鼠的漫长一夜》　　　　　　　　2017 年 12 月 16 日

　　小孩子的阅读习惯一旦养成，便是连压制都压制不掉了。晚上，为了打消竹笛看动画片的念想，陪他做面具玩。做完面具，以为不看书了，结果竟闹到哭哭啼啼非要我讲故事书不行。

　　于是讲了这个系列中的《小老鼠的漫长一夜》。很奇怪，一陪孩子读书，疲惫和焦躁就会慢慢散去，还我一个温暖平静的心境。得感谢每一个陪孩子读书的夜晚。这本书极适合这一阵子读——寒风呼啸的夜晚，母子二人拥在温暖的灯光下，看小老鼠如何要尽花招：夜深了，可是小老鼠怎么都睡不着。他怕风的呼啦呼啦声，怕水龙头的滴答滴答声，怕猫头鹰的呜呜呜声，也怕妈妈的呼噜声，他更怕什么声音也没有，安静到寂寞，但一旦被允许和大老鼠同睡，到了大老鼠的怀抱里，便什么也不怕了，即刻入眠。

　　绘本把小老鼠其实就是小孩子分床期的恐惧、担心、焦虑的心情描绘得惟妙惟肖，语言也朗朗上口，小朋友听了故事，感觉就是在说自己啊——走进孩子心的绘本，定是好绘本。推荐～

《小老鼠的漫长一夜》封面

有时候，我特别喜欢你　　　　　　2017 年 12 月 17 日

　　今晚共读的绘本是《有些时候，我特别喜欢妈妈》，这本书的书名取得很好，内容则是把日常生活中孩子对妈妈印象深刻的场景一个个列举出来，配以有趣的画面，娓娓道来，就像一个小朋友在

嗫嗫自语，念叨着妈妈的好，非常适合亲子共读。这本书更大的好处在于它是一个拓展亲子交流的起点。

合上书，我问竹笛：你什么时候特别喜欢妈妈啊？你能说几个吗？

竹笛：第一个，你今天给我送了小黄蛇，这让我太开心了，我今天特别喜欢你！

我：还有什么时候喜欢妈妈？

竹笛：第二个，你陪我去游乐场的时候，我也特别喜欢你！

我：还有吗？

竹笛：第三个，你带我去相宜家玩的时候我也特别喜欢你。

我：还有吗？

竹笛：没有了。你让我吃饭一定要吃完的时候，我不喜欢你！我正看动画片呢，你非让我关掉我也不喜欢你！还有每天早上上学，你总是说"快点儿快点儿要迟到了要迟到了"，就像一只乌鸦在我耳朵边呱呱呱地叫，我也不喜欢你！

本期待一番甜言蜜语，结果剧情逆转……

我：好吧，那我说说我什么时候特别喜欢你吧，我能说出十个呢！

第一个，每天晚上睡觉前，你跟我说"妈妈我爱你，我永远都爱你"的时候，妈妈特别喜欢你。

第二个，每天放学回家，我做饭时，看见你专心地看书，妈妈也特别喜欢你。

第三个，你坐电梯时，每次都主动帮大家按开门关门，你很爱帮助别人，这时候妈妈也特别喜欢你。

第四个，你在游乐场玩的时候，第一次失败了，然后你试了很多次，终于闯关成功了，我觉得你很努力很勇敢，这时候妈妈特别喜欢你。

第五个，爸爸妈妈吵架的时候，你让爸爸妈妈互相道歉，我觉得你很懂事，这时候妈妈也特别喜欢你。

第六个，晚上我们从相宜家回家的时候，你跟爷爷奶奶还有叔叔说再见，还说"我们下次再一起玩哦"，我觉得你很有礼貌，这时候我也特别喜欢你。

第七个，妈妈做烙饼的时候，你主动过来帮我和面帮我舀面糊糊到烙饼机上，我觉得你和我一起烙的饼很好吃，这时候我也特别喜欢你。

第八个，你晚上睡着了会从梦里笑出声来，笑得特别开心特别好听，这时候我也特别喜欢你。

第九个，你听音乐的时候会开心地跳舞，你高兴的时候会唱歌，这个时候我也特别喜欢你。

第十个，第十个，第十个，我想不起来了……

竹笛：妈妈，没关系，想不起来没事的。

我：第十个，妈妈想不起来的时候，你会安慰我，这个时候我也特别喜欢你！

竹笛：好了，我们现在睡觉啦（刚说完，自己咯咯咯地笑起来），哈哈，妈妈，我现在从梦里笑呢！

我：哈哈，你会逗妈妈笑了，这是第十一个我特别喜欢你！……

嗯，小屁蛋带着爱和甜蜜很快睡着了，晚安。

每天都在进步　　　　　　　　　　　　　2017 年 12 月 18 日

最近发现竹笛的观察能力和自控力明显增强了。

1

昨晚吃柚子，我剥柚子皮，竹笛说："妈妈这是一个红色的柚子！"我说："我还没打开呢，你怎么知道是红色还是白色的？"他拿柚子上刚剥下的一层白色塑料薄膜给我看："这上面有一张贴纸，贴纸上柚子里面是红色的！所以我猜这是一个红色的柚子！"

这么小的贴纸我一点儿也没注意到。

到幼儿园上楼梯，他提醒我："妈妈，你看，地上有个箭头，我们按着箭头走就行了！"我走了无数回楼梯，从未注意地上有个红色的小箭头。我问："这是老师提醒你的吗？"答曰："不是，是我自己发现的！"

嗯，能通过细节发现事物之间的联系了。

　　2

早上带竹笛去包子店吃包子，知道他爱吃咸菜，就准备了一小碟，想诱惑他多吃包子。端到桌子上，他问："妈妈你打算给我吃咸菜吗？"我说是啊，你吃几个包子可以吃一小根咸菜。他摇摇头说："我不吃，吃咸菜我会咳嗽的！"

他以前都是乘我不备悄悄地偷吃。为了偷懒，省去说服的麻烦，我竟然，惭愧惭愧……

吃完饭去幼儿园路上，我们穿马路，我看马路空空荡荡没有什么人，就推着滑板车在马路一边走，竹笛看了，跳下滑板车，走上一边的人行道："妈妈快上来，走马路上不安全，我们要走人行道！"我说是是是，我走错了！

心中很是惭愧自己不能以身作则。

善意的谎言　　　　　　　　　　　　　　2017 年 12 月 19 日

竹笛在幼儿园最好的朋友是艾迪，每次放学，两人总要约好回家一起玩上好半天。这两天接他回来，总是乖乖地跟我走，没吵没闹。

我很奇怪，今晚忍不住问他："你这两天怎么没说要去艾迪家玩啊？"

竹笛：因为我想和妈妈玩！

我：艾迪在幼儿园没和你约吗？

竹笛：约了，艾迪让我去她家玩啦。

我：你答应了吗？

竹笛：我答应了！

我：你答应了又没去，不是说话不算数了吗？

竹笛：我是怕艾迪难过才这样说的，其实我心里悄悄地说我不去了，我想和妈妈玩，可是我说出来艾迪会哭的，所以我答应她了。

……

我家的小野人懂得体贴朋友的心情了。

本想告诉他，你说了去，又不去，艾迪等你不来，还是会难过，倒不如实话实说，但一转念，不着急，慢慢来吧～

学语：反义词　　　　　　　　　　　　　　2017 年 12 月 20 日

不知何故，突然提到反义词。

什么是反义词？竹笛问。

反义词就是意思相反的词。

我拿一个橙子，拿一个橘子，说：橙子大，橘子小。大和小是反义词。

和娃并排站一起，我高你矮，高和矮是反义词。

你肚子饿吗？

不饿，我刚才吃得可饱呢，娃说。

饿和饱也是反义词。

娃看书，翻翻这本，又翻翻那本，问：这本书厚，那本书薄，厚和薄是反义词吗？

是。

拿起桌子上的盘子和南瓜灯，说：这个盘子扁扁的，这个南瓜灯鼓鼓的，扁和鼓是反义词吗？

是。

妈妈，你闭上眼睛!

我闭上眼睛。

现在你睁开!

我又睁开。

闭和睁是反义词吗?

是。

你看看窗外，天空的晚霞离我们远吗?

远!

妈妈离你近吗?

近!

远和近也是反义词。

把十来个橘子堆在一起，另外一边放上两三个。

这边橘子很多，这边橘子很少。

多和少是反义词。

娃站到我眼前，又转过身去。

妈妈，前和后也是反义词。

洗手，啊，这水好烫! 转一下水龙头，现在凉了。

妈妈，凉和烫也是反义词。

吃糖，妈妈这糖甜甜的。

你记得苦瓜的味道吗?

记得，苦苦的。

甜和苦是反义词。

娃把《海底小纵队》一套书排在桌子上。妈妈，你看我排得整整齐齐的。我一把推乱。

妈妈你干吗?

刚才你排得整整齐齐的，现在被我弄得乱糟糟的。整齐和乱糟糟是反义词。

刚才我排得很好看，现在被你弄得不好看了。

好看就是美，不好看就是丑。

美和丑也是反义词。

好了，我们不玩反义词的游戏了，我要玩乐高了！

我们开始玩，现在结束，不玩了，开始和结束也是反义词……

线索

2018 年 1 月 6 日

夜归。风大。把包挂前方，背着竹笛。

妈妈你看，路上安安静静的，都没有人了。

嗯。

有的窗户是黑的，有的窗户是亮的。

嗯。

黑的窗户，这家人可能睡觉了，也可能出去了。有亮光的窗户，这家人没有出门，应该在玩着。

嗯。

我喜欢有亮光的窗户，不喜欢黑黑的窗户，黑黑的窗户就像一个树林，我觉得里面可能有妖怪。

噢。

……

咦，我们家门口有亮光，我猜爸爸一定在家！……耶，爸爸真的在家！灯光就是我们的线索！

逗你玩

2018 年 1 月 8 日

熄灯了。竹笛骨碌碌翻来翻去睡不着。我说，我们来玩个游戏吧。竹笛说，好的！应着就要去开灯。我忙止住他，说这个游戏需要关灯才能玩呢！于是开始：

　　黑暗中，我摸了摸他的头发："咦，我们家跑来一只小熊吗？毛茸茸的！"又摸了摸他的手："呀，这一定是小熊的脚丫子，哇！好锋利啊！"竹笛一下子明白了我的用意，笑得嘎嘎的："笨蛋，这不是脚丫子，这是小熊的手！"

　　我又摸了摸他的胳膊："这是小熊的腿吗？"竹笛又大笑："不是不是，这是我的胳膊！"然后他伸手就来抓摸我的脸：这是妈妈的大屁股吗？又摸摸我的下巴：这是妈妈的牙齿吗？妈妈的牙齿都掉光了呀！……如此反复，直到笑累了。问我，妈妈这游戏叫什么名字？我答："逗你玩！"

　　什么是"逗你玩"？

　　"逗你玩"就是我想和你开个玩笑，让你高兴高兴的意思。

　　就是捉弄的意思吗？

　　有时候是，有时候不是。如果是好朋友捉弄你，就是"逗你玩"，如果是坏脾气的人、咱们不认识的人捉弄你，那样就不是"逗你玩"，咱们就要离这样的人远一点儿……好了睡吧……

　　静悄悄的，没声音。

　　过了一会儿。

　　"妈妈你靠过来，我跟你说一句话。"语气里满是温柔甜蜜。我期待地贴过耳朵。果然，是温柔的一句"妈妈，我爱你"——然而，紧接着就是一句怪叫："呀！！"把我耳朵震得轰隆隆的！

　　"你这干吗呀，啊？！"我怒道。

　　"'逗你玩'呗！"

完美答案　　　　　　　　　　　　　　　　　2018 年 1 月 13 日

　　泡脚时和竹笛聊天。

　　我：你觉得世界上最开心的事是什么？

　　竹笛：世界很大很大，我最喜欢发明了，泡沫可以发明很多东西，比如我今晚发明的宇宙飞船（指的是在裹书架用的圆柱形泡沫上插满各色各样的彩色毛根）、手枪（指的是在裹书架用的圆柱形泡沫上插一把螺丝刀）……

我：这句话谁教你的？世界很大很大这句？

竹笛：很久以前看的一本书里这样说的呀！

我：好吧，那世界上你觉得最不开心的事是什么？

竹笛：没有。

我：你和谁在一起最开心呢？

竹笛：我给你画……（手指头弯弯曲曲地在空气中比画了半天）像不像一个女人？

我：嗯，好吧，像，这个女人是谁？

竹笛：（食指指向我）像不像妈妈呢？

我：噢。

竹笛：我再给你画一个……（弯弯曲曲地在空气中又比画了半天）像不像一个男人？

我：像……这个男人是谁？

竹笛：爸爸啊！我和妈妈和爸爸在一起最开心！

嗯，真是完美答案！

为什么我总是很慢　　　　　　　　　　2018 年 1 月 17 日

哄孩子睡，照例把自己先哄睡了，然后半夜醒来。想起睡前和他的谈心。

　　　　1

妈妈，我问你一个问题，每次我在幼儿园吃饭，心里都想得第一名，可是每次我都不是第一个吃完的，我总是很慢。这是为什么？

我从来没想到这竟成为他的一个问题。

于是问他："我们为什么要吃饭呢？"孩儿答："肚子饿，所以要吃饭。""是啊，因为我们肚子饿，所以才吃饭。吃饭可不是为了得第一名。我们不用看着别人吃饭那么快得第一名，自己也跟着学。饭要慢慢吃，要细嚼慢咽。这样才不会噎着！对，这样，我们才能把食物消化好！"

幼儿园因为管理的缘故，有时候需要经常提醒孩子们快点儿吃饭。很理解，但也希望孩儿能心中有定力，不为环境所动。

2

晚上，孩儿把乐高三角龙拆了，闷声在那改拼暴龙。我一看这么复杂，说今晚拼不完的，明天拼好了！他执意不听，说："这是我的自由，我一定要完成我的恐龙！"——果真独立完成了。

颇感欣慰。有时候，我非常欣赏孩儿的"不听话"。一个人，最重要的是知道自己要什么，不要什么，要的坚持努力实现它，不要的纵使压力再大，诱惑再多，也丝毫不为所动。很多时候，我的小家伙也是我的老师。

心计大增   2018 年 1 月 21 日

在游乐场玩了一天。准备回家之际竹笛说要买一盒动物饼干，为了赶快离开游乐场，我爽快答应。到了店里，一眼看到一个可以滑动的工具箱，竹笛站住不走了。

妈妈，再给我买个工具箱好不好，你看这个工具箱多可爱呀！

我白了他一眼，没说话。

妈妈，我特别喜欢这个工具箱……

我还是不说话。

这样吧，我不买饼干了怎么样？我改成买工具箱？

我想了想，工具箱还能独自玩半天，可以少粘我。于是买下。

回家路上。

竹笛：妈妈，你知道我为什么不买饼干了？

我：对啊，你怎么突然又不买了呢？

竹笛：因为我想妈妈开心一点儿。

我：嗯？

竹笛：我要买工具箱，又要买饼干，你就不高兴了。

我：饼干不能多吃嘛，吃多了会咳嗽的。

竹笛：妈妈，你以后再骂我，就想想我刚才给你说的那句话！

我：嗯？哪句话？

竹笛：就是刚才我说的，"我希望妈妈开心一点儿，所以才没买饼干的"，你记住了吗？

我：……

到楼下开门，门禁滴滴滴反复再三才打开。竹笛见了哈哈大笑："妈妈，这个声音吵死了，就像一只小蜜蜂嗡嗡嗡地撒了一泡尿！"

晕，这是什么比喻。等电梯的人都笑了。

下定义　　　　　　　　　　　　　　　　2018 年 1 月 29 日

睡前泡脚的时候，竹笛打算跟我说什么，我却惦记着水温，口中嚷嚷让他麻利点儿泡。

他很气恼，说，妈妈，我在说话的时候，你可不可以不要插嘴？

哦，我没注意你在说话……

你知道插嘴什么意思吗？！插嘴就是一个人说话的时候，另一个人也说话！这是不对的！

我跟他道了歉，称赞他对插嘴的解释很准确。然后一边泡脚一边聊天。

假如一个小朋友，没有见过月亮，你可以给她解释一下吗？

弯弯的就是月亮。

我把手指弯起，问：这是月亮吗？

不是，月亮有时候是弯的，有时候是圆圆的。

还有，是不是需要告诉小朋友，月亮什么时候出现，在哪里出现？现在你再解释一下？

月亮是有时候圆圆的有时候弯弯的有时候晚上出现有时候早上出现在天上的一个亮亮的东西。

那，你再给小朋友解释一下什么是风？

风就是一片白。

解释一下雨？

雨就是好多小种子，就像西瓜子一样的小种子，从天上慢慢地飘到地上。

解释一下枕头？

枕头就是放在我们头上睡觉时候用的东西。

嗯？头上还是头下？

头下。（说完笑）

小朋友不认识你，你怎么形容自己呢？

我就是我呀！

不认识你的妈妈，你怎么形容呢？

我的妈妈很丑。（说完笑）

……

我和你开玩笑的，我的妈妈一点儿也不丑！

……

——是谁说的，教育就是把娃逗笑的过程。嗯，好吧，恭喜你开始有了幽默感。

小小牛的梦 2018 年 1 月 31 日

孩儿梦里咯咯笑出声来。

想起睡前他问:"妈妈,如果有一天我变成了一头小牛怎么办?"

我想了想,回答他:"那我就向神仙老爷爷祈祷,让我变成一头大大牛和你一起到草地上吃草怎么样?"

"好的,大牛妈妈!"

……

我的小牛犊梦见了什么而笑呢?

亲子故事｜大鹏和萝丝 2018 年 2 月 7 日

早上上学路上,竹笛说妈妈给我讲个故事吧。于是开讲:

我:很久很久以前,有一只大鱼,叫作鲲,这个大鱼会神奇的魔法,念动咒语后,咦,变成一只大鸟了,这大鸟的翅膀特别大,就像天上的云那样大,它不飞的时候,蹲在那就像一个小山,对了,这只鸟叫作大鹏。大鹏喜欢旅行,它每年都要飞到很远很远的南方去,那有个湖泊,叫天池,它一路飞啊飞,要飞很久很久才能飞到……有一天,大鹏经过一个小村庄,觉得累了,就停下来休息,它蹲在地上,就像一个土坡。

这时候,母鸡萝丝出来散步,远远地看见这个土坡,她高兴极了,飞快地跑上去,想翻出几个草种子吃。刚拨拉几下,咦,脚底下的土坡有点儿晃动,啊,原来这不是土坡,是一只大鸟啊!

hello,大鸟!你从哪里来?要往哪里去呢?

大鹏说:我从北边来,要往南边去。

萝丝问:南边远吗?

大鹏答:很远很远哪,我要飞三个月才能到。

萝丝又问：去那么远是干什么去呢？

大鹏答：南边有一个湖泊，叫天池，天池里的水是天底下最清的，天池里的云是天底下最白的。那的风景一般人见不到，你也见不到呵呵。

萝丝笑了，她说：我从小就出生在这个村庄，村庄外也有一个湖泊，它并不大，但湖泊周围有青青的草地，草地边有树林，田野，庄稼。我和我的伙伴们每天在湖泊边玩耍游戏，有晚霞的傍晚，我们就围在湖泊边看水里的云，云有各种颜色，在水底摇啊摇，一边看我们一边唱歌跳舞，我们还咯咯哒咯咯哒地欢呼。天色晚了，牛啊羊啊狗啊猫啊都回到村庄里去，睡觉了，我呢，就飞到一棵矮树上休息。那会儿，树上挂满星星，叮铃铃叮铃铃，我好像能听见星星在说话，蟋蟀呢，在树底下轻轻地唱……我听着牛羊还有我家主人睡觉的呼噜声，觉得真是开心极了。大鸟，这样的风景天池有吗？

大鹏不说话。过了一会儿，和萝丝说声再见，就飞走了。萝丝说了句拜拜，吃饱了草籽，也回矮树上去了。

这个故事讲完了！你喜欢大鹏还是母鸡呢？

竹笛：萝丝！

我：嗯？为什么？

竹笛：不为什么。

……

叮咚，到学校了。

逆反期到了　　　　　　　　　　　　　　　　2018 年 2 月 9 日

走在路上拉拉手——喂，你把我的手捏成比萨饼了！

坐在车上让弯弯腿——不，我可不是一只兔子！

……

逆反期到了！

反思　　　　　　　　　　　　　　　　　2018 年 2 月 10 日

在麦当劳买了汉堡和一杯橙汁。竹笛哥哥要喝，我不让，让他喝水。说橙汁是饮料，喝了会肚子疼。他很不痛快地接受了。

过了一会儿，保温杯里的水喝完了。"妈妈水没了，我想喝橙汁！"我正刷微信，懒得起身接水，便说："那你喝橙汁吧。"竹笛高兴地一把抱住杯子，却停住问："刚才你不让我喝，现在怎么又让了？"

……哦，刚才橙汁是冰的，现在过了好久，没那么冰了，可以喝一点点儿了……

事后心里颇感歉疚。以后务必不可再随意改规矩了，孩子信任我，我当对得起这份信任才行。

每个人都有脱衣服睡觉的自由　　　　　2018 年 2 月 11 日

"黑棋下在哪里呢？黑棋下在哪里呢？"睡梦中孩儿还喃喃自语。

今天的哄睡分外的漫长，先是画画，按竹笛的说法是"创作"，先后创作了四五幅作品：大鲨鱼、有着奇怪名字的红绿灯和马路上的各种车辆，还有金币、五彩缤纷的会飞的"妈妈鱼"。

然后一起学习《李世石围棋》第二册，做了十来页题，然后陪他练他口中所谓的"跆拳道"，他那边哼哼嘿嘿地对我发起攻击，我这边跪在床上四面防守——因为站起来无法对练……

终于到了说晚安的时候了，我长出一口气。

妈妈，你为什么这么忧伤？孩儿轻声问我。

我没有忧伤啊，你为什么这样说呢？

因为你叹气了啊。

噢，那可能是我有一点儿累了。不过，你知道忧伤是什么意思吗？

我知道，就是有一点点儿难过的意思。

我再三表示心里很开心后，孩儿也高兴起来了，把睡衣睡裤脱了，要脱光光睡。我说不行，这样会着凉的。

"妈妈，我告诉你一句话。"孩儿靠近我耳边，轻轻说，"每个人都有脱衣服睡觉的自由。当别人要脱衣服睡觉的时候，你不要管。每个人做好自己的事情就够了。"

心里莫名感动。为了尊重孩儿争取自由的努力，睡衣睡裤等他睡着了才给穿上。

爱情观　　　　　　　　　　　　　　　　　2018 年 2 月 14 日

刚竹笛哥哥一边画画一边问我："什么是情人节？"我答："情人节就是互相喜欢的人一起过的节日。"问竹笛哥哥："你觉得爱是什么？""爱就是很想她呗，就像我爱孟子墨，就像汤姆爱杰瑞！"啊？我对末一句表示愕然。

他继续画，一边画一边说："汤姆本来是不爱杰瑞的，他总是追着打杰瑞；杰瑞本来也是不爱汤姆的，他总是偷汤姆的奶酪；可是后来，他们想了想，互相说了对不起，开始做好朋友了；他们一起出去逛超市，买菜，一起出去玩，他们每天都有说不完的话；虽然有时候还是吵架，但他们很快又和好了；他们还一起盖了这座房子，下面一层住着汤姆，上面一层住着杰瑞；清晨，阳光照亮了汤姆和杰瑞家的小屋，一面橙色的小国旗慢慢升起来；晚上，月亮照在杰瑞的蓝色窗帘上，汤姆这时候在给杰瑞画画，等白天到的时候，杰瑞就会看到……情人节这一天，杰瑞给汤姆写了一封信：'汤姆，你是我心中最勇敢的人！'汤姆也给杰瑞写了一封信：'杰瑞，你是我心中最爱我的人！'所以，汤姆和杰瑞是相爱的！好了，画画好了！"

看来，娃真是深刻理解了这个动画片了。

猜谜　　　　　　　　　　　　　　　　　2018 年 3 月 10 日

晚上去小城渔家吃烤鱼，周末人满为患，点餐后久候不至。正巧看见同事群里在猜一个"春笋"的诗谜，于是和竹笛说："咱俩也来互相出谜语猜吧！我出一个，你猜对了再出一个给我，我猜对了呢再轮到我出怎么样？"竹笛欣然应允。

于是开始：

竹笛：什么水果是黄色的？

我：香蕉！什么东西怕风？

竹笛：云彩！什么东西耳朵是黑色的，上身是红色的，还穿着一个黄色的鞋子？

我：米奇！什么动物只能在水里生活？

竹笛：小鱼！什么动物头上戴着一个蝴蝶结？

我：米妮！什么东西是圆圆的扁扁的？

竹笛：盘子！可是不对妈妈，我站起身低头看时盘子是圆的，可是我趴在桌子边看时，盘子就变成椭圆了！什么动物有翅膀？

我：小鸟！什么动物穿新衣服很快就磨破？

竹笛：刺猬！什么东西可以划船？

我：……

竹笛：就是我身边的桨啊！（小城渔家墙壁上装饰了好多根桨）

我：好吧，什么东西天上有地上没有？

竹笛：白云！

我：太阳不也是在天上吗？

竹笛：可是太阳也会照到地上啊，所以是白云。什么东西是红色的？

　　我：这个很多啊！辣椒？

　　竹笛：不对，答案是火龙果！

　　我：什么动物最喜欢下雨？

　　竹笛：青蛙！《彼得兔》里的青蛙最喜欢下雨天钓鱼！

　　我：什么东西怕水？

　　竹笛：乌云！什么东西窄窄的？

　　我：桌子边！什么东西越长越高？

　　竹笛：小草！什么东西最好吃？

　　我：这个……

　　竹笛：MM豆！什么东西可以夹东西？

　　我：筷子！什么动物喜欢喔喔叫？

　　竹笛：大公鸡！什么动物喜欢咕咕叫？

　　我：鸽子！什么动物叫起来咯咯哒咯咯哒？

　　竹笛：母鸡！什么动物有角？

　　我：有脚的很多啊！猪羊牛……

　　竹笛：不对，是犀牛，犀牛鼻子上有只角！

　　我：那什么动物有三只角？

　　竹笛：三角龙！鱼最不喜欢吃什么？

　　我：烤鱼？

　　竹笛：鱼最不喜欢吃香蕉！

　　我：哦……好啦，最后一个谜语：什么动物爱生气，过一会儿又笑嘻嘻地认错？

　　竹笛：爸爸！

　　……

　　烤鱼来了！今天的猜谜到此结束！

问个不停的小孩

《大坏狐狸的故事》　　　　　　　　2018 年 3 月 24 日

　　晚上和竹笛哥哥一起看了动画电影《大坏狐狸的故事》，画面每一幅都特别地美，清新灵动，像是在影院里翻看巨幅图画书，大部分情节也轻松有趣，是小孩子能看懂而大人也每每会心一笑乃至大笑出声的幽默感，此片观影年龄可谓在 3 ～ 100 岁之间。

　　影片由三个故事串联而成，都是改编自雷内的原创绘本，这本书今年三月已由后浪出版公司策划出版，其中第二个故事情节和《鹅妈妈布鲁斯》颇相近，都是想象以无条件的善和爱来打动恶人促使恶人良心发现、最后改邪归正和谐一家的套路——这种情节对小孩子来说是一种危险的教化，他们很可能对此信以为真——这是这个故事唯一美中不足之处，也是最重要的一处缺点。

　　两本绘本主题如此相近，都是 2015 年出版，画风各有特色，可对比阅读，推荐～

绕口令　　　　　　　　　　　　　　2018 年 3 月 26 日

　　最近在学拼音，今儿上学路上和竹笛一起编了个绕口令：

　　从前有只小兔子，爱穿花裤子，还有蓝鞋子，有一天，他不小心掉进了泥坑里，弄湿了蓝鞋子，还有花裤子，树上的燕子看见了，吃惊地叫："咦，哪来一条破裤子！噢，不对，是一只泥茄子。"兔子气极了，叉腰说："你这只呆燕子，我是个小兔子，不是破裤子，更不是泥茄子。"燕子听了哈哈笑："原来你是只小兔子，怎么变成了这个鬼样子！"

　　竹笛一边听，一边笑得哈哈哈的。

除霾机器人　　　　　　　　　　　　2018 年 3 月 27 日

　　竹笛今日设计了一个除霾机器人米奇。

工作原理：米奇头上有三个圆形按钮，分别代表不同功能，按"开始"按钮时，头两侧的管道便开始呜呜呜地吸收雾霾，然后输送进头上方的处理器中，净化出新鲜空气。

外形：米奇足踏履带，左手持剪右手持灯，头顶上也有两盏灯足以夜间开路——听完设计师介绍，我被深深地折服了，如此适合城市街道大规模作业的除霾机器人，市面上还没有！有没有厂家感兴趣，感兴趣的速来讨要专利！

除霾机器人

曲线　　　　　　　　　　　　　　　　　　2018 年 3 月 29 日

不知做什么来着，一扭头看见床单上一处画着几条醒目的蓝线，那一处则是团团曲线——第一反应，几欲脱口而出："你怎么在床单上瞎画？嗯？！"转念一想，或许他别有用心呢？于是看着曲线说："啊，这是一只小狗吗？画得真好看！"

竹笛感激地看着我，说："妈妈，我以为你要批评我呢！不是小狗，是一只熊，我觉得床单太难看了，所以想给它装饰一下，妈妈你闭上眼睛！"

我于是乖乖闭上眼睛。"现在睁开眼睛！妈妈你看这是什么？"他指着那呈卜形的长长的蓝粗线，让我看，不等我回答，自己答道："这是马路，一辆小汽车从小路刷地飞进来了！好不好看？""嗯，好看！——只是以后我们在纸上画好不好？床单有床单的用途，画画有画画的地方，对吗？"

"好的妈妈！"竹笛开心地答应了。

奇数和偶数 2018 年 4 月 13 日

竹笛又梦里笑了，被他惊醒，索性记一下日志。

晚上竹笛爸爸不在家，我和竹笛去粥店吃砂锅粥，我还点了一份鸡蛋饼，鸡蛋饼切成多块三角形端上桌，我俩你一块我一块地吃起来。吃着吃着，竹笛突然问："妈妈你看现在盘子里还有几块饼了？我吃一块你吃一块，我再吃一块你再吃一块，我再吃一块你也再吃一块，最后能不能吃完？"我认真数了一下，说："不能吃完，还有一块。"

"七块饼不能吃完，还剩下一块。那要是六块饼，会不会剩下呢？妈妈你想一想？"竹笛对我循循善诱。

我掰着手指头，说，能吃完啊，你吃三块我吃三块，正好吃完。

他指着隔壁的号码桌，11 块能不能吃完？

你说呢？

掰着手指头，过了一会儿说："不能吃完，还剩一块。"

我这时反应过来，启发道："如果你一块我一块能够被我们分完的饼，这个数字就是偶数，如果还剩一个，就是奇数。或者就像这样，你看你坐桌子那面，我坐桌子这面，我们一个对一个，是两个人，2 就是偶数，你看旁边桌子有 3 个人，一边坐了两个叔叔阿姨，另一边坐了一个叔叔，是不是多出一个座位来？他们就没办法一个对一个吃饭对不对？所以 3 就是奇数。明白了吗？"

答曰："明白了！"

　　1 是什么数？奇数！2 什么数？偶数！5 什么数？奇数！……于是，十以内的奇偶数很快就分清了。我又问：十三是奇数还是偶数呢？答：奇数！你怎么算的呢？因为 3 是奇数，所以 13 也是！15、17 也都是奇数！我想了想，这回答似乎没毛病。不过这会儿，相邻几桌的顾客都对我们侧目而视——他们大概心想，这又是一个被逼疯了的妈妈吧！

　　哦，其实不是的。

泡泡糖　　　　　　　　　　　　　　　　　2018 年 4 月 15 日

　　昨晚一家人一起逛超市，竹笛顺手把几颗泡泡糖扔到空的购物车里。爸爸说："别扔这里，路上会掉下去的！"竹笛反驳道："不会的，我的糖是长方形的，购物车的洞是正方形的，长方形比正方形长，不会掉下去的！"爸爸说："可是路上车一颠糖就会竖着掉下去啊！"说着把购物车抬起使劲颠了颠，泡泡糖果然从洞里漏了下去。

　　竹笛说，不会不会，你是故意颠，你如果不使劲的话，泡泡糖平放着，就不会竖着掉下去。他坚持要把糖放在车里。我觉得这逻辑似乎说得通，爸爸也被说服了。于是就让泡泡糖躺在购物车里往前走。没一会儿，发现两块糖都不见了。——掉在后面的超市入口处。

　　"怎么会这样？"竹笛不解，问。我想了想，发现是摩擦力的问题。虽然很平稳地推车，泡泡糖依然受力，慢慢地就改变方向，滑下去了。于是跟竹笛解释了一通，并拿出撒手锏："你看你看，事实如此，只好把泡泡糖拿起来，放你自己衣兜里了！"于是竹笛才改变主意，把糖塞兜里了。

　　终于发现带娃累的症结了。

论自由

晚上出去吃饭，我们在大路上慢慢走着，竹笛在一边草坪台阶上蹦蹦跳跳地走，边走边唱。

"你能不能好好走路？"爸爸喝道。

"不能！这样走路是我的自由！"

爸爸语噎。我赶紧接上，循循善诱："嗯，怎样走路是你的自由，没错，可是你知道不？爸爸妈妈平常也有安静一会儿的自由，有看会书不被打扰的自由，有不给你讲图画书的自由……"本以为连环问会把他将住，然而，没有。

竹笛道："那我也有看动画片的自由，你们以后不要管我！"

"对，是你的自由，没错，但你的自由不能影响别人的自由，比如你看动画片时，爸爸妈妈在看书或者在休息，你就影响到我们了！"

"不会的呀，我把动画片声音调得很低，不就影响不到你们的自由了吗？"

再度语噎……种瓜得瓜，种豆得豆。之前一向注意鼓励他养成不盲从多思考的习惯，现在尝到后果了。

风和小草

早晨上学路上和竹笛讨论了"风对小草究竟是好还是坏"这个话题。上周在幼儿园，因为风是否对植物有益这个话题，竹笛和好朋友发生了争论。好朋友认为，风把小草吹弯了，风对小草来说，是坏人。竹笛则认为，风吹散了雾霾，帮助小草生长，让小草不生病，能呼吸到新鲜空气，所以风是小草的朋友。他跟我复述了事情经过后，补充道，某某某也支持我的观点，所以我们是对的！——他认为遇到不同观点之际，哪个观点赞同的人多，就是正确的。赞同的人少，就是不正确的，他把我们平常开家庭会议表决去哪里吃饭那一套程序移到应对观点之争上了。

我说，一个想法，有时候赞同的人多，不一定就是正确的，赞同的人少，也不一定就是错误的。还有时候，两个观点都可能对，也都可能错。每一个观点，我们都需要证据。小朋友和你想法不一样的时候，不能跟人家说"我们就是正确的"，那样就是强词夺理。应该怎么做呢？你拿出几个例子来，她也拿出几个例子来，你们都要努力说服对方，但是不能生气，心平气和地举例子说服别人，这个就叫作辩论。比如，你说风对小草小花们是好的，除了刚才说的吹走雾霾，还能不能想到别的例子呢？

竹笛想了想说，风可以把花蕊吹到别的花身上。

我：是的，那样，花与花之间就可以交换礼物了是吗？她们就可以通过风来聊天是不是？还有别的例子吗？

竹笛：风还可以把蒲公英吹到很远的地方。

我：对，这样蒲公英种子就可以到处生根发芽了，蒲公英妈妈就有很多蒲公英宝宝了是不是？你看现在你有三个例子了是不是？你把三个例子说出来，别人就可能会被你说服。

竹笛：别人不听怎么办？

我：你也要听听别人的例子对不对？有时候，两个人的想法都可能是对的。比如，你想一想，如果风特别特别大，吼吼吼地大叫的那种风，就会把小花小草刮倒，把它们的腰刮断。这时候，风对小草是好还是坏呢？

竹笛：是坏的！

那我们是不是也要承认你的好朋友说的也是对的？其实，你俩说的都是对的！风有时候对小草好，有时候对小草不好，是不是呢？

是的，妈妈！

除了这个，你昨晚吃饭时，说虾粥好难喝。可是爸爸说什么了？

爸爸说虾粥很好喝。

你喜欢吃葱吗？

不喜欢！

那爸爸呢？

爸爸喜欢吃葱！

那你是对的，还是爸爸是对的呢？

竹笛不说话，思考。

每个人喜欢的东西都不一样，所以有时候虽然评价不一样，但都可能对。我觉得你和爸爸都是对的！就像有的小朋友喜欢画画，说画画太有趣了，可有的小朋友喜欢乐高，说画画太无聊了。他们喜欢的游戏不一样，所以得出的结论也不一样，但都是对的。我们要学会理解不同的观点，学会辩论，以后要不要试一试？

要！

……

到学校了。

科学课　　　　　　　　　　　　　　　　　　2018 年 4 月 20 日

睡前想记一下今天的日志，结果又把自己哄着了，夜里醒来，补记一下。

1

最近一阵，竹笛对数理知识特别感兴趣，每天都要求我给讲数学题，今天在幼儿园上科学课，在老师指导下做了一艘磁力船，回家路上见谁都说"快看我的磁力船"，然后一直捧在掌心不愿意放包里。最后，船上的回形针掉在了地上。竹笛见了就要低头去捡。

"等等！"我想到一个主意，止住他说，"我们有一个不用手就可以捡起回形针的方法噢，而且我闭着眼睛都能捡起来，你信不信？""不信！"——这时候放学的小朋友也围了几个过来，好奇地看着我们。

"不信你看！"我拿起材料包里的磁铁，闭着眼开始在地上摸索……过了一会儿，磁铁把几个回形针一下子都吸住了。围观的小朋友们一脸吃惊，于是我随机给娃儿们绘声绘色地讲了原理，说磁铁身上有一种神奇的力量云云……然后娃儿们慢慢散去。

往回走路上，我脚步轻快，心里对自己的户外随机科学课甚是满意。竹笛突然说："妈妈，我知道你刚才为什么会捡到回形针。""是吗？你说说看？"——我很鼓励他把刚才我讲的再温习一遍。"你刚才偷偷睁眼睛啦！你看到回形针在那里，所以才发现了它们。"

哦……

2

回到家，竹笛犹兴趣不减，还要继续做实验。于是我又做了两三个小实验。

一、拿出一个盘子，一个生鸡蛋，让鸡蛋在盘子里转啊转。转得正欢的时候用指头止住，让竹笛观察松手后鸡蛋的反应——鸡蛋继续转了下去。告诉他这就是惯性……然后说，明天早上我们再用熟鸡蛋转试试看。

二、折了几朵花瓣闭合的纸花，放在盆子里的清水中，让他观察。一小会儿功夫，纸花依次开放，闭合的花瓣慢慢打开了。这个实验让竹笛惊喜得很。"妈妈，为什么纸花开了呢？""刚我把纸花放进水之前，你对我说了什么？""我说纸怕水，不能把纸花放水里。你以前不是告诉过我吗？""对了，就是因为纸怕水，纸花才开的啊，平常我们吹气球的时候，气球里的空气越来越多，气球就会越来越大，纸花放进水里后，水也会慢慢地慢慢地跑到纸花的底部，然后怎么样？纸花在悄悄地变大，变得更有力气，虽然我们眼睛看不清楚，但纸花吸了水之后，力气越变越大，力气大到最大的时候，砰砰砰地，花瓣就开放了！"

"可是，纸为什么会怕水？"

哦……我明天查查书再告诉你。

三、让竹笛用玻璃杯装满一杯水，再拿一张薄的方形纸过来，让竹笛爸爸把纸推放在杯口。我说，注意观察啊，一会儿爸爸把杯子倒过来，但水不会流出来，纸会把一杯子满满的水挡住。爸爸不信，说这么重的水，竹笛也不信。杯子反覆后，果然水安然无恙，竹笛大惊讶，连忙伸手去取，水撒了木地板一地。后又做了一个魔术实验，一个盐吸水实验……忙忙碌碌做了一晚上实验，睡前聊天环节，还盯着我问个不停，着实累人。不过，今天才真切感受到，生活的魔术师是科学而非艺术。

扶老人机　　　　　　　　　　　　　　　2018 年 4 月 22 日

今天，竹笛设计了一个扶老人机。

设计师：小竹笛，5 岁。

功能主治：帮助健康欠佳或行动不便的老人。

工作原理：两耳上的按钮控制脚上的三个轱辘飞快行走；三角形尖耳朵是诊疗仪，负责给老人检查身体；大三角形身体里装了各种各样的备用药；头顶上是打气筒，以防万一没电；两边长手臂用来扶老人；左手臂下方是水箱，家里有火情时及时喷水熄火；右手臂下方有个食物储存箱，给老人果腹用……这是竹笛哥哥继上回雾霾清除机后的第二个设计，感觉极有市场开发潜力，哈哈。

扶老人机

乖巧一刻　　　　　　　　　　　　　　2018 年 5 月 9 日

　　　1

　　吃完饭回家路上，我拎着打包的菜。竹笛在身边走，突然说："妈妈你累不累？累了我帮你提吧！"我说："好吧，好像有点儿累了。"便把打包盒递给他。打包盒并不重，他提着还算轻便。"妈妈你辛苦了！"竹笛又道。"啊，还好啦，就是在地铁上站得有点儿腰酸背痛！""那回家我帮你揉揉背吧？""啊？儿子你怎么这样懂事！"真有点儿受宠若惊之感，摸摸他脑袋，接过打包盒，娃笑得很开心。

　　　2

　　放学时，竹笛和好朋友在小区里玩，吃零食时不小心掉了一片饼干在草地上。

　　我赶忙说："掉地上的就不要吃了！"竹笛听了道："那留给小鸟吃吧！"然后上去就是一脚，把饼干踩碎。我说："你这孩子，把饼干踩碎了干吗！"——我下意识地把草地想成家里的地板，以不讲卫生的理由来指责他了。"小鸟咬不动这么厚的饼干啊！所以我把它踩碎了，这样小鸟吃起来就方便了！"

　　噢……原来这样……嗯，以后我要注意，不要误解了小孩子的好意。

郑人买鞋　　　　　　　　　　　　　　2018 年 5 月 14 日

　　上学路上让讲故事，洒家困得眼睛都睁不开，何谈想象力。只好挑现成的成语来讲。遂讲刻舟求剑一词，balabala 讲完问："这个人下河后还能找到他的剑吗？""不能了！因为剑早被水冲走了！再讲一个！"

　　又讲郑人买履的故事。

　　我：从前有个人，他的鞋子破了旧了，于是打算买一双新鞋子，他就拿一把尺子量了量他的脚，把量好的尺码写在一张纸上，打算买鞋的时候把这个尺码给卖鞋的人看。结果他哼哧哼哧跑到街上，买鞋的时候发现：啊！尺码忘带了！卖鞋的人说："没关系啊，把你的脚伸出来，我找一双合适的卖给你不就行了吗？"可是这个人不愿意，他说："不行不行，我要回家拿我的尺码去！"于是他又哼哧哼哧地跑回家，拿了尺码，再哼哧哼哧地跑回街上，到了街上才发现，人家卖鞋的人早就下班了！走啦！你说他笨不笨？这就是郑人买履的故事。郑人就是郑国的一个人的意思——

竹笛：买履就是买鞋的意思！郑人买履就是郑人买鞋！

……哦，这一改倒好记多了，突然想到，以后郑人买履会不会变成"郑人买鞋"呢？

队友的问题　　　　　　　　　　　　　2018 年 5 月 22 日

晚上，孩子说要跟爸爸睡。我说好吧。结果没一会儿两个人吵起来了。我赶紧跑过去问情况。

爸爸很生气地说："你看这孩子，连爸爸的爸爸叫什么，妈妈的爸爸叫什么，爸爸的妹妹叫什么，妈妈的妹妹叫什么，爸爸的弟弟叫什么，妈妈的弟弟叫什么都搞不清了！三岁时候就会的，现在竟然都不会了！"我心想：你这样问我，我也头晕啊！爸爸当着我面又教了一遍，并说："你看你小时候奶奶姥姥带你多辛苦啊，你现在都不知道她们谁是谁，让不让人寒心！"竹笛讷讷的，一副手足无措的样子。我纠正说，这些亲属称谓和数字一样，小孩子说得溜并不等于他明白其中的道理，有的小孩会数到一百，也会加法，但不等于明白了背后的数学概念了。亲属称谓也是一样，他三岁时候熟的，不等于他知道这些复杂的关系，而且你连珠炮一样地问，把孩子能不绕晕吗？我来和娃聊聊。

然后我带竹笛到一边，一开始竹笛还是有点儿闷闷不乐。我逗他："我刚才觉得特别好笑你知道吗？你竟然说爸爸是个女的？"

竹笛：我没有说啊！

我：我听见爸爸问你："爸爸是男的女的？"你回答说："女的。"爸爸的问题太蠢了！你的回答也太搞笑了！

竹笛哈哈笑了，说我怎么把爸爸说成女的了呢哈哈。

我：你是不是故意逗他玩？

竹笛：没有，我不喜欢他问我那么多问题，我不想回答他。

我：不过，你别生气了，爸爸呢，今天陪我们去书店，大概有点儿累了，咱们原谅他好不好？

竹笛：好的，我不生气了，只是太好笑了。

听到我们的笑声，爸爸也凑过来看我怎么教育孩子的，我们以笑声回答他。

竹笛说，爸爸我问你一个问题。

爸爸说，问吧。

竹笛：你为什么不变成一个女的？哈哈。

我：爸爸变成女的，会怎么样呢？

竹笛：会丑死了！哈哈。

聊了好一会儿，孩儿给我取了个外号叫胖胖，我给他取了个外号叫兔兔，然后孩儿高高兴兴地睡了。

总结：小孩子，总会有出错的时候，这时候，不能指责抱怨批评直接就上来了，那样很容易打击孩子的自信心。这时候，需要引导孩子，弄清楚他出错的深层原因，以平等的态度和孩子沟通交流，并弥补欠缺的知识教育——接下来，我会和竹笛好好讲讲大家庭的各种复杂称谓。

最棒的小孩　　　　　　　　　　　　　　2018 年 5 月 23 日

小孩子真是最好的老师啊！下午还跟朋友吐槽整天忙忙碌碌的快抑郁了，晚上和孩儿聊完天就觉得云淡风轻什么事也木（没）

有了……

讲完故事后，我问："你长大后想做什么工作呢？"

答："我想给妈妈做好吃的，还要给妈妈做手工，带着妈妈做游戏。"

"我说的是工作啊，你将来想做什么样的工作呢？"

"我想做的工作就是帮助妈妈啊！"——小孩子说起好听话来，真叫人受不了。

又聊了会自由与平等的话题……

已经睡了，突然又起身告诉我说："妈妈，我今天抽血没有哭。"

"是吗？你真勇敢！儿子你知道吗，你永远是我心中最棒的小孩！"

"嗯，你也是我心中最棒的妈妈！"

暖化了。

在乡村过儿童节　　　　　　　　　　　　　　　2018 年 6 月 1 日

刚骑着单车带着竹笛哥哥去田野里溜达了一圈。一边骑行一边观赏路边的玉米和豆苗。田里有不少农民戴着草帽在锄地或是灌溉，于是启发他："你记得《悯农》那首诗吗？锄禾日当午，就是现在这个样子。"又提起"草盛豆苗稀"这句诗。

竹笛问，为什么要把豆苗里的草拔掉呢？

因为草和豆苗生长在同一块土地里，它们都需要土地里的养分。土地里的营养如果给了草，豆苗就饿死了。

那给了豆苗，草不就饿死了吗？

豆苗能长出黄豆来，草什么都结不出啊，所以农民要把草拔掉。

草就这样站在那里，不是也挺好看的吗？再说，豆苗可以从别的地方吸收养分啊，它可以换一块地生长。

哦……

路边花木上飞过一只喜鹊，经过它身边时，我随口说："嗨！你好啊，我们走喽——"喜鹊喳喳叫着飞走了。

妈妈你和谁说话？你认识这只鸟吗？

认识啊，它是我的朋友，所以我和它打了个招呼。

那你可以帮我交一个鸟朋友吗？

可以啊，交鸟朋友是这样交的，你听好了：当你看见一只鸟的时候，你可以和它说话，你说你想说的话就行，如果这只鸟想和你做朋友呢，它就会叽叽喳喳地也对你说话，如果它不理你，就说明它不想和你交朋友。

在下一片花木林边，又飞来一只鸟，我便停下车，看这个娃娃对着它想交往的朋友说话。小鸟安静地听，一直没有回应，他就一直说，一直说……

"这只鸟不想和我做朋友。"小娃沮丧地说。刚说完，小鸟挥挥翅膀叫了几声，飞走了。

乡间小路

三人行　　　　　　　　　　　　　2018 年 6 月 5 日

1. 一、二和三

都说父子是天敌，这句话在我们家体现得特别明显。晚上因为去哪里吃饭，两个人又争起来了！

爸爸：你出去吃饭带书包干吗？放下放下！

竹笛：我不，你和妈妈都带着包，为什么不让我带，你们都有行李，我也要有自己的行李。

第一回合，儿子赢了。带着他的包，包里塞了他的手工飞机出发了。

路上，讨论去哪家饭店吃。

儿子异想天开说想去吃火锅，问我们意见，我俩都不同意。

爸爸：好了，二比一，我们都不想吃火锅，你一个人想吃，没用。

竹笛：为什么二有用？一没用？二不一定就是对的，一不一定就是不对的！

我赶紧解围：一也不一定就是对的啊，有时候可能二也对，一也对，你喜欢一个东西，别人喜欢另一个东西，都可能是对的，不过我们去吃饭，要尽量选一个大家都爱吃的饭馆，要三个人都同意去，好不好？

好！竹笛被我说服了。不过，他开始主持大局：现在，谁要去吃面，举手？

我举手，爸爸没举，他自己也没举。

我们不能去吃面了。现在谁要去吃饺子？举手！

我举手，爸爸没举，他自己也没举。

我们也不能去吃饺子了。现在谁要去吃烧烤？举手！

三个人都举了手。于是晚上就去吃烤串。

三战胜了一和二。

2. 手机问题

吃饭时，我回复了几个朋友圈，爸爸也刷了一会儿手机。

竹笛怒了：你们干吗让我一个人吃饭？你也看手机，爸爸也看手机！不是说好了吃饭时不能看手机的吗？

我惭愧，赶紧收起手机，爸爸也如法炮制。

妈妈，你，站起来！我要打你屁股，这是你的惩罚！

什么？

我们说好的，你违反规矩了，所以我要打你屁股！

我无奈站起来受了一巴掌。

爸爸，你也站起来！

爸爸死活不肯，竹笛执着不让，最后，还是承认了错误，也挨了一巴掌。

竹笛总结道：以后我们家的规矩就是吃饭时不能看手机，看手机就要打屁股！

末了，他气咻咻加了一句：哼，反正我没有手机，我不怕！

嗯，这是大人的错。

3. 给你说个搞笑的

今天天热，我们拿这个话题三个人说段子玩。

爸爸：我说个搞笑的，从前，有一只鸭子，在路上走着走着突然摔倒了——

竹笛：然后它就变成烤鸭了哈哈哈哈。

我：我也说个搞笑的，从前，有一只鸽子，在天上飞着飞着突然掉下来了——

竹笛：然后它就变成鸽子汤了，它掉下来的时候下面正好有一只锅哈哈哈哈。

爸爸：从前，有一只牛，在路上走着走着——

竹笛：然后它就成熟了，变成了麦子哈哈哈哈。

我：从前有两只羊，一只是黑的，一只是白的，他们两个在路上遇见了，白羊说，你怎么变黑了？黑羊说，因为今天太热了啊把我晒成黑羊了……（没人笑）

竹笛：我说个搞笑的，从前有两只松鼠，一只是蓝的，一只是白的，蓝的松鼠放了一个大臭屁，把白的松鼠熏倒了哈哈哈哈……

这真是一个愉快的游戏。

到宇宙中去　　　　　　　　　　　　　　　　2018 年 6 月 6 日

刚上学路上，竹笛又讲了两个段子。

1. 从前有一只又懒又傻的猫，有一天它出去散步，咕咚一声撞到了大树上，然后头上就开始冒烟——因为大树底下有一个炮筒，一下把猫射到宇宙里去了哈哈哈哈。

2. 从前有一个大屁股熊，有一天它不小心掉到了垃圾桶里，然后啪的一声弹了起来，原来垃圾桶里有一个弹簧，把它弹到宇宙里去了哈哈哈哈。

嗯，我们大人真应该像孩子学习快乐的能力。

《30000 个西瓜逃跑了》　　　　　　　　　　2018 年 6 月 10 日

晚上共读三四本绘本之后，我们来评定哪本书最好。

我说，我喜欢《完美的一天》，因为它画面美丽，语言诗意——大概这样的图画书最符合讲述者、教育者的偷懒习惯，又符合说教心。

孩儿说，他喜欢《30000 个西瓜逃跑了》。按照通常的阅读习惯，我先是让孩儿自己翻阅，囫囵读一遍，不看文字，通过图画的翻页关联来判断大概讲一个什么故事，然后我讲他听，读毕，对于自己满意的作品，孩儿通常会自己再翻看一遍。西瓜一书是三个环节里每一个都能深深吸引他注意力的一本。而另两本，缺少第三环节，看完就不想再看了。稍微琢磨一下，果然后者更好。

好在何处呢？这书讲的是西瓜田里两只乌鸦在聊天，它俩说：

"这田里的西瓜长得真好呀，明天估计就要被卖掉了！"西瓜们听见，吓坏了，交头接耳窃窃私语商量定后，决定连夜逃跑，毕竟不能丢掉自由。他们逃向山坡又滚下山坡，汇成一个西瓜池，当周遭的小动物们闻香而来之际，西瓜汁大池突然变成了一个巨型红唇怪兽，吓走了动物，后遂以夸父的姿态奔向了太阳……第二天，一个布满了西瓜子的太阳出现在天空，看着瓜田里忙碌而奇怪地探究为何西瓜全不见了的人们。

我问，你为何觉得这本书好？孩儿答："西瓜怪物多酷啊！最后太阳都被西瓜占领了！"

故事的新奇幽默激发了儿童的想象力。其实，这本书理想的受众是乡村儿童，那些见过绿油油成片成片西瓜田香瓜田的，看过西瓜初生之际嫩黄模样的，知道西瓜藤蔓与丝瓜藤蔓之不同的，甚或卧在地头的草木搭成的瓜棚里，听见过细雨打在瓜皮上簌簌落落声音的孩子们，最适宜读这本书。既有生活的经验，加之艺术的凝练，收效想必是极好的。城市儿童虽说也自可肆意想象，但他们对事物的认识，往往先从图片上的知识始，终究有美中不足之憾。但此书中的幽默处，又是不拘城乡，所有儿童都喜闻乐见的。故，十二分地推荐它～

萝卜馅的兔子饼干　　　　　　　　　　　　　　2018 年 6 月 15 日

竹笛上学路上讲的两个段子：

1. 有一天，一只小鳄鱼在大树底下乘凉，过了一会儿，一只兔子也来了，他们聊得很开心，成了好朋友。到了晚上小鳄鱼到兔子家做客，晚上睡觉的时候小鳄鱼饿了，抓起什么就嘎巴嘎巴啃了起来。早上起床了，咦，兔子的尾巴去哪了？兔子成了短尾巴了哈哈哈。

2. 从前，有一只兔子去拔萝卜，走在路上走着走着突然摔倒了，因为天太热了！然后它就变成了兔子饼干，还是萝卜馅的哈哈哈。

——嗯，每天配合说笑话的人哈哈哈大笑也是不容易的事啊，总是用老梗随便改编改编。

凉席　　　　　　　　　　　　　　　　　　　2018 年 6 月 18 日

一大早，爸爸给竹笛讲端午来历，讲屈原，然后讲《离骚》，然后指着一幅屈原持竹简的图片，循循善诱道："屈原手里拿的是什么东西？"竹笛高声答："凉席！"

——嗯，见世面很重要。

棋逢对手　　　　　　　　　　　　　　　　　2018 年 6 月 18 日

竹笛哥哥在小区里带一个小弟弟玩。

他对小朋友说：让我们到树上去钓鱼吧！树上的鱼新鲜！

我：树上哪里有鱼呢？

竹笛：树叶就是鱼！我给你讲一个小猫在树上钓鱼的故事吧！有一天，小猫坐在大树上钓鱼，他钓到了一个大鱼，可是突然鱼不见了，原来被树下的大恶龙吃掉了。这时候树突然倒了，小猫掉进了河里，河里到处都是鱼，小猫正在到处抓鱼呢，突然大恶龙噗地爆炸了！原来，恶龙吃的那条鱼吃了一个炸弹，炸弹爆炸了，把大恶龙炸死了！后来，小猫又到另一棵树上钓鱼去了！

这时，旁边的一个小朋友也过来听故事，我说，不如你们俩重新合作讲个故事吧？

第一次见面的两个孩子同意了，开始讲故事。

男孩：一天，小猫正在钓鱼，突然一只大龙游来了，小猫把大龙当成了一只大鱼。你讲吧！

竹笛：大龙力气很大，把小猫一把拉下水吃进了肚子里。小猫掏出一把剑，在大龙肚子里戳戳戳，大龙疼得哇哇哇乱叫。

男孩： 小猫的剑射到了大龙的眼睛上，把眼睛射瞎了。这只大龙是紫色的。这时候一只小鱼变成了神仙，它把大龙捆起来了。

竹笛： 小猫勇士打败了大龙，又去树上钓鱼去了！这个故事讲完了！

合作得一点儿停顿都没有！我一惊，问男孩妈妈，是不是经常在家里给孩子讲故事，果然得到了肯定的答复。然后两个孩子就四处转悠，玩各种象征性游戏。另外两个拿枪的小男孩不时地撩拨他俩，但他俩不为所动，一直沉浸在自己的世界里。真是棋逢对手才能玩到一起！

两个孩子疯玩了一阵，又过来让我出故事题。我说这样吧，我出同一个题目，你们两个分别讲怎么样？这个故事呢，要包括"风""树叶""蚂蚁"三样东西，你们两个可以随意讲，想怎么讲就怎么讲，怎么样？两个孩子同意了，想了一小会，就争先恐后地讲起来。

竹笛： 从前，有一只小蚂蚁正在悠闲地散步，突然，天上慢慢地掉下来一片树叶，盖在了小蚂蚁的身上，小蚂蚁看不见走路了，只听见风越来越大，呜呜呜地过了一会儿就下雨了，下雨了小蚂蚁也不怕，因为树叶是他的雨伞，他还用树叶做了一个指南针，指南针帮助小蚂蚁找到了自己的家！这个故事讲完了！

男孩： 天上刮风的时候，掉了一片树叶，树叶落到了一只蚂蚁的身上，蚂蚁把它做成了指南针，玩啊玩，玩了好久才回家。讲完了！

讲完了故事，两个孩子又去玩恶龙和小猫勇士的游戏了，过了一阵又来讲故事……

有时候，和小朋友相处真是愉快极了。他们那么纯粹，天真，可爱，充满了想象力和创造力。

自由的边界　　　　　　　　　　　2018 年 6 月 23 日

　　昨晚乘机，竹笛抱着自己的小熊猫，非要自己拿着登机牌，自己验，自己找座位。看着人不多，我答应了。于是，我就在后面看着小屁孩昂然地抱着他的玩具独自前行，工作人员笑说："看这小孩，太可爱了！还一脸傲娇！"

　　凌晨到家，一梦憨甜后，早上起来开始跟我讲道理："妈妈你看，你有行李箱，爸爸也有，为什么我没有？"

　　我说，你又不需要。

　　答：我怎么不需要？我旅行的时候没有玩具要带？没有画笔要带？

　　我：装我行李箱不就行了。

　　答：可是，我想有自己的行李箱，这样我可以自己拉着，这样我们三个人都自己拉自己的行李箱，不是更好吗？

　　我：你太小，拉不动。

　　答：行李箱不是有轮子吗？我推就行了啊！而且，你给我买一个合适我的不就行了！

　　我：……

　　最后终于说定，下次旅行前给他买一个。

　　中午让他睡觉，一口拒绝，说："我不困，而且我想尝尝中午不睡的感觉！"

　　两个结论：1.这个五岁的小男孩正一脸傲娇地走在寻求独立的路上。2.我给的自由是不是有点儿过了火？凡事跟我讲道理，不轻易服从，让人心累。他有自己的自由，这个观念已经被他理解得很透了，动不动就说，他有肚子不饿有权不吃饭的自由，有选择穿哪件衣服的自由——哪怕他爱穿的那些难看得要命，有不表演节目的自由，等等。今天跟他解释了半天自由的条件，我说："你有自由，没错，但你不能干扰别人的自由。你看动画片，是你的自由，但是你吵了我看书休息，你干扰了我的自由，你的自由就是不合适的。"

他似懂非懂，说："那我把声音调低好了……"

嗯，教育之路，任重道远。累，还在后边。

云 2018 年 6 月 27 日

放学路上抬头看云，竹笛说："怎么回事？这些云来开运动会了吗？"又说："今天的云像蒲公英，又像棉花糖，还像跳跳床，还像枕头、被子，还像一只大鳄鱼！"

今天适合读绘本《夏天的天空》。

伞 2018 年 6 月 28 日

上学前，竹笛带上他的伞，说担心下雨。到外面一看，只是白白的大太阳！我说赶紧打伞吧，打上伞就不会把我们晒黑了。他犹豫着问："那伞不就要被晒黑了吗？"

——双鱼座是不是都这样多情善感的？

大象和松鼠 2018 年 7 月 1 日

晚上讲了绘本《根娃娃》系列中的《狮王婚宴》和《雪国奇遇》，这是一套很清新的书，著绘都是辛芘·冯·奥尔弗斯，很有灵气的女画家，译得很美。后来，大概因为思念故乡的缘故，我自作主张，开始用乡音和竹笛说话，讲最后一个口述故事。一开始，他拒绝，给我讲道理说，一个人在北京就要讲北京话，不然就不是北京人啦，回到姥姥家才可以讲家乡话云云。我说，为什么我们不可以同时讲两种话呢？最后，终于被我说服了。果然，讲《小红帽》的过程中，因为对故事很熟悉，语言并未成为障碍，和我配合得很好。

用家乡话讲故事让我想起小时候妈妈边纳鞋底边给我讲梁祝故

事的场景，那会儿我们的鞋都是妈妈自己做的，鞋是千层底，一针一线纳就。妈妈在煤油灯下讲故事的时候，先是收拾一下针线匾，然后戴上顶针，拿起锥子和鞋底，就开始劳作了，随着手和胳膊的抡动，麻线在空中划出一道道弧线，为了省却换线的麻烦，那条麻线往往很长，每次穿底而过的时候，在空气中会划出好听的声音来，在煤油灯闪烁的黄色光晕下，有着非常动人的节奏和音乐感。其实这样说倒更恰当：妈妈不是讲故事之际纳鞋底，而是纳鞋底之际顺便给我讲故事。

那会儿我没有绘本，没有书，一直都是听她口述故事。她讲祝英台梁山伯最后都变成了蝴蝶，一起翩翩飞舞。在乡村的夜晚，我想象着见过的最美丽的蝴蝶，黑色的大花蝴蝶，是梁山伯，白色的温柔的小蝴蝶，是祝英台，我比画着，拿起针线匾里的碎布片，问："是这样飞的吗，是这样的吗？"

嗯，好吧，我承认，今晚私心里我是想回味一下自己的小时候，有那么一瞬间，我好像看见了三十年前的乡村夜晚，我是我妈妈，竹笛是小小的我。

……

讲完我问："你觉得妈妈的家乡话（苏北方言）和北京话有什么不一样吗？"竹笛想了想说："姥姥家的话重，我们的北京话轻，就像一只大象和一个松鼠那样，大象走路很重，松鼠走路很轻。"

我被这个比喻惊艳到了！

亲子故事 | 牛说　　　　　　　　　　　　　　　　2018 年 7 月 7 日

睡前一起编故事。

竹笛：从前，牛是不会说话的。

我：有一天，它在树下吃草，突然被一个圆圆的硬硬的东西砸了一下。

竹笛：它吓坏了，撒腿就跑，边跑边喊："救命啊，天塌了！"跑了很久很久，它才慢慢地停下脚步。

我：这时，它发现自己来到了一个完全陌生的地方。这是一个三层的楼房，棕红色的瓷砖在阳光下闪闪发亮。这是哪里呢，它心想。

竹笛：这时，一个小男孩走了出来，问："你从哪里来啊？"

我：牛举目四顾，天地茫茫，竟然不知自己从何处来。它哞的哼了一声，不回答。

竹笛："你饿了吧？我带你去吃草吧？"小男孩陪着牛往一个大草地上走。牛就在草地上吃草，小男孩拿了一个篮子，摘了一篮子花。

我：天渐渐黑了，可是小男孩和牛都没有发觉，他们一边看天上的星星，一边说话儿。

竹笛：牛说，它就住在很远很远的星星上面。

我：牛说，它也听得懂弹琴，但更喜欢青草中间蟋蟀的歌声。有一次，有一个人来给它弹琴，它正在和蟋蟀聊天儿，心里烦得不得了。

竹笛：牛说，人其实是很笨的，他们只看得见自己的琴，看不见草中的蟋蟀。

我：牛说，从前，有两个小孩到天上找妈妈，就是自己背着飞上天的，后来，它们都变成了星星。

竹笛：这只牛就是牛郎的牛，小男孩就是牛郎。

我：它们聊了很久很久，聊累了，牛说，我该走了。

竹笛：小男孩说，别走别走，我带你回家，我们一起看奥特曼。

我：可是，牛个子那么大，到小男孩家房子里住，要是拉臭臭怎么办呢？

竹笛：可以让牛到马桶上拉臭臭啊！

我：……于是，牛背着小男孩，小男孩拿着一篮子花，一起回家了。

竹笛：他们成了好朋友。这个故事讲完了！

永远爱你　　　　　　　　　　　　　　　　2018 年 7 月 11 日

　　我妈说，你对一个人好，不要让他知道。确切地说，她的意思是，你对你小孩好，不要让他知道，否则会娇纵了他。我之前觉得这句话很有道理，从未在竹笛跟前叨叨过为他做了什么事多么辛苦之类的话。

　　昨晚饭后在小区里散步，竹笛不高兴，跟我吐槽说："妈妈，你都不陪我玩，你从来不陪我拼乐高，陪我玩滑梯！"

　　我说："我陪你看书，不是陪你玩了吗？"

　　答："那只是一般的陪我看书，不是陪我玩，你看孟子墨的妈妈都陪她玩乐高、唱歌！"

　　我想了想说，妈妈问你几个问题。

　　你饿肚子的时候谁给你做饭的呢？

　　你不开心的时候，谁给你讲搞笑的故事？

　　你衣服脏了，谁给你洗的呢？

　　你自己身上脏兮兮的，谁给你洗的澡呢？

　　你想买玩具的时候，谁给你买的？

　　……

　　竹笛一开始笑，答说"是妈妈""是妈妈"……说着说着不笑了，"妈妈我们回家吧，我给你喂维生素片"。

　　回到家。竹笛抢在前面，说"妈妈你辛苦了，你快休息一下吧"，让我躺沙发上，给我找来薄被子盖住，然后说"我给你放点儿音乐"，又去扫地……忙了一圈，坐到我身边，说："妈妈，你不要多说话，小心嗓子疼，就躺着好好休息吧……"我明白他是听了那些问题后，心里突然懂得了。

晚上讲了两本图画书，睡前竹笛说："妈妈，我永远爱你。你爱我吗？"我说："当然爱啊！我也永远爱你。"

两条鱼　　　　　　　　　　　　　　　　　2018 年 7 月 12 日

今晚共读绘本《一条聪明的鱼》，想起去年读过的另一本相似主题的绘本《鱼就是鱼》，也顺便复述回忆了一下情节。

第一本《一条聪明的鱼》，是幼儿版的进化论。讲很久很久以前，所有人出现之前，大海里一条聪明的鱼有了想到陆地上走一走的念头，便聪明地制作出四只鞋子，成功登陆，然后回到海洋呼朋引伴，鼓励更多的鱼着陆，改变了整个世界的故事。第二本《鱼就是鱼》讲的是一条鱼想象自己变成鸟，变成奶牛，变成人，想跃上岸看看未曾见过的世界，然后发现了自己的"不能"，于是安心回到河流，享受自由自在的水中生活——是一个鱼版的一九〇〇（电影《海上钢琴师》的主角名）的故事……两个故事情节简单，画风朴素，构思及插图有相似之处，蕴含的哲理却大为不同——放在一起对读，是可作中高考材料作文题的。

共读结束，照例和竹笛交流读后感，顺便想启发他思考，究竟是勇气可嘉好还是坚守边界好？我问，你喜欢哪一条鱼的故事？竹笛不答，回问："你呢？"我坚持先听他的看法。

竹笛想了一会儿，道："鱼是不会做鞋子的啊，鞋子是牛做的，而牛是生活在岸上的，鱼没办法找到牛皮。鱼也找不到布，它也没办法用布做鞋子。海里只有海藻，可是鱼没有手，它怎么会用海藻做鞋子呢？所以，这条鱼的聪明是假的。"这个读后感出乎我意料，哦，竟然不按人家的剧本来……我没有提醒他，这个故事发生在陆地上所有人、所有动物出现之前，眼下，他显然不能理解那个什么还都没有开始出现的世界。

"不过，你怎么知道鞋子是牛做的呢？"

"我看了书。"竹笛拿出一本我没有讲过的书来，指给我看封面，"牛的身边有个箭头，箭头指向鞋子，就说明鞋子是牛做的。"我一时不知该如何评价这样一个自学加应用知识而来的对绘本的解读，优点是，竹笛哥哥有了自我学习及联想、应用知识的意识及能力，但随之而来的是想象力的受限——那种恢宏的可以越过细节真实的童话的魅力，他没有 get 到。对于儿童而言，知识的习得和想象力的丰富之间，如何好好平衡，是一个难题。

无论如何，有自己真实的看法并说出来，是很重要的。

平等问题　　　　　　　　　　　　　　　　　2018 年 7 月 11 日

晚上，竹笛爸爸体谅我，主动提出哄娃睡觉。可是竹笛哥哥不同意，说爸爸你讲故事太难听我不要你陪！爸爸道："可是妈妈今晚累了，让她休息休息不行吗？"好说歹说，还是被嫌弃。

唉，这点儿小问题都搞不定。我把儿子叫过来："儿子，你看，每天都是你和妈妈一起读书，其实爸爸也很想和你一起玩一起看书的，爸爸那么喜欢你，如果你只陪妈妈，爸爸会怎么想？再说，他虽然讲故事太难听，但是我们可以给他多试几次啊，就像你今天第一次学游泳，也学得不那么好是不是？"竹笛听了，宽容地笑笑，答应了给他那位笨爸爸一个机会。两个人一边愉快地读书去了。

想起中午和竹笛出去吃饭，路上因为选择哪家饭馆意见不一。他想吃混沌，我想吃面。我本以为他会耍赖撒娇让我屈服，结果他听完我的话，沉默了一小会儿，突然说："妈妈，我理解你的感受。我们去吃面吧！"我一惊，问他这句话跟谁学的。他笑笑不说。我说："其实，我也可以陪你去吃馄饨的，如果你很想吃的话。"竹笛道："没事儿，我吃妈妈喜欢吃的。"又补充一句："下回，你也会理解我的感受的，对吧妈妈？"

我不知道是不是幼儿园老师教会了他这句话，我不曾教过他，或者是书里的哪个人物说过？我不记得了。只是很欣慰，我的竹笛哥哥长大了。从此以后，他是我真正的一个小朋友了。

雨天　　　　　　　　　　　　　2018 年 7 月 18 日

1. 无意味的事

这几日雨水不断。我是很喜欢下雨的，所以每天只盼着雨水潺潺，仿佛有在故乡的错觉。昨日雨停，晚上吃饭回来，看见楼前树木垂下一株枝条，便轻轻拉了一下，树叶上的雨点哗啦哗啦直坠落下来，像转动雨伞在空中划了一个晶亮亮的圆。

孩儿看见，喜不自禁，央我抱着举起，他也拉动一个枝条，然而来不及跑，雨滴哗啦落到了我们的身上脸上，我有点儿懊恼，他却高声笑，又让我换另一枝，抬头看雨滴从树叶上滑落，洒满我们的头身，然后拉我搜寻下一棵有雨停落的树木……

无意味的事往往给人安静的喜悦。

2. 造句练习

晚上哄睡，未讲读图书和故事，做造句练习。

我说词，孩儿造句。

美丽——大象对小鸟说：小鸟，你真美丽。小鸟说：谢谢你！

激动——蝴蝶看见大象跑得很快，就问他："大象，你怎么了？干吗跑这样快？"大象说："我今天很激动！"大象打开手中的礼物盒给蝴蝶看，蝴蝶看了一眼，一只玩具恐龙大声叫着蹦了出来。蝴蝶吓了一跳。大象说："这是圣诞老爷爷送我的礼物！"

忙忙碌碌——老鹰在天上飞，看见大象在森林里走来走去，问："大象，你忙忙碌碌干什么呢？"大象说："我肚子饿了，想种点儿水果吃。"老鹰说："我和你一起吧。"

孩儿特别喜欢大象，三岁时他新学了一个词"老头子"，也造了一个句子——乌鸦对大象说："大象，你是个老头子！"大象说：

"我不是老头子！"

雨又下起来了，想起这些，微微笑。

两全其美　　　　　　　　　　　　　　　　　2018 年 7 月 21 日

　　把竹笛从朋友家接回来，便商量去哪里吃饭。竹笛说，想吃煎饼。我说，想吃煎饼。竹笛爸爸说，想去吃火锅。二比一，煎饼赢了。

　　竹笛爸爸见状贿赂道："儿子，如果你陪我吃火锅，回头我给你放五集动画片！"

　　竹笛立即改投火锅的票。我坚持要吃煎饼。竹笛道："我有一个主意，我们可以把煎饼买了，带着去火锅店啊，这样妈妈既可以吃煎饼，爸爸又可以吃火锅了！"爸爸很高兴，称赞他想出了两全其美的解决方案，竹笛听了，用手指指头："妈妈说的，遇到问题，要动脑子！"

　　嗯，娘亲深表安慰。

翟永明是谁？　　　　　　　　　　　　　　　2018 年 7 月 23 日

　　上学路上，竹笛问：翟永明是谁？

　　我说：你在幼儿园学过很多诗吧？

　　竹笛答：学过！

　　我：幼儿园学到的有四句话的诗，比如《登鹳雀楼》，比如《静夜思》，你能背一下吗？

　　竹笛很熟练地背了出来。

　　我：这两首诗每句话里都有五个字，叫古代诗。那"李白乘舟将欲行"这首呢，几句话？每句话里有几个字？

　　竹笛：四句话七个字！

我：对，这首诗每句话里都有七个字，这种七个字四句话的诗也叫古代诗，他们是很久很久之前的古代人写的。翟永明也写诗，但她的诗和你背的这几首都不一样，她的诗每句话字数是不一样的，有的字数多，有的字数少，排在一起就像垒积木，有的长有的短，也不是四句话，有很多句，她的诗叫现代诗。

竹笛：翟永明是一个写现代诗的人！

我：对了，翟永明是一个女人，住在成都，上次妈妈去成都开会，爸爸不是也去了吗？爸爸就是去成都找翟永明聊天的，他们聊了一下午。你看，翟永明就长这个样子——我把手机上的照片指给竹笛看——这个穿黑衣服的女人就是翟永明。

竹笛：我知道了。

我：那你现在知道翟永明是谁了吗？

竹笛：翟永明是一个住在成都的女人，她眼睛大大的，还写现代的诗。

嗯，这定义差不多了～

亲子故事｜动物园里快乐的一天　　　　2018 年 7 月 30 日

晚上我说，小时候都没人给我讲故事，因为我的妈妈太忙了，也没有书看，一本图画书都没有呢，孩儿听了很同情，拥抱我说："可怜的妈妈，以后我给你讲故事吧！"于是，他给我讲了一个快乐的故事：

有一只小鹿，走在路上，突然下起暴风雪来了，所有动物都躲得严严实实的，躲在家里吃松果啊吃好吃的。然后春天来了，动物们都出来玩了！小蛇在玩风筝；大象在玩蹦蹦床，它不停地向上跳——这是一个特别神奇的蹦蹦床，大象都跳不坏；长颈鹿在玩荡秋千；猴子在玩爬行游戏，拿着树枝在爬；刚刚吃完水果的企鹅和鸭子在玩放屁游戏；狮子呢，在玩踩脚印游戏——狮子必须练习踩脚印，因为它肚子饿的时候必须蹲下才能找到食物吃；小鼹鼠和小鸟呢，在玩跷跷板。还有的动物在踩高跷，有的在天空中旋转，有的在蹦蹦跳跳，有的在练拳，有的在学游泳，有的在踢腿，有的在玩仰卧起坐，还有的动物去欢乐谷坐云霄飞车……总之，所有动物在春天里尽情欢乐！

然后这些动物们玩累了，肚子也饿了，它们就去餐厅吃饭。吃完饭后，小鹿它们就回家了，回家后小鹿妈妈给小鹿讲故事，小鹿妈妈讲的故事书名字叫"动物园"。这本书是英文书，讲动物怎么念的，比如像大象读作 elephant 猴子读作 monkey 这样。讲完故事后，小鹿爸爸给小鹿洗澡——因为小鹿是男生，所以必须爸爸和他一起洗澡。然后所有动物都甜甜地睡着了。讲完了！这个故事就叫《动物园里快乐的一天》。

恐龙馆
2018 年 7 月 30 日

今天去清华看展览，在咖啡馆吃饭的时候，孩儿提到他想开一个恐龙馆的设想。他说他的恐龙馆要放很多恐龙雕像，墙上用小彩灯装饰，馆里要有专门的休息区、阅览区——阅览区书架上摆着各种各样的恐龙绘本，还有玩耍区，专门卖各种恐龙玩具，不买的话，也可以玩。恐龙馆里不能吃饭，吃饭的话得到外边去。恐龙馆进门前也要把背包放在前面——这是今天参观瓷器展的规定。

希望将来有一天，他能实现自己这个瑰丽的梦想。

晚上睡觉前，他再度抱怨我让他把蚂蚱放走，说："我的自由被你破坏了！"——这个娃娃有时候说的话真叫我吃惊。近一周来，他每每提醒我，要多笑笑，要温柔。因为工作及家务繁忙的缘故，我有时候做事只注重效率，难免面无表情。孩儿最细心，知道我心情不是特别好。嗯，我要慢慢调节，不辜负亲爱的孩儿的"调教"！

夜 　　　　　　　　　　　　　　　2018 年 8 月 8 日

　　被孩儿梦话惊醒，原以为他要喝水，却说了句"妈妈我永远爱你"，又翻身睡了，我轻轻地说："妈妈也永远爱你。"

　　这个小家伙平常大多数时间都调皮好动，却还是典型的双鱼座男生。睡前讲了两个故事，还缠着讲，我说妈妈累了今天就讲到这，不依，还是要讲，便作势打了他屁股。于是就恼了："你为什么打我？你不能嘴巴里说出来吗？你不想讲不会告诉我吗？"又生气又委屈。我说，其实我只是轻轻打了一下。"你又没笑，你是生气了打的！"

　　我只好老实承认我有点气恼，见他还是伤心，便笑着说："这样吧，你打我一下消消气吧？"孩儿说："我舍不得打你。谁让你是我最爱的妈妈呢。"

　　心里蛮感动的。又闲聊说，等你长大了，那会儿妈妈就住得离你远远的。孩儿说，我就要和爸爸妈妈一起生活。我说："你将来和一个女孩子结婚了，也会有自己的小宝宝，你就是爸爸，那个女孩子就是妈妈……你想做一个什么样的爸爸呢？"

　　"如果将来我做爸爸，我就要给我的宝宝吃冰激凌，吃零食，看动画片，他想干什么就让他干什么！不过，我还是希望你和我们住一起。"

　　"为啥呀？"（心里等着新的好听的话）

　　"我们和小宝宝玩积木的时候，你给我们做饭呀！"

　　……嗯，大概这才是人生的真相。

树叶动物 　　　　　　　　　　　　2018 年 8 月 8 日

　　雨后，和竹笛合作完成。

小狐狸　　　　　　　　　　　　小鸟

突然觉得很幸福　　　　　　　　　　　　　2018 年 8 月 11 日

　　有好一阵儿了，只要在家，孩儿就密切关注我的表情，然后时不时地站到我面前："来！妈妈！笑一个——对，就这样！我最喜欢爱笑的妈妈啦！"于是，每一天都要笑很多回。

　　很早之前，就给自己定了一个规矩，无论成人的世界里有多少烦恼，面对孩子时，要让他看见一个爱笑的妈妈。潜移默化之下，孩儿成了一个爱说爱笑的小伙子，现在每天来规范我了！在为他辛苦忙碌的表象之下，很多时候，是孩儿，给了我莫大的精神上和生活上的支持，我一直在教他，他也一直在教我，让我学着以孩童的纯真明朗去看这个世界，试着以孩童的眼光去观察这个世界。我才在多年的漠然之后，发现了晴天在叶底睡觉的蜗牛，雨后在地上爬行的蜗牛，蜘蛛网有时像风，而风就是一片白，天上的云有各种各样的姿态，雨滴会不小心路过我们的脸，就连手上的螺纹也是棒棒糖的样子……世界如此让人惊奇，每一天都是新的！

　　孩儿说，他要发明一个爱笑的机器人，在我工作忙的时候帮我，他还要发明一个会做饭的机器人，在我做饭的时候帮我……每天晚上，非要枕着我的胳膊才能入睡，睡前有说不完的话，聊不完的天，睡着了梦里还会笑，笑得像一只小糖猪。

这世界上，有一个小人儿，他如此地依赖我，如此地信任我，如此地让我觉得世界和生活的美好，也仿佛突然拥有了神力，不论遇到什么困难，都不会怕，不会绝望。

嗯，感谢生活所赐予我的一切。

《我的幸运一天》　　　　　　　　　2018 年 8 月 29 日

晚上共读这本书《我的幸运一天》，讲的是一只小猪不小心敲错了门来到狐狸家里又凭借智慧逃脱的故事。

它是怎么逃脱的呢？当狐狸要把它做成烤猪的时候，它说："狐狸，你不觉得我太脏了吗？给我洗个澡吧！"然后又说："你不觉得我太小了吗？给我做顿饭吧！"最后说："你不觉得我的肉太硬了吗？给我按摩按摩再煮着吃吧！"几次三番下来，狐狸累晕了，然后小猪撒腿就跑，还带走了狐狸的饼干。回家路上，小猪高兴极了，说："这真是我的幸运一天啊！"

念完故事，觉得这真是一个很好的启发孩子应对危机的例子，于是我满怀期待启发道："你觉得小猪棒不棒？"

竹笛：不棒，小猪很笨，它找小兔子怎么会找到狐狸家里？它应该看清楚再敲门！

我：这么说，你觉得狐狸聪明？

竹笛：狐狸更笨了，狐狸应该做一个门牌号，这样别人就不会敲错门啦！门牌号就叫"狐狸烤肉店"！

我：……

竹笛：我要是狐狸，啊呜一口就把小猪吃了，我都那么饿了，我等不及给小猪洗澡，还有做饭！

我：那你要是小猪怎么办？

竹笛：我要是小猪，我就跟狐狸说，你别吃我，我给你更好吃的牛肉干！我给你去商店里买，牛肉干可好吃呢！

　　我：可是，森林里有商店吗？

　　竹笛：有啊，你看狐狸家里不是有锅还有铲子吗，没有商店，这些东西狐狸怎么会有呢？

　　我：可是狐狸要是不听呢？它就是饿，想吃掉小猪！

　　竹笛：那我再想一个理由呗，但是我要是小猪，我就看清门牌号！

　　我：……

　　好吧，一场失败的引导。开心的是，竹笛有自己的判断力了。

螳螂捕蝉　　　　　　　　　　　　　　　　2018 年 9 月 8 日

　　上跆拳道课的路上，竹笛说，妈妈给我讲个故事吧。我说好吧，那就讲一个螳螂的故事。

　　我：从前，有一个人叫庄子，有一天庄子在树林子里散步，他看见前面树枝上有一只螳螂，正盯着一个知了，准备抓它呢，知了正在喝树叶子上的水，一点儿都没注意到螳螂。这时候，庄子又看见了一只黄雀，正躲在螳螂后面准备抓螳螂，可是螳螂也一点儿没注意到黄雀。后来，螳螂把知了吃掉了，然后，黄雀又把螳螂吃掉了。这个故事就叫"螳螂捕蝉，黄雀在后"。

　　讲完我问，假如你是螳螂，你会怎么办？

　　竹笛：我要先躲到旁边的灌木丛里，等黄雀飞走再出来抓知了。我也来讲一个故事，从前有一个庄子，他在树林子里散步，看见一只蚂蚱在吃草，后面有一只黄雀，后来蚂蚱吃了草，黄雀吃了蚂蚱。这个故事就叫"蚂蚱捕草，黄雀在后"。

　　我：那黄雀之后可不可能有别的东西呢？

　　竹笛：有，老鹰，老鹰在树梢上准备抓黄雀呢！

　　我：老鹰后面可不可能有别的东西呢？

竹笛：猎人！猎人在老鹰后面，等着抓老鹰。

我：猎人后面呢？

竹笛：没有了，因为猎人是本领最大的。

我：会不会有一只老虎在盯着猎人呢？

竹笛：猎人有枪，他可以用枪打老虎。他谁也不怕。

我：那你愿意成为这里面的谁？

竹笛：螳螂。

我：为什么？

竹笛：因为螳螂最帅！

我：那假如你是螳螂，你后面有黄雀，有这么多比你强大的人，该怎么办呢？

竹笛：我可以跟黄雀说，你先不要吃我，你吃饱了老鹰就要吃你了，还有老鹰，你后面还有猎人，不如我们一起来对付猎人吧！然后知了、螳螂、黄雀，还有老鹰，还有老虎，我们在一起商量，让森林之王老虎当队长，最后我们把猎人打跑了！

我：猎人打跑了之后，这些动物啊昆虫啊又一个吃一个了怎么办？黄雀又想吃螳螂了，老鹰也想吃黄雀了。

竹笛：让它们吃别的啊，比如可以找毛毛虫给黄雀吃，找死老鼠给老鹰吃，知了吃树叶，螳螂呢，可以吃别的知了，老虎去吃兔子啊野猪啊……

我：它们愿意吗？

竹笛：它们愿意，因为它们是一个小分队，把猎人打跑了之后，它们还约好，在树林里一个地方打一个记号，树一个牌子，牌子上写着：下次我们还在这集合哟！它们下次集合，就在这个地方挖一个洞，做成陷阱，这样就能打败猎人了。

我：那假如你是猎人，你会怎么办？

竹笛：妈妈，我只是在编一个故事，我不想当猎人。

我：好吧，那你故事里的英雄叫什么名字？

竹笛：叫小绿，我的螳螂叫小绿，我的蚂蚱叫小灰，打猎人的时候小灰也会过来帮忙。妈妈，我的故事怎么样？

我：棒！

说话间，道馆到了。

吻

在拥挤的电梯里，你突然说："妈妈，你蹲下，我给你一个惊喜。"我不情愿地放下左手的橄榄油，身后的书包，还有右手的提袋，在陌生人的注视里慢慢蹲到你眼前。

你飞快而狡猾地一笑，轻轻亲了一下我的右脸："妈妈，当你累的时候，我就给你一个吻！"

在被吻之后，我好像变成了另外一个人。"怕什么呢，我在你身边。"你两岁时勇敢的小拳头举起，一如今日。我看见笑意浮动在空气里，而你，是一个小小的英雄。

自学成才

竹笛哥哥有一个好朋友，叫艾迪妹妹。小姑娘冰雪聪明，古灵精怪，又温柔，又伶俐，每次看到他俩一起玩，就觉得走进了童话世界。昨天两个娃在楼下玩滑梯，一个跑一个追，竹笛一边跑一边扮鬼脸说："臭艾迪，来追我呀！"我听了，赶紧说："这样说话不礼貌——"还没说完，艾迪妹妹就打断我："阿姨，他在逗我玩呢，我也这样叫他，你别管了。"竹笛听了，得意地朝我吐舌头。没一会儿，又听他俩"公主殿下""王子殿下"地叫，一个钻洞，一个爬高，玩得不亦乐乎。

要回家时，艾迪妹妹邀请竹笛哥哥去她家看小狗，我坚拒了，因为人家来亲戚了，去了不方便，可是竹笛非要去，艾迪也一直求情。艾迪的爸爸见状，建议说："那让艾迪去你家看看你的螃蟹怎么样？看完了我们再回家。"真是一个贴心的爸爸，很照顾孩子们的情绪。

到了我家，两个孩子捉螃蟹，看螃蟹。一会儿尖叫，一会儿大笑。竹笛拿起螃蟹，翻过肚皮来，给艾迪解释说："这是母螃蟹，母螃蟹肚子圆，公螃蟹肚子上有个三角形，就像埃菲尔铁塔倒过来一样。"我问："可以把你的螃蟹送给艾迪一只吗？"竹笛爽快答应。鼓励艾迪捉螃蟹的脚，又担心艾迪被螃蟹抓，颠颠地跑去拿盆子给放上，临走前，又几番叮嘱艾迪回家一定要给螃蟹加水——我都没想到要去拿一个盆子，只在一边笑着看小姑娘怯生生地提螃蟹腿的样子。

我发现，基本上只要艾迪在，就没我什么事儿了。竹笛哥哥一下子就变得风趣、幽默、体贴、细心、勇敢、博学。睡前，竹笛难得地没让我讲故事，自己主动编了一个王子和公主克服艰难险阻到山洞里寻宝后来快快乐乐生活在一起的故事，一听就是他和艾迪白天玩耍的情境改编——各位爸爸妈妈，真的，孩子不是大人教出来的，每个孩子都有自我成长的本事！只要他／她遇到一个谈得来的朋友。

幸运一天　　　　　　　　　　　　　　2018 年 9 月 30 日

起床晚了，上学路上一直催促竹笛快点儿快点儿，快到门口时，我说，快去看看门关了没有，竹笛贼嘻嘻地笑："要是关了，就是我的幸运一天啊！"

结果门没关，我笑问："现在是什么天？"

他还笑："也是我的幸运一天！"

哈哈！

哭有用吗？

睡前和竹笛聊天，批评他晚上因为看动画片不得和爸爸哭闹耍赖。

我羞他道："你想看动画片，就自己学着放啊，哭有用吗？比如说一个小孩，从厨房端着一杯牛奶去客厅，不小心杯子摔碎了，你觉得他应该怎么样？"

"应该找抹布来把牛奶擦干净，然后再倒一杯！"

见回答得干脆利落，我甚感欣慰，继续循循善诱道："对啊，哭是没有用的，遇到问题，我们想办法解决它不就行了吗？"谁料画风一转，竹笛低头笑道："有用，哭能阻止一些事情。"——这个回答让我一愣。第一次觉得这个小屁孩的思想脱离了我的轨道，开始自己独立思考人生了……

登山记

在爬灵山之前，我几番阻挠，建议在城里随便爬一座，反正就是锻炼身体，哪一座不都是差不多的吗。但竹笛爸爸坚持要爬灵山，说要带着娃一座座山爬遍——之前爬过两回香山，在老家也爬过一座小山，竹笛都是自己爬上去，全程很轻松。我想了想，决定支持这个伟大计划。

爬山之初，竹笛说他是队长，我们是队员，一直在前面带路。才半小时，队员我就累了，只好喊："休息会吧队长！"队长朗声答："妈妈你不能放弃噢！要坚持到底！"在游客的笑声中，我只好继续跟进……中途，队长开始走走停停，一会儿捉蚂蚱，一会儿看毛毛虫，在发现一条小蛇后，就拿着登山棍子在草丛里瞎拨弄，走得很慢。队员不耐烦了，便催了队长几次，让他快点儿走，结果把队长惹恼了，蹬蹬蹬地开始专心爬山，没一会儿就把俩队员甩到身

后，口里说："你还催吗？那咱们比一比！"让队长等等我们，队长
压根儿不听，一直遥遥领先，毫不觉累的样子。把队员追得气喘吁
吁，只好停下休息，队长见状，在前面也停下，队员走，队长立马
起身。同行的游客见了都笑。

途中遇到的游客大多是带着孩子的，几乎都比竹笛大，遇到孩
子爬不动要懒之际，家长便指着竹笛说："你看，这个小朋友这么
小，都一直在爬呢！"上下山途中，竹笛以实力赢得十位以上游客
的赞许，获封"不放弃的小孩"，听到一个阿姨说"这不是那个不
放弃的小孩吗？我们又遇到了"，他得意极了，问我："妈妈，我今
天是不是很棒？"我说："非常棒！"

爬山之前，我想象的画面是我们两个大人被竹笛拖累得筋疲力
尽，现实却是，两个大人追赶他追得筋疲力尽，叫苦连天。小孩子
的勇气和毅力，真是不容低估啊！那些同行的大一点儿的小朋友，
最后也都坚持下来，登顶了！

这次爬山的最大教训是：以后自己得好好锻炼身体，免得以后
拖娃后腿。

太阳晚上去哪里了？　　　　　　　　　　2018 年 10 月 21 日

睡前谈心。

妈妈，太阳晚上去哪里睡觉？

去大海里啊！

那鲨鱼咬住太阳怎么办？

哦，怎么办，怎么办，让我想一想……鲨鱼是不会咬到太阳
的，太阳回家的时候，鲨鱼早就睡着了。

要是没睡着呢？

……

跟师友吐槽，夫子说，竹笛提的问题正是稼轩词的意境呀，词

曰："可怜今夕月，向何处、去悠悠？是别有人间，那边才见，光影东头？是天外空汗漫，但长风浩浩送中秋？飞镜无根谁系？姮娥不嫁谁留？　　谓经海底问无由，恍惚使人愁。怕万里长鲸，纵横触破，玉殿琼楼。虾蟆故堪浴水，问云何玉兔解沉浮？若道都齐无恙，云何渐渐如钩？"

哈哈，果真，"怕万里长鲸，纵横触破"，正是此境，大词人有孩童心，孩童心不逊大词人也！

小土豆，快睡觉

2018 年 10 月 23 日

睡前照例给竹笛哼自己编的摇篮曲，竹笛说，妈妈我来唱给你听，于是从头到尾循环唱了两遍，唱得又安静又温柔——这是第一次从孩儿口中听到这首给他哼了五年的曲子，心里觉得莫名感动。

我问，等你将来有了小宝宝，也会唱给他听吗？

会呀，我的宝宝就叫小土豆，我是小土豆的爸爸，你就是小土豆的奶奶，我现在就唱给小土豆听，小土豆，快睡觉，爸爸抱抱，抱着宝贝睡觉觉，啦啦啦啦啦啦啦啦，我的宝宝睡着了……

不完美的世界上有如此美好的你，不完美的生活里有如此可爱的你。

猜谜

2018 年 10 月 28 日

晚上陪竹笛学游泳，回来路上玩猜谜游戏。

我：什么东西可以飞，而且五颜六色的，像是在天空里跳舞？

竹笛：蝴蝶、蜻蜓、飞蛾，还有落叶！什么东西装满了水？而且很沉？

我：瓶子？

竹笛：不对，饮水机！什么东西高高的，还亮亮的？

我：太简单了，路灯啊！月亮啊！什么东西你看不见摸不着，你走得快它也快，你走得慢它也慢？

竹笛：风！什么东西可以思考？

我：人啊！

竹笛：不对，是大脑！什么东西可以装垃圾，而且有两个分类，一个可回收，一个不可回收？

我：太简单了，垃圾桶啊！什么东西小时候四条腿走路，长大两条腿走路，老了三条腿走路？

竹笛：奶奶！

我：哦……什么东西小时候不会说话，长大了整天说个没完？

竹笛：我啊！

我：什么东西晚上爱唱歌跳舞？

竹笛：她们（指着正在跳广场舞的奶奶们）！

我：好吧，其实我说的是蟋蟀……什么东西看得见摸不着，我们走它也走，我们停它也停？

竹笛：蜗牛！

我：啊？为啥是蜗牛？

竹笛：因为蜗牛没有手，所以摸不着啊！

我：……

规则意识　　　　　　　　　　　　　　　2018 年 11 月 3 日

吃早点路上，给竹笛哥哥讲规则意识。

我：儿子，你看，自由是有限度的，就像这个栏杆，车要在栏杆里面开；就像我们画一个大圆，在圆里面你可以自由地跑，但不能跑出这个圆的边。自由不是你想做什么就做什么，是有一定界限的，明白了吧？

竹笛：可是，要是画一个更大的圆呢？那我们不就是有更多的空间跑了吗？

哦……

甜蜜的一刻   2018 年 11 月 4 日

竹笛哥哥调皮，在走道里拦住我，说："这里禁止通行！除非你给我一百万！"

"可是我没有一百万啊，怎么办？"

"哼，那你就不能从这经过呗！"

亲了亲他脑袋，问："这个抵得过一百万吗？"

娃娃立即笑了，高声道："妈妈请通行！"

嗯，小孩子其实什么都懂得～

开心的事   2018 年 11 月 9 日

从幼儿园小夜托回家路上，和竹笛闲聊。

儿子，遇到不开心的事怎么办呢？

找一些开心的事做啊！

哪里有那么多开心的事啊。

有啊，得一个小贴画，吃棒棒糖，看动画片，都很开心。

可是，不开心的时候很多啊，比如，天冷了怎么办？

天冷会下雪，下雪可以打雪仗，打雪仗很开心啊！

天热了又怎么样呢？

天热了可以吃冰棍，也很开心。

路灯坏掉了，我们看不清路了怎么办？

那我们就用手电筒啊，晃晃悠悠回家很开心。

手电筒也坏了呢？

手电筒坏了，还有楼房里的亮光，和天上的星星，我们跟着亮光和星星走，也很开心。

星星掉下来怎么办？

星星掉下来会变成宝石，我很开心。

星星掉下来是个破石块怎么办？

石块的话我们踢着玩，也很开心。

嗯，妈妈要出差好几天，怎么办？

那我就和爸爸在楼下踢足球，我很开心。

爸爸出差好几天呢？

那我就和妈妈在家里看图画书，我也很开心。

你的好朋友和别的小朋友玩怎么办呢？

那我也和别的小朋友玩，我有好多好朋友，我很开心。

好朋友批评你了呢？

他如果说的不对，我就吼他，告诉他不能这么凶，然后我们就和好了，我很开心。

如果说的对呢？

说得对，那我听，我也很开心。

嗯，妈妈做饭很难吃怎么办？

没关系，难吃我也会吃的，我很开心。

早上你不想起床，但是得上学怎么办？

幼儿园很好玩，我喜欢去，我很开心。

妈妈不给你买新玩具怎么办？

没事儿，那我就自己发明一个新游戏，我很开心。

今天妈妈接你这么晚，小朋友都走了。

没事儿啊，我在小夜托玩积木，我很开心。

……

真是一个顽固的乐观主义者啊～

观察力　　　　　　　　　　　　　2018 年 11 月 12 日

不知梦见了什么，孩儿从梦中发出抽噎的声音，拍了拍他的背，很快平复熟睡，照例我睡不着了。记一下日志。

发现孩儿最近观察力大增。中午去附近的麦当劳吃饭，我牵着他的手，像往常一样往正门走，孩儿说："妈妈，我带你走一条更近的路。"我一愣，店就一个门，哪里还有更近的路啊！孩儿自信地说："妈妈你不要管，跟着我走吧。"我忍住没拉他，没说出"你别乱跑"这样的话，跟着他往经常去的超市门口走。进了超市门，孩儿一径往门口第一家的手机店里面走。

"哎，这是去哪啊？"我忍不住了。

"你跟着我走吧！"我的小家伙雄赳赳地走在前面，头也不回，我只好继续将信将疑地跟着——果然，在手机店最里面，有一个小门，推开，正是麦当劳的厅堂。这个门我从来没有注意过，不知从外面看明明隔得很远的店铺正门和超市之间如此近地连接着。

我问，以前爸爸带你走过这门吗？

没有。

那你怎么知道这儿有个门的呢？

我以前和你们逛超市的时候，看到有人往这边走啊，他们不是来买手机的，而且你没看到吗？这个门上有一个 M——抬头看了看，果然有一个 M。我这是神经多大条，走了几十回，一次也没注意过。很欣慰，很开心，原来被自己的小屁孩"教训"，心里如此甜蜜。

晚上去学游泳课，今天可以不用教练手把手教了，进步很大。回来后我们在小区里散步，找星星玩，今晚有点儿雾霾，找了半天没找到几颗，孩儿说："妈妈，月亮也不见了，是不是被老鼠偷吃了？"他说听我讲过一个故事，故事里一只老鼠飞到了月亮上，整天吃桂花糕，吃得牙都蛀了——我都忘了，经他提醒才想起，大概是当初不想让他吃糖瞎编的。

　　孩儿又跟我说起圣诞节，希望今年圣诞老人送他一个他自己设计的泡泡玩具机，这个玩具机上分布着各色按钮，按一下蓝色按钮出现一个蓝色泡泡，里面装着一个蓝色的玩具，按一下绿色按钮，就出现一个绿色泡泡，里面装着一个绿色玩具，按红色按钮就是红色泡泡红色玩具，等等。他说要把玩具机画下来，这样圣诞老人看见了，就会给他送了！——这让我为难，到哪儿找这样的玩具机呢？自己又做不出来。

　　发现孩儿对自己发明玩具也很有兴趣，昨天用卡纸给他的小汽车做了一个开放式滑梯，先剪出三个长方形，用双面胶粘住两端做成圆柱体，再将三个圆柱粘在一个底板上，然后在圆柱顶端再粘一个窄一点儿的折边卡纸，最后在底板和窄卡纸之间粘了两个狭长的长方形卡纸，长方形折了边以防止小汽车掉落。这个滑梯是他根据楼下的滑梯设计的，当时我在一边看书，他在一边裁裁剪剪，没想到做得像模像样的。后又给绿豆做了一个封闭圆筒式滑梯，式样和之前不同，让我拿十颗绿豆——拿九颗都不行——从滑梯顶端一粒粒往下滑……这一阵子，创造的热情很浓厚～

　　与此同时，孩儿现在的问题也有很多，没有时间观念，依赖性强，不肯独自入睡，规则感也有所欠缺……总之，教育之路，任重道远啊。

不陪孩子玩的妈妈还是妈妈吗？　　　　　　2018 年 11 月 12 日

　　接竹笛放学后我就一直忙，他在一边玩乐高，终于发怒了，指责我："哪儿有不陪孩子玩的妈妈！不陪孩子玩的妈妈还是妈妈吗？那不成爸爸了吗？！"

　　……

　　家中谁带娃，真相在这儿了。

月亮像什么 2018 年 11 月 16 日

出去吃饭路上，和竹笛哥哥闲聊。

今晚的月亮真好，你看像什么呢？

像西瓜。

可是西瓜是红色的呀。

那没关系，有个小天使飞到月亮上去把它涂成红色的不就行了？

噢，那小天使是谁呢？

是妈妈呀！

啊，那你在哪里呢？

我跟你一块儿去涂啊！

涂成西瓜后，星星会怎么想呢？

星星说，咦，西瓜怎么飞到天上来了！

那地上的蚂蚁看见了，会怎样想呢？

蚂蚁说，走走走，咱们到月亮上吃西瓜去！吃完了就在月亮西瓜皮上玩滑梯！

……

和孩儿聊天，几乎每次都是这样说梦话。感谢这些梦话，让我能时时抬头看看天。

夸奖 2018 年 11 月 25 日

晚上做了最擅长的西红柿鸡蛋面，刚把饭端到客厅竹笛就开始感叹："妈妈你做的面真是太好吃了！你是世界上最好的厨师！"我在厨房洗锅，听了感动极了，问："啊？！真的有那么好吃吗？"竹笛走过来，很认真地说："是啊妈妈，因为从来没有人夸过你，所以我才这么说的。"

哦……

斑马的样子怎么来的？　　　　　　　　2018 年 11 月 29 日

一边吃饭一边讲《贪吃的斑马》：很久很久以前，世界上所有的动物都是光溜溜灰突突的，有一天，森林里出现了一个神奇的洞穴，里面放着五彩的皮毛和角以及尾巴等，然后所有的动物都去挑选喜欢的外衣了，只有斑马，因为贪吃，它磨磨蹭蹭，磨磨蹭蹭，错过了挑选彩色皮毛的机会，最后只好穿上被所有人厌弃的黑外套，因为吃得太多，刚穿上就撑破了——然后斑马就变成了现在这个样子。

讲完，自己都被感动了，多么美的故事啊！

可是竹笛一脸无动于衷，说："这是什么破故事啊，斑马本来就长这样子的……"

sigh（叹息），五岁的小孩就开始不相信童话了吗？我都相信了。

饺子皮　　　　　　　　　　　　　　2018 年 12 月 10 日

刚送竹笛去上学的路上，讲了个故事。

很久很久以前，在一个村庄里，住着一户人家，这家里有一个小男孩，他特别爱吃饺子，妈妈每次包饺子他都吃好多。小男孩有一个习惯，他喜欢一口咬掉饺子中间的馅疙瘩，然后剩下的饺子边边就不吃了。每次吃完饭，妈妈就把小男孩吃剩下的饺子边放进一个碗里，拿到阳光下晾晒。小男孩吃完饺子就玩去了，他不知道妈妈晒那些饺子皮干什么，妈妈也不告诉他。

有一年冬天，特别冷，庄稼都冻死了，家家户户的粮食快吃完了。最冷的那一天到来的时候，小男孩家也吃不上美味可口的饺子了，小男孩饿得肚子咕咕叫。这时候，妈妈笑着说："别急，我有办法。"吃饭时，妈妈从厨房端上来一大盆长得像花朵一样的面条，爸爸妈妈和小男孩一人吃了一碗，别提多好吃了。

小男孩问，妈妈这是什么呀？这么好吃！妈妈说，这就是你以前扔掉的饺子皮呀，我把它们晒干收了起来，你扔掉好多，妈妈收了一大口袋呢。今天我把它们煮成面条，加了一点儿萝卜，还有葱叶子，是不是特别香啊？小男孩说，太香了，没想到饿了的时候饺子皮这么好吃！从此以后，这个小男孩吃饭再也不浪费粮食了……

讲完，竹笛有点儿含羞，问："妈妈，这个小男孩是我吗？"忍不住笑了，我记得我也问过相似的问题，那是很久以前的一个冬天，我的妈妈第一次给我讲这个故事的时候。

结婚和房子问题　　　　　　　　　2018 年 12 月 16 日

最近流感肆虐，幼儿园小朋友纷纷中招，竹笛自周五起，也连续发烧两天，今天早上终于不烧了，体温恢复到正常。两天两夜，这是最快的一次恢复。之前听最懂儿科的同事说，孩子发烧感冒，如果精神状态不错，不必去医院，可以自己在家护理。这次听了她的话，精心护理之下，果然效果显著。

最厉害的是周五夜里，高烧不退，隔四个小时一次，给吃了两次退烧药，然后不间断地用温热毛巾擦拭额头，喝水排尿。周六一天，榨了橙汁，熬了米油，熬了梨汁，间隔着喝了，一天内不间断地喝水，同时吃了豉翘、肺热咳喘口服液，全天维持在低烧。昨晚睡前，用生姜水泡脚降温，然后昨夜里一夜守候，皆是低烧，没吃退烧药。今早上一量，一点儿都不烧了。谢天谢地。今年唯一的一次发烧平稳度过。

因为昨晚八点多就入睡，半夜孩儿醒来了，唱了两首《超级飞侠》主题曲后，还跟我讨论了一阵婚姻和房子问题。

竹笛：妈妈，结婚是什么意思？

我：结婚啊，就好比有两只小鸟，一开始呢，它们各自在天上飞，每个人都飞得很快，但也很孤单，有一天，它们落在同一棵树上时认识了对方，它们聊得很开心，想一起生活，然后它们就决定在这棵树上建一个温暖的窝。这只小鸟负责找树枝，另一只小鸟负责找羽毛，它们一天一天地努力，终于垒了一个又漂亮又温暖的鸟窝。后来，其中一只鸟生了一个鸟蛋，这个鸟蛋后来变成了鸟宝宝。

竹笛：生了鸟蛋的就是鸟妈妈对吗？

我：对，本来是两只孤单的小鸟，后来两只小鸟结婚了，有了鸟宝宝，就有了一个鸟家庭了。鸟宝宝长大了，它就离开爸爸妈妈，去建造自己的家。

竹笛：可是，鸟宝宝不会建筑怎么办？

我：不会的话，可以学啊，鸟妈妈鸟爸爸一开始也不会，不是也建成鸟窝了吗？

竹笛：可是，我不会设计图纸啊，我怎么盖房子呢？还是你们给我买一个房子吧！

我：自己的房子要自己建造，或者你自己赚钱购买。将来，你可以和这个世界上你最喜欢的女孩子一起建造你们的房子。

竹笛：我最喜欢的女孩子是妈妈！

我：哦，那就和你第二个喜欢的女孩子一起。

竹笛：我第二个最喜欢的女孩子也是妈妈。

我：……那就和你第三个喜欢的女孩子一起。

竹笛：我第三个喜欢的女孩子是相宜姐姐。

我：好的，就这样，将来，你和喜欢的女孩子一起想主意，一起设计图纸，一起建造房子或者购买房子就可以啦（总之，我是不会给你买房子的）！

娃心满意足地睡了。

给妈妈讲故事的人   2018 年 12 月 17 日

昨晚身体微恙，乘机对娃大加渲染说，妈妈身体不适说不了话啦，你要心疼妈妈啊云云。睡前终于躲过讲故事一关，正感慨太好了赶紧关灯睡觉吧，没想到竹笛善心大发，说："妈妈，那今天我来给你讲故事吧！"

愉快地听了一个《狐狸尼克幸福的一天》。结果竹笛讲上瘾了，逼着我听他连讲五个故事，什么猫和老鼠厨房大战、小兔子骑单车去旅行、狐狸妈妈生病了，等等，还让我录下来，讲完再放两遍给他听，边听边嘎嘎乐呵。而且制定了新规，由每天我给他讲故事改为每天他给我讲故事。定完规矩，还直嚷："妈妈，讲故事太好玩了！"

你想做一个讲故事的人吗？

不，我想做一个给妈妈讲故事的人！

病一次是值得的呀！

圣诞快乐   2018 年 12 月 25 日

妈妈，明天早上起来我会收到圣诞老人的礼物吗？

会的！

真的会吗？

真的会！

可是，圣诞老人都是从烟囱里爬进来的，我们家没有烟囱怎么办？

嗯，圣诞老人有神奇的魔法，他会从门缝里悄悄溜进来的，而且，谁家的小朋友睡得最早，圣诞老爷爷就最先来噢。他带着一大包礼物，等小朋友关灯睡着了，就笑眯眯地来了……

竹笛哥哥第一次主动关了灯，早早地睡着了。而"圣诞老人"

半夜起来悄悄在他枕边放好了礼物，等待明天早上一个大大的笑容。

诗评   2018 年 12 月 25 日

　　晚饭时，竹笛哥哥突然背起《沁园春·雪》来，说是幼儿园教的，背完问："妈妈，这首诗为什么写得这么猛？"我觉得"猛"这个词形容得很好；于是问他"吹面不寒杨柳风"一诗的观感，他答："很清洁。""清洁"这个词让我觉得很新鲜；又问他对"轻轻地我走了／正如我轻轻地来／我挥一挥衣袖／不带走一抹云彩"这几句诗的感觉，他答："很温柔。"

　　嗯，总体而言，这个娃娃的"感觉"不错。

答案   2018 年 12 月 29 日

　　把娃哄睡了，战斗的一天告一段落。睡前讲了图画书后，突然想到那个经典难题，于是便拿来问竹笛，想看看这个成年男子闻之色变的难题，五岁的小男孩怎么回答。

　　于是问：儿子，假如有一天，我和艾迪掉河里了，你在岸上，你会先救哪一个呢？

　　我同时都救。

　　如果只能救一个呢？

　　我都救，我拿两个钓鱼竿，同时扔给你们，艾迪抓一个，你抓一个，我把你们同时拉上来。

　　这个回答让我一愣，但还是继续问下去：你不想先救哪一个对吗？

　　是，如果我先救你，艾迪就会沉下去，我先救艾迪，你就会沉下去，所以我要同时都救。

　　对于生命里重要的人，爱有内容之别，但无轻重之分。我未料到我的小小伙子竟然如此清楚明白地懂得这个道理，而且那么坚定，毫不动摇。心中大感安慰。

两小无猜   2019 年 1 月 9 日

晚上艾迪妈妈忙，托我帮她接娃。把竹笛哥哥和艾迪妹妹接到家后，两个娃儿就在那儿叽叽咕咕地聊天。

过了会儿，艾迪妹妹随手拿起存钱罐，想掏几个硬币玩儿，竹笛哥哥见状，立马阻止道："艾迪，你别拿存钱罐，你不是说要当公主吗？公主是不会拿存钱罐的！"

我听了一愣，笑问："那公主应该拿什么呢？"

竹笛哥哥：公主什么都不拿！

艾迪妹妹：公主就在那慢慢地很温柔地走着，身边还有一个王子！（转向竹笛哥哥）你就是我的王子！

……啧啧啧 :-)

夜   2019 年 1 月 30 日

半夜孩儿要喝水，被惊醒了。把床头准备好的水递给他，咕噜咕噜喝了，喝完把水杯还我，睡眼蒙眬地说："谢谢妈妈！"心里很感动，为这一句谢谢。看孩儿睡下，心想：妈妈永远爱宝宝。却不自觉地轻轻说出了口，却立即听到回应："宝宝也永远爱妈妈——"好像一句梦话，说完鼾声便起了……

时间真快啊，这样的日子一晃就快六年，这小人儿从呜里哇啦的小婴儿到今天。睡前他说："我要拼好这个乐高，完成它，是我的责任。"——都知道，并且会说责任这个词了……

感谢生活，赐予我这么多的爱和美好。

一首诗的产生 2019 年 2 月 1 日

早晨，竹笛爸爸说，昨晚儿子的诗是不是你帮着写的？——一看就是不带娃不陪娃的人才问得出的问题。我说不是，是竹笛自己口述，我记录的。过程是这样：

睡前，竹笛突然问我："妈妈，人要甩掉自己的影子怎么办？"听到这个问题，立即想到《庄子》里被笑话的那个怪人，心想这小毛孩怎么会问这个问题。于是启发他，什么时候有影子，影子什么时候长什么时候短，影子和我们身体方位之间的关系，然后把《庄子》里那个寓言讲了一遍，问："假如这个人站到一棵浓密的大树底下，他还会有影子吗？"

"没有！树荫把他的影子遮住了！"竹笛说。

"这不就成功甩掉自己的影子了吗？好了，一边玩去吧，我要看书了。"——我以为教育工作结束了。

竹笛却又问："可是，大树也有影子啊，大树怎么甩掉自己的影子呢？"这个提问出乎我的意料，说明娃在思考。心中高兴，想继续启发他思考，于是面上假装困惑："是啊，大树也有影子啊，怎么办呢？"

大树可以打伞啊，打一把巨大的伞，伞可以遮住大树的影子。

嗯。

可是伞也有影子，伞想甩掉自己的影子怎么办？

是啊……

就这样，他一直问下去，我一直嗯下去。最后问到宇宙了，不能更辽远和无穷了。

这下他很发愁，宇宙想甩掉自己的影子怎么办？我也没辙，我不知道还有什么比宇宙更大更辽远的东西。有点儿不耐烦了，说睡吧睡吧，宇宙最大，没有什么可以遮住它了。竹笛扭股糖似的，粘着不肯睡，我便继续看书，任由他自己琢磨。过了会儿，他突然说："我闭上眼睛，不就看不到影子了吗，影子就全消失了！"

听到这句，我觉得特别有意思，就跟竹笛说，妈妈想把你说的这些话都记下来，让他从头到尾再说一遍。他说完了，我也记好了，然后我问："你这首关于影子的诗叫什么题目好呢？"竹笛一开始说，就叫《影子》，说完又摇摇头："还是叫'怎么甩掉自己的影子'吧！"我记录下来了。竹笛又让我读给他听，读到一句"一个小男孩闭上了他的眼睛"，让我再添上几个字"他叫蛮蛮"，变成"一个小男孩他叫蛮蛮闭上了他的眼睛"。最后再念一遍给他听，没有修改意见了，这才定稿！

早上我才想起来问："影子那个问题是你自己想的还是老师问你的？"答："是小猪佩奇问她妈妈的。"嗯，我得找这集动画片来看看，看人家妈妈是怎么教育子女的。

宇宙的孩子　　　　　　　　　　　　　　　2019 年 2 月 10 日

因为行李书籍均已打包，竹笛今日的睡前读书计划没有实行，改为讲故事。今天刚看了电影《流浪地球》，于是信口编了一个。

我：六年前，有一天，我在公园里散步，突然听见有小婴儿在咿咿呀呀地哭，我就顺着声音寻找，原来声音来自长椅上一只摇篮，走近一看：呀！摇篮里睡着一个胖乎乎非常可爱的小 baby，baby 的手心攥着一个蓝色的星星，还闪闪发光呢。摇篮里还有一张纸条，纸条上歪歪扭扭地画着图案和字：这是来自星星的孩子。于是，我就抱着这个小孩回家了。

竹笛：就是我吗妈妈？

我：就是你啊！然后我每天照顾你，给你喂奶，陪你玩耍，教你说话，你这个小 baby 就一天天长大了。有一天，我突然做了一个神奇的梦。我梦见一个花园，花园里一个外星人妈妈正在种植金色的玫瑰花，她告诉我说，她有好多好多宝宝，每个宝宝都是她的小王子，这个花园里的花都是小王子们种下的。现在宝宝们都去了不同的星球探险，她就帮助照看一下。她还告诉我说，到地球探险的宝宝在我家，她选择了我做你的地球人妈妈，有一天她会乘着飞船来看望你。她说，你也可以自己发明更快速的飞船，去看望她。

竹笛：可是，我不想离开地球人妈妈。

我：那地球人妈妈就和你一起去看望外星人妈妈好不好？

竹笛：好，地球人妈妈也有自己的外星人妈妈吗？

我：有的。我们每个地球人同时也都是宇宙的孩子，在宇宙中的某一颗星星上有一个外星人妈妈。外星人妈妈会一直在遥远的地方守护着我们。有时候我们会在夜晚看见她们，有时候会在梦里见到她们，当我们梦到星星、月亮或者太阳的时候，那就是外星人妈妈想念我们了，在给我们送祝福呢。

……

说了八挑子话，哄睡了～

信任问题　　　　　　　　　　　　　　　2019 年 2 月 15 日

妈妈，你爱不爱我？睡前，竹笛笑眯嘻嘻地问。以往每次我都回答："爱，妈妈永远爱你。"今天我说："不爱！"

你骗人，你明明爱我！

你既然知道，为什么还要问呢？难道爱一个人一定要说出来吗？

对啊，说出来我会更开心。

好吧，妈妈永远爱你——但有些时候，就算妈妈没有讲出来，你也要相信妈妈。

谈起今晚讲的故事。

今天故事里的小男孩遇到困难没有放弃，要是你，会怎么样呢?

放弃!

啊?!

你明明知道我不会放弃,为什么还要问呢?你不是早就教过我,遇到问题,哭是没有用的,要想办法解决问题吗?

……

妈妈,你也要相信我呀!

贫了一会儿,甜蜜地睡了。想起散步时候竹笛常常和我玩的一个游戏:他闭上眼睛,由我牵着,虽踉踉跄跄,却边走边笑,丝毫不惊慌害怕,任由我引领着他向前——心里涌起莫名的感动,谢谢孩儿交付于我的这份信任,我不可以辜负。

七

童年的秘密

好朋友   2019 年 3 月 23 日

　　早上出门来上跆拳道课，和竹笛正等公交车，竹笛的同学小叶子和妈妈也来了。两个娃娃一见，便都撇下妈妈，手牵手上了车。车上已经满座，两个小孩于是扶着栏杆站着聊起天来。

　　"我好久没在小区里看见你了。"小叶子对竹笛说。

　　我很不识趣地插话道："小叶子，我们搬家了，不在原来小区住了，你还不知道吧？"

　　竹笛白我一眼，说："妈妈，小叶子知道！"

　　"你告诉她了？"

　　"没有，但是艾迪知道我搬家，艾迪和小叶子是好朋友，艾迪肯定告诉小叶子我搬家了，是不是小叶子？"

　　小叶子笑着点点头。

　　我沉默。

　　过了一会儿，竹笛身边有人下车，空出一个座位来。我想，只有一个座位，但有两个孩子，怎么办呢？犹豫了一下，对竹笛说："只有一个座位，你和小叶子两个人挤一挤吧？"竹笛走上前，先把座位占了，然后转脸笑着对小叶子说："小叶子，你来坐吧！"又转向我："妈妈，我想让小叶子一个人坐。"

　　我一愣，又喜又愧。喜的是儿子竟如此懂礼，愧的是自己心里竟舍不得让他站几站路。小叶子妈妈在一边捂嘴笑而不语——小叶子高兴地走过来，亲热地拉着竹笛一起坐下，然后两个人贴着耳朵叽叽咕咕说了半天。

　　我又忍不住问道："你俩说什么呢？"

　　竹笛告诉我，小叶子遇到了解决不了的烦恼。原来小叶子有两个好朋友，一个是臣臣，一个是艾迪，可是臣臣和艾迪互相不大感冒，小叶子和臣臣玩，艾迪就不高兴，小叶子和艾迪玩，臣臣就不高兴，她发愁极了，请竹笛帮忙解决这个难题。

我问，那你想出什么办法了吗？

竹笛想了想，说："有了！"他分析道："艾迪最喜欢手链，我家里有一个特别漂亮的手链，我送给艾迪，让她和臣臣做朋友。而臣臣呢，最喜欢小贴画，我给臣臣送一个小贴画，让他和艾迪玩，臣臣如果不同意，我就收回贴画。这样，他们肯定能成为好朋友了！"

"可是，如果他们还是不愿做好朋友怎么办？"

"没关系，我请小叶子做助手，如果这个办法行不通，我们两个人再一起想别的办法。总之，我们一定要让臣臣和艾迪也做成好朋友。"

嗯，心里感动极了。我觉得他俩一定会成功的。还有，在孩子们面前，自己以后一定要少说废话了。

想象山海兽　　2019 年 3 月 24 日

昨天听了一下午关于《山海经》的讲座，晚上便给竹笛讲《山海兽》一书，讲完我说，不如咱们自己也想象一只怪兽，给它编一个故事吧？竹笛说好。于是我俩各编了一个。简单记录如下。

竹笛：很久之前，有一只怪兽，它是陆武的第四只尾巴幻化而成（第五只尾巴变成狰了）。它有兔子的耳朵，猫头鹰的嘴，眼睛红红的，身上还有很多毛发，当这些毛发掉落到地面，就会变化出无数只小怪兽，这只兔耳朵怪兽是天底下所有小怪兽的祖先。它的名字叫 &@#（名字我没听懂）……

我：远古之际，天上有一只怪兽，长得像大乌龟，又像一只巨大的刺猬。每当它出现之际，身上就驮满五彩斑斓的巨石，从天边划着云朵缓缓而过。当它身上的巨石掉落地面，就会砸出一个巨大的湖泊——那时候的人为了避险，就将自己装进粗大的藤条编织的笼子里，人与人之间隔笼相望，奔跑之际则推笼而行，久而久之，人发明了房屋。怪兽很少睡觉，有一次经过大海上空时，它不小心睡着了，身上的巨石全部滚落，砸进大海，幻化为一片五彩缤纷的彩霞。没有这些神石庇佑，怪兽掉落到海里，再也不会飞翔了。它就是现在乌龟的始祖，叫葵。

……

竹笛对《山海经》很着迷，我问他看到帝江无首是不是很害怕，他说不怕，说帝江有肥厚的翅膀，圆滚滚的，多可爱。

夜　　　　　　　　　　　　　　　　　　　　　　2019 年 3 月 25 日

这两天抽空整理了一下几年来给孩儿讲故事的上百个音频，听着孩儿声音从奶声奶气到虎里虎气的转变，听着我们一起编织的那么多美丽的故事，心里涌起无限温柔。

编故事的时光大多在睡前半小时，有时候是我讲述为主，孩儿提问和推动进程；有时候则是我们声情并茂共同演绎一则小故事；有时候又是孩儿讲述为主，我负责穿针引线——这些随机编织的故事有的我当天即记录成文字，有的则因为疲累搁置一旁。而今重新聆听，才发觉一路走来自己常常吐槽的独自带娃的辛苦日子原来有这么多甜蜜美好，每一个故事音频里都有孩儿的欢笑，也有我的。这半年多来，给孩儿讲故事没有那么专心了，讲故事书也每每只是匆忙诵读一下——其实是可以挤出更多时间的，想来愧悔。

生活需要继续做减法。

面团鳄鱼　　　　　　　　　　　　　　　　　　2019 年 4 月 7 日

听到厨房里奶奶大笑，跑过来一看，竹笛哥哥的新作品完成了！——参考昨天同学送他的鳄鱼玩偶。问跟谁学的，他说有一次去蛋糕房，看到面包师傅用剪刀剪装饰……

奶奶说，自己做了一辈子馒头，也没有想到面团竟可以做出鳄鱼来。

剪面团

鳄鱼馒头

一件小事   2019 年 4 月 13 日

在跆拳道馆。

两个大学生推销员来推销一款洗洁剂。一个站着提包不说话，另一个：先是拿馆里的椅面做试验擦啊擦——椅面光亮如新，然而老板无动于衷，表示拒绝购买；然后拿馆里的地垫做试验擦啊擦——地垫光亮如新，然而老板无动于衷，继续拒绝购买；然后拿馆里的玻璃做试验擦啊擦——玻璃光亮如新，然而老板无动于衷，仍然拒绝购买。

我在一边坐着看书，不时抬头看看这两个推销员，心想，这下馆里没有可擦的了，要放弃了吧？然而这个小哥一眼瞄到了沙发旁边竹笛的鞋子，拿起一只就开始擦啊擦——灰不溜秋的鞋边立即光亮如新。一边擦一边对老板娘说："你看，姐，你们馆这么多小朋友，放一瓶在这儿，谁有需要随手一擦，又方便又体面！"——又拿出手机，刷出天猫页面——"而且还比天猫上的便宜！"

老板娘笑而不语。我站起来，跟小哥说："我买一瓶吧！"小哥很吃惊，全程他根本没把我当目标顾客，一句话也没朝向我说。我说："我被你感动了，我觉得你将来一定会成功的！我有一个建议，建议你到妈妈多的辅导班去推销，而且要强调一下，忙得没空给娃刷鞋子的时候用这款洗洁剂一擦就好，又干净又省事——你面前的老板娘还没有孩子，她不缺钱，也不缺时间，哈哈，加油！"

小哥开心极了，除了我买的一瓶，又非要送我一瓶刷鞋子的。临走，用一个大大的灿烂的笑脸说："姐，我会加油的，谢谢！你也加油！"这时候竹笛练习完出来喝水，看见有人朝我笑，问："妈妈，那个叔叔为什么对你这么友好？"

我笑："因为妈妈刚买了他的产品，他很开心。"嗯，我很开心，给陌生人一点儿鼓舞，一点儿信心——并且，不爱刷鞋的我以后终于有神器了！

帅 　　　　　　　　　　　　　　　　2019 年 4 月 26 日

后天幼儿园要组织春游，晚上放学时老师发了一身迷彩服，竹笛路上就等不及穿上了。我要帮忙系扣子，不让，说敞开更帅。于是就敞着衣服一路走，路上一反常态，绷着个小脸儿，安安静静的，一句话没有。

我问：今天怎么了？不开心？

答：没有，穿上这个衣服不笑才酷呢！

我：……

过了会儿，一个小朋友经过，说了声："真帅！"我看了看身边，还是面无表情。我说："哎，人家夸你帅呢！怎么没反应？"

答：我不说话，这样更帅！

我：……

一路沉默。进了电梯。电梯里，就我俩和一个二十多岁的女孩。我们面对门站着，继续不说话。突然，竹笛转回身，大声对镜子说："我真帅啊！"一脸高冷的女孩扑哧笑了。

竹笛问：阿姨，我是不是很帅？

女孩笑：帅，非常帅！

我：……

你是世界上最慢的妈妈 　　　　　　　　　　　　2019 年 5 月 3 日

竹笛一早拉我下楼打球，我说等等，让我把晒好的衣服叠好；叠好了，我说等等，让我把刚洗好的衣服晾一下；晾好了，我说等等，让我把地拖一下……

十点半终于要出门了，我说等等，厨房灯还没关。竹笛气坏了，怒道："你是世界上最慢的妈妈！别人的妈妈都像马在草原上跑一样快，你比蜗牛在叶子上爬还慢！比白云还慢！比蓝天还慢！比草地上的草都慢！！"

笑 　　　　　　　　　　　　　　　　　　　2019 年 5 月 25 日

学跆拳道回来路上，竹笛想吃冰棍，我说不如咱们自己做水果冰棍吧，我们可以做一个五彩缤纷的水果冰棍。竹笛听了说好，于是我们买了一个哈密瓜，一串葡萄，几个橙子，一小堆樱桃，计100 元——想想一根冰棍才三块，我这脑子……这样加上他的书包、我的提包和几个水果袋子，就一堆东西了。

正打算都拿上，竹笛说："妈妈你提水果，我背书包吧。"

可是书包很重啊，你背着不累吗？

累也要背啊，不然你一个人拿，不是更累吗？

"我的娃真好啊！"我笑。

走到楼下，顺便去快递柜取了个快递。取出后竹笛一把抱上，在前头颠颠地走，边走边说："妈妈你可不可以走快点儿！你没看你的娃已经满头大汗了吗？满头大汗还给你抱快递！"

我笑："我的娃真勤劳啊！"

回到家，累惨了，把水果往桌上一放，就躲卧室里。然后喊："儿子，过来！"

竹笛推门："什么事？"

"给我洗十颗葡萄，谢谢！"

"大人要独立，你不是说过自己的事要自己做吗？"说完，关门走了。留下我愣了半天才反应过来。

结论：娃的好意，不过三。

裤子和裙子的区别　　　　　　　　　　2019 年 6 月 5 日

晚饭后和竹笛在小区里边散步边聊天。正讲端午的来历，竹笛突然说："妈妈，我发现你很奇怪。"

我：嗯，怎么奇怪了呢？

竹笛：我发现你每次穿长裤的时候就很爱发火，凶得就像一头牛跺着脚骂一只马。可是你穿裙子的时候就很温柔，就像现在这样说话爱笑。

我（一惊）：啊，有这个区别吗？

竹笛：有啊，所以我在想，是不是裤子上有什么不好的东西，而裙子上有好的东西？那我回家把你所有的裤子都扔掉，以后你天天穿裙子好不好？！

我：……（孩儿，你让向来风风火火的娘亲以后天天慢慢地慢慢地走路，怎么受得了）

"免费的"礼物　　　　　　　　　　　2019 年 6 月 8 日

当下儿童教育市场实在是太火爆了，幼儿园门口、商场前、去辅导班的路上，随处可见做招生广告的人。他们往往拿着招孩子们喜欢的气球、小哨子等小玩意儿，追着赶着要送，孩子接下了，接着就要登记电话号码。小时候竹笛见了这些也走不动路，有几回拗不过，我找出五块钱，买下气球给了他。后来见多了，他也就能理解了。现在每次在路上遇见那些宣传人员追着来送"免费的"小礼物，竹笛都淡定地摆摆手，笑着说："谢谢，我不要！"

今天竹笛和相宜姐姐一起玩耍，又遇到送小玩意的人了。相宜登记了爸爸的电话，收了人家送的小哨子，竹笛没有收，并且学着我的口气说："相宜，你不能拿别人的东西，除了爸爸妈妈爷爷奶奶，陌生人送的东西都不能要。他们不是真的要送东西给你，他们是要你爸爸妈妈的电话，爸爸妈妈的电话是隐私，不能给陌生人！如果你喜欢，你自己可以花钱买。妈妈告诉我，天下没有免费的午餐，不是我们的东西，绝对不能要！如果我们自己花钱买，那就是我们自己的东西了。如果你喜欢这个小哨子，下回我用我的压岁钱给你买！"

在两个娃身后走，看竹笛叽叽咕咕地对姐姐说这一大通话，心里深感安慰。这时，竹笛奶奶说："下回我们给他们一个假的电话算了。"我吓了一跳，赶紧说："不行！我们不占别人的小便宜，也绝对不能做欺骗别人的事。遇到这种情况，实在喜欢，就掏钱买下，不要登记自己的电话号码，更不能登记假的号码。孩子什么都懂，都看着呢。如果每次都贪小礼物，孩子就会养成贪小便宜的习惯，以后遇到有骗子拿乐高啊汽车啊诱惑他，他还能禁得住吗？往远里说，经常这样，会影响心性。长大了也禁不住别的诱惑，别人随随便便给点儿好处，就把自己的原则破了。而如果每次都登记假号码，孩子就会觉得欺骗是一个赢得礼物的捷径，是一个特别好用的手段，也会败坏心性，更不可取！"

两个孩子懵懵懂懂，嘻嘻哈哈直点头，奶奶有点儿尴尬，说下回不登记了——sigh，我总是着急，学不会更委婉地说话。不过在教育里，就没有小事啊，以后，自己还是得多陪陪孩子。

童年的烦恼　　　　　　　　　　　　　　2019 年 6 月 11 日

　　昨晚睡觉前的"聊天时间"，竹笛又开始叽叽咕咕地跟我吐槽。

　　——妈妈，臣臣总是对我说："你没有这个，你没有那个……"

　　——嗯，臣臣有你没有的玩具，他很骄傲是不是？

　　——是！可是，我也有自己的玩具，我的玩具他也没有啊。

　　——不仅是玩具，你有的书籍，你自己亲手做的图画书，别的小朋友也不一定有。

　　——就是，可是我就没有像他那样，跟别人说你没有这个你没有那个的。

　　——你做得很对。玩具不是拿来炫耀的，玩具是我们的朋友，朋友是要好好珍惜的。就像你小时候的恐龙啊，葫芦娃啊，会唱歌的小狗啊，你都没有丢。上次我以为你那串布做的红辣椒已经破破烂烂的了，就没经过你同意，把它们扔到垃圾桶里，你特别生气，后来妈妈才明白，你和你的玩具有感情了，无论它们看起来多么旧，你还是喜欢它们。

　　——是的，我舍不得扔，你们也不许扔！

　　——妈妈，臣臣有时候还说——"你是个臭屁蛋！"

　　——他是开玩笑的呢？还是嘲笑你的呢？

　　——我不喜欢他这样开玩笑！

　　——那你就告诉他："这个玩笑不可笑。我希望你不要再说了。你再说，我就不和你做朋友了！"遇到我们不能接受的事，一定要明确地告诉你的朋友——"这么做我不喜欢！"

　　——可是臣臣说，"不做朋友就不做呗！"

　　——那你不用理他，有的人的看法我们是改变不了的，但我们要有自己的主见，不能别人说什么我们就听什么。你玩你自己的就是。如果两个人合不来，你就去寻找合得来的朋友。

　　……

　　——嗯，妈妈我永远爱你。

——我也永远爱你。

谢谢你，树先生 2019 年 6 月 15 日

晚上和竹笛打球后坐椅子上聊天，把上午陪上英语课时看的关于树的知识择要讲给他听。末了，我感慨："树啊，有时候比人聪明得多啦！"

竹笛立即站起，跑到我们旁边的梧桐树下，鞠了一躬："树先生，请问 82 加 43 等于几？"

我说："你问树这个干吗？"

竹笛转脸笑："你不是说树很聪明吗？它聪明为什么现在不告诉我答案？"

我也笑，指迎风摇摆的树叶给他看："你看，梧桐树没有回答你的问题，但是它也向你提问了，它问，你能数得出我有多少片树叶吗？"

竹笛说："太多了，我数不清。"

我说："树虽然不会说话，但是它也会告诉我们一些问题的答案。你看，它的叶子现在轻轻摇动，就在告诉我们风来了。这棵梧桐树，它站得这么直，树叶这么多，每片叶子都宽宽大大的，我们每次坐在它叶子底下聊天，它就帮我们遮住太阳光，很安静地听我们说话，其实帮我们遮住阳光的时候它也很热，但是它从不抱怨，它是一位非常温柔的树先生。我们应该谢谢它。"

"谢谢你，树先生！"竹笛说。

冲突 2019 年 6 月 16 日

前两天吃饭的时候，说起幼儿园七月份只上几天就要结课，爷爷奶奶说，只上几天，我们不去算了，不然还得交一个月学费。我

　　说，这怎么行啊，几天也要上啊，再说还有毕业典礼呢，孩子需要
参加毕业典礼，这是个很重要的仪式。爷爷奶奶又道，人家谁谁谁
的妈妈今天就说他们不上了。我心中气恼，口中解释道："别人家
上不上，是别人的决定，我们不跟别人学啊。将来孩子怪我为什么
他没有毕业典礼，我怎么说呢？"

　　这时候竹笛插话道："妈妈，你不要和爷爷奶奶顶嘴。"听到这
话，愣了。我知道这句子出自何处。爷爷奶奶不仅教竹笛不要顶
嘴，还教他告诉我不要跟他们顶嘴。想到辛辛苦苦给孩子培养了几
年的独立思考观念，这么快就被摧毁，现在我为他争取权益，他竟
反过来让我别"顶嘴"，心里真是懊恼不堪。

　　我解释道："妈妈没有和爷爷奶奶顶嘴，妈妈只是在和爷爷奶
奶讲道理。我一直告诉你，大人的话并不一定都是对的。大人对的
话小孩子要听，大人说得不对的，小孩子可以和大人讲道理。妈妈
觉得爷爷奶奶的建议不合适，所以和他们讨论一下。"

　　竹笛点点头。我接着问，你想不想参加毕业典礼？想不想继续
上学？竹笛说："想！"我说："好，那就这样定了。"爷爷奶奶没有
再说话。

　　今天奶奶给竹笛辅导写字。我在卧室看书。听得客厅里都是奶
奶的声音，一会儿指责竹笛这么大了这个字还不会写，一会儿怪我
怎么把孩子带成这样没规矩不听话，写个字还嘻嘻哈哈的——奶
奶的逻辑很清楚，凡是孩子令人不满意的地方，都是我的错。比如
"一到你跟前就不好好吃饭"云云……

　　我一直看书，没有说话。回头问竹笛到底怎么回事，竹笛说：
"奶奶批评我不会写字，可是我之前没学过，她越说我越不想写。"
我说："下次奶奶再批评你的时候，你要告诉奶奶，说你没学过写
字，需要慢慢学，让她别着急。"

　　竹笛点点头。

　　……

　　我心里很清楚，长辈的观念已经定型，他们不会改，而我也不会迁就。认真想来，我也有做得不合适的地方，希望竹笛在各种矛盾的观念冲突中，仍然能选择正确的那一个。我或者不该这么忧虑，这么懊恼，这么觉得无奈而无力。我应该相信孩子，相信他能做到。

家长会　　　　　　　　　　　　　　　　　2019 年 7 月 7 日

　　晚上给竹笛讲了三本图画书后，照例开始睡前聊天，我问他今天去新学校感想如何，是不是很激动？竹笛说："还好啊——"一副很淡定的样子。

　　不淡定的是我啊！今天小学通知开新生家长会，本来我选择的是学校报告厅主席台右侧第四排的座位，心想，带着孩子嘛别给大家添乱。结果竹笛坐下又站起，到主席台前走了一圈回来说："妈妈，第一排还有很多空位，我们为什么不去坐第一排？"我一听，愣了一下，是啊，从来听讲座或参加会议，我总是习惯性地往后边坐，不希望被关注，也方便开开小差，有意无意地，在陪孩子之际，我也按照自己的习惯来了。幸亏竹笛坚持自己的主见。

　　于是我们到第一排坐下。会议开始前，竹笛让我把手机给他，说："来，妈妈，我给你拍个照！"给我拍完，又对爸爸说："爸爸，我也给你拍个照！"拍完又说："这下，我再来给你们拍个合照！"人来人往的报告厅里，这个小屁孩视若无睹，自顾自地沉浸在他的世界里，全然不知怯场。

　　过了一会儿，旁边又来了一位家长。那个家长一坐下，就把自己的材料放到了竹笛座位已打开的写字板上。竹笛见状，扭过头跟我抱怨："妈妈，阿姨把我的写字板占了！"我明白他的意思，他刚问我要纸笔打算写字，我说："那你想办法解决这个问题吧？"

　　竹笛有点儿紧张："妈妈，你说！"我说："你可以的，妈妈相信你！"一直以来，都告诉竹笛，不属于你的东西坚决不能要，比如路边推销人员送的小礼物、他人的玩具、物品等，但是属于你自己拥有的权利，要努力地坚定地维护，如果别人不高兴，那是别人的问题，不是你的。第一条，竹笛已经做得相当好，对诸多"免费的午餐"的诱惑，每次都能淡定拒绝。后一条，每次还需要我的鼓励，今天又是一例。

于是，竹笛转回身，跟那个家长说："阿姨，每个座位都有写字板。"那位家长环顾一周，不知是懒还是没发现，说："算了，我不打开了，我和你用一个好吗？"竹笛不说话，站起身，走到她座位边，指给她看写字板的藏身处，然后回来坐下。那意思是不同意她的做法。阿姨笑着道谢，打开了她自己座位的写字板，随后收回了她的材料。

问题解决了！

竹笛脸上颇是自得，和我相视一笑。因为坐第一排，视线开阔，看 PPT 很清楚，问我要了纸笔后，便开始抄横幅和屏幕上的字，旁边的那个家长一边看一边和他聊天，问他是不是今年的新生，竹笛一边回答一边继续写。会议开始后，又抄写校长的讲话提纲，非常专注，连校长夸他，都没听见，也没有抬头——直到听到校长说不让看电视，才跟我低声抗议："周末是可以看的，对不对，妈妈？"

记笔记

……

这一天，觉得我的竹笛突然间长大了。至少，比三十年前我上小学的那一天，要勇敢许多。值得鼓励，特记录之。

你有什么累的呀　　　　　　　　　　　2019 年 7 月 20 日

　　跆拳道课结束，回家路上跟竹笛哥哥抱怨说："哎呀，陪你上课真是累死了！"本以为会听到一句："妈妈，你辛苦了！"结果却是："你有什么累的啊？我在里面跑啊跳啊练啊，一直练一直练，你呢，你在外边一直坐着，还睡着了，还是我把你叫醒的！你说说，是你累还是我累？！"……这兔崽子不好忽悠了呀！

把太阳给我关了　　　　　　　　　　　2019 年 8 月 5 日

　　早上，竹笛赖床，我挠他痒痒，说："快起床，太阳公公晒屁股啦！"竹笛眼睛都没睁，手一挥："费费，你去把太阳给我关了！"一翻身又睡了。

　　这句话让我笑了好半天。

捉弄　　　　　　　　　　　　　　　　2019 年 9 月 21 日

早上赖床时想捉弄一下竹笛，便说要和他玩一个游戏。

我说，你连续说十个老鼠，要说得快一点儿！

竹笛笑：你要出什么鬼主意？

我说，你说就是了！

竹笛：老鼠老鼠老鼠老鼠老鼠老鼠老鼠老鼠老鼠老鼠——

我（突然大声地）：猫怕什么？

竹笛：老鼠！！

我笑。

竹笛愣了一会儿，也笑，说我也来玩一个。

竹笛：妈妈，你说十个猫，要说快一点儿噢！

我心想，小样儿，玩我玩剩下的，我岂能被你一个小屁孩蒙到！

于是，我飞快地说：猫猫猫猫猫猫猫猫猫猫猫猫猫——

竹笛（突然大声地）：猫怕什么？

洒家极其敏捷地飞快地遏制住了即将脱口而出的"猫"，大声回答：老鼠！！

竹笛大笑！

百草疯了　　　　　　　　　　　　　　　　　　　2019 年 10 月 10 日

　　白天同事发来一个演讲视频，说了童年背诗的重要，觉得很有道理，于是决定从今日起，认真执行一天背诵一首诗的计划。心想，这有何难呀，之前背《春江花月夜》《沁园春·雪》《沁园春·长沙》等，可都是轻轻松松啊。

　　开篇选了《观沧海》，结果竹笛对它一点儿不感冒。每次都背错，第一句总是背成"东临石碣"，被我纠正烦了，开始背"东直门"，"树木丛生，百草丰茂"背成"百草疯了"，"幸甚至哉"背成"辛巴实在"……

　　陪着背了二十遍，口干舌燥，也没记住，又气又好笑。

　　sigh，看来选诗失败了。

作文课　　　　　　　　　　　　　　　　　　　　2019 年 10 月 22 日

　　上学路上。我走路带风，竹笛慢悠悠地边走边瞧。然后突然说："我们小区有两条路，一条是前门的路，一条是后门的路。"我一听，嗯，这句子感觉不错。便鼓励他继续说下去。

　　竹笛：前面的路是我和妈妈经常走的，后面的路是爷爷奶奶买菜走的。前面的路通向学校，后面的路通向超市、秋千，还有动物园。

　　我：后门哪里有动物园？

　　竹笛：啊，我说错了，还有小猫、小狗。

　　我：说下去？

　　竹笛：我们小区还有一个大滑梯，我经常和郝郝在滑梯那儿玩，我还和臣臣在滑梯那儿玩，我也和彬仔在滑梯那儿玩。我们小区还有一条河，河里有红鱼，有很小的小鱼，我和彬仔喜欢捞小鱼玩！说完了！

　　我：还记得我们看过的无字图画书吗？把你观察到的、联想到的，用合适的语言表达出来，就可以编出独一无二的故事。观察我们的小区也是这样的，小区就是我们的无字图画书。如果以后让你写一个人，比如老师让你写妈妈，你怎么想的怎么观察的，你表达出来就可以，让老师一看，咦，这是你的妈妈，而不是别的同学的妈妈。你现在试一试？

　　竹笛：我的妈妈和我一样，是个大嘴巴。她说我是大嘴娃娃，她也是大嘴妈妈！

　　我：……

亲子故事｜我的小蚂蚁朋友　　　　　　　2019 年 12 月 14 日

　　上跆拳道课路上，连讲六个故事，简单记录一个。

　　我：森林里有一只小蚂蚁，有一天它正在银杏叶上散步的时候，一阵大风刮过来，把它和脚下那片叶子一起吹到了天空。叶子飘啊飘，小蚂蚁听着耳边呼呼的风声，吓坏了，它紧紧抓住叶子，好容易才没掉下来。风小了，叶子慢慢地往下落，然后飘进了一个窗口，落在一张书桌上。正在写作业的小男孩看见了，他很喜欢，想把它放在课本里当书签，正要往课本里放的时候，小蚂蚁从叶子背后探出头来，跟他挥了挥手。正是下午，阳光照在小蚂蚁的身上，和银杏叶一样的金黄明亮。

小男孩高兴极了。他说："小蚂蚁，你从哪里来？以后就住在我家里吧。"他找来一个纸盒子，用他的旧衣服做了个温暖的小窝，还给小蚂蚁准备了一些碎面包，一浅勺子水，又给他拿来几个玩具球，让小蚂蚁玩。于是，小蚂蚁就在小男孩的家里住了下来。每天放学，小男孩就和小蚂蚁聊天，给它准备食物，给它换水。小蚂蚁很喜欢小男孩，小男孩写作业的时候，它就坐在他身边，看他写字，不想看了，就一边抠脚丫子一边唱歌给他听。就这样过了一天，又过了一周。

有一天，小蚂蚁突然想家了。它想念森林里清晨的露水，露水里可以看见太阳，它也很想念森林里的小路，小路上都是软软的树叶，树叶五彩斑斓，它和小伙伴每天都在里面捉迷藏玩。现在，它只能听到汽车的声音，水龙头哗哗流水的声音，除了小男孩的笑和他用铅笔写字的沙沙声，别的声音它都不喜欢。它想家了。这天晚上，小男孩要完成语文老师的作业，老师让每个小朋友自己做一本图画书，可是他太累了，刚做完数学题就睡着了。

小蚂蚁突然有了一个主意。它轻轻地走到书桌上，翻开小男孩的绘画本，找来各种颜料，开始用脚画起画来。它先画了几棵树，一片金黄的树叶，树叶上有一只小蚂蚁；然后第二页，它画了蓝色的天空，天空有一片叶子在飞；第三页，它画了一个小男孩，小男孩在写字，铅笔上有一只小蚂蚁；第四页，它画了一条小路，小路尽头是绿色的森林；最后一页，它画了一个红红的爱心，爱心底下有一个黑点儿，那是它自己——小蚂蚁。

画完这些，小蚂蚁跳进绿色的颜料里，然后在封面上踩了几脚，打了一个滚儿，再合上绘画本，就悄悄地离开了小男孩的家。第二天一早，小男孩才想起自己没有做作业，但已经来不及了，只好交给老师。上课时，老师特别开心，宣布说："我们这次作业有一个小朋友完成得特别好，他就是——"

竹笛：妈妈，你别用我的名字，你就叫他刘佳宁吧！

我：好，老师说："他就是——刘佳宁！这本图画书里的小蚂蚁画得特别好，跟真的一样！"小男孩吃惊极了，他从老师那拿回绘画本，好奇地打开。啊，他一下子看明白了！……这个故事讲完了。

竹笛：晚上回家，我要把这个故事画下来。

我：咱们给故事取个名字吧？叫"绿蚁"怎么样？

竹笛：难听！就叫"我的小蚂蚁朋友"！

我：好！

音乐　　　　　　　　　　　　　　　　　2020 年 2 月 16 日

昨晚做红薯蛋糕，竹笛负责擀面皮，一开始面板是放在水槽上的，我看竹笛擀起来晃晃悠悠，便建议他把面板挪到桌台上。竹笛听了我的建议，挪过来，继续擀，却自言自语道："其实，我还是喜欢在刚才那个地方擀。"

"为什么？"我问，"现在不是不晃了吗？"

"可是，刚才那样子，会有音乐。"小伙子低头擀面，头都没抬。

愣了一下，笑了。能从生活的小细节中感受到美感，不错！

一休哥来了　　　　　　　　　　　　　　2020 年 2 月 24 日

二月二，要理发。刚竹笛哥哥一脸痛苦地跑过来，让我看他的新发型，说是爸爸刚给他理的。我一看，吓了一跳，这哪是发型，明明就没头发了！我娃之前乌油油的一头浓密发丝……犹豫了两秒钟，然后赞道："哇，简直太酷了，咱们家有一休小和尚了啊！"

竹笛喜笑颜开，跑去客厅。爸爸问："你妈妈觉得理得怎么样？不错吧？"竹笛笑："嗯，妈妈说理得太帅了！耶，我是小和尚，最帅的小和尚！"

偷笑。

儿童节宣言

今天是儿童节，竹笛顿时气势昂扬，跟我说："今天是儿童节，是我们儿童的节日。你不要尾随我！你不要盯着我！你要尊重我，我有我的自由！儿童节是干什么的？儿童节是给儿童自由的。今天我只想和朋友们待一起，我们想去哪儿就去哪儿，想玩多久就玩多久。儿童节我们儿童说了算，让我们开开心心地过这一天。你们不要小看儿童，儿童是最棒的。"

又笑又叹。小竹笛真的长大了。

夜雨

雨夜，带孩儿去楼下散步。路上人很少，只偶尔见到三两个匆匆而过的行人，有的戴帽，有的撑伞。孩儿惊喜地说："妈妈，整个世界只有我们穿雨衣哎！"

他摘下口罩，他提起雨衣的下摆，他跳每一个小水坑，他在广场上旋转，像一个蓝色的小精灵。孩儿说："我太喜欢下雨天了，闪电就像一只漂亮的小白龙，雷声就是小火车，轰隆轰隆……妈妈是穿着蓝雨衣的小矮人，我是更小一点儿的小矮人，小矮人们在雨中跳舞……"

灰扑扑的日子里，一场雨带来美丽的闪亮的瞬间。

造句

做试卷，要求造句。要求：把叽叽喳喳和安安静静填到句子空白处。竹笛是这样造的："小鸟们安安静静地飞回到窝里，叽叽喳喳地睡着了。"

——嗯，虽然不对怎么觉得很贴切呢，每一个叽叽喳喳不肯入睡的夜晚，仿佛就是突然的哪一秒钟，小家伙安安静静地睡着了。

以牙还牙　　　　　　　　　　　　　2020 年 9 月 7 日

和竹笛已经过了母慈子孝的甜蜜期了，现在每天都在批评与反批评中度过。

写完作业后，他拿起电话手表开始听故事。我说，你不要听那些讨厌的僵尸故事了！他说，我不能自己决定听什么故事吗？我说，你可以部分决定，但是你是小孩，很多时候需要我这个大人帮你指导一下知道吗？他说，那你听什么故事，我能不能管呢？我说，不能，但你可以提出建议，我来决定是否听从。他不服，气嘟嘟走了，撂下一句："总之，你没有安老师温柔！你的教育方法有问题！……"

晚上，我敷面膜，黑色的，为了缓和关系，扮鬼脸吓他。竹笛惊讶，继而大笑。过了一会儿，我又扮鬼脸，这次他没笑，正言道："扮鬼脸一次就够了，多了就容易引起别人反感。"

"……这，这是谁告诉你的？"

"僵尸故事第六集最后一句话。"

买咖啡　　　　　　　　　　　　　　2020 年 9 月 8 日

今天放学回家时，走得累了，便到路边一家咖啡馆休息一下。

我在一边坐着，竹笛挑好点心和面包，径自走向柜台，用我的手机付了钱，又说要买咖啡。只听店员笑问："小朋友，你要拿铁还是美式？"我一听，乐了，心想，这下看你怎么回答。不料他毫不犹豫，朗声答道："美式！拿铁更适合我爸爸。"我惊了，我从未带他喝过咖啡啊。

店员也愣了一下，然后说："好的！"顺利交接。

回家路上，我问："你咋知道我适合美式呢？"竹笛道："这还不简单，美式美式，女人都爱美，所以给你点了美式。拿铁嘛，铁是坚硬的东西，锻炼器材都是铁做的，所以拿铁更适合爸爸。"

……什么叫一本正经地胡说八道，今儿见识了。

大雁和乌龟的故事　　　　　　　　　　2020 年 9 月 9 日

上学路上。竹笛让我讲一些聪明人和笨人的故事。于是讲了一个。

我：从前，在一个池塘里住着一只乌龟，池塘边上住着两只大雁。它们是朋友。

有一年大旱，池塘干涸了。乌龟又热又渴，实在受不了了，它就去找大雁帮忙，让它俩带它到另一个水多的湖泊。大雁想了想说："好吧。"于是大雁叼来一根树枝，让乌龟咬住树枝中间，它俩咬住树枝两头，打算飞往新家。飞行前，大雁叮嘱乌龟说："飞行的时候，你千万不能说话啊。咱们只管在天上飞咱们的，不用管地上的事。记住了？"乌龟说："放心，我记住了！"于是它们开始出发了，飞过了一个村庄，又飞过了一个村庄。每次经过村庄的时候，村庄里的人们都抬头望，一边望一边议论："快看啊，天上两只大雁衔着一只乌龟呢！"又有人说："这只乌龟那么重，这样大雁不是累坏了吗？"乌龟记得大雁的叮嘱，一声不吭。经过第三个村庄时，地上有一群小孩正在玩耍，看见大雁飞过，都大声笑了起来，说："这只乌龟太讨厌了，它干吗不自己走路，让大雁帮忙啊？这是只懒乌龟！"乌龟听到这些嘲笑，气坏了，张口就说："关你们什么事？！"话刚说完，从天上掉了下来……讲完了。

竹笛：这是只笨乌龟！

我：我们平常做事，比如骑自行车，假如有人在一旁笑话我们骑得慢，是继续骑咱们的，还是停下来和人争论？还是一边骑，一边和人吵架呢？

竹笛：我又不傻！当然专心骑车了。

到校了。

组词　　　　　　　　　　　　　　　　　2020 年 10 月 12 日

上学路上，练习组词。竹笛说，你组一个 ABB 式的给我看。

我：红彤彤，亮晶晶，黑乎乎——

竹笛：我也组一个，臭妈妈！

我：……

竹笛：你再组一个 AAB 式的？

我：咚咚锵——

竹笛：我也组一个，蛮蛮妈！

小儿无赖也。

附录：竹笛的诗

爸爸和妈妈

爸爸 你是一棵树
妈妈 你也是一棵树
我是树上的小鸟

爸爸 你是一棵苹果树
妈妈 你是一棵橘子树
我不是树
我是树上的小鸟

爸爸 妈妈
我永远爱你们

2016 年 11 月 15 日

注：这是竹笛在小区里散步时候说的"甜言蜜语"，录之。

走在下雪的回家的路上

妈妈，下雪了！

雪落到了保安爷爷的衣服上
雪落到了树叶子上
雪落到了汽车上

雪落到了摩托车上

雪落到了滑板车上

雪落到了人的身上

雪落到了小猫咪身上

雪落到了眼睛上，还有胳膊和腿上

雪落到了马路上

雪落到了树枝上

雪落到了小草上

雪落到了台阶上

妈妈，雪跑到我们家里来了！

2017 年 2 月 21 日

　　注：放学时，天降大雪。让竹笛站在滑板车上，我推着他走，他一路自言自语，录之。

夜晚

夜里一片安静
没有一点儿声音

大树弯下腰了
小草睡着了
滑梯和秋千也睡着了
路灯也睡着了

有一只小狗
它还在外面

板凳没有睡着
它在等着明天
和小朋友们一起玩呢

我要进楼去了
晚安
外面的树和小草

2017 年 7 月 16 日

注：晚上吃完烤串，竹笛瞌睡了，我抱着他往家里走。路上，他趴在我肩膀上迷迷瞪瞪的，顺着我的脚步，一边看风景变换一边安安静静地"念念有词"。听完了，心里觉得甚是温柔，录之。

吃橘子

这个剥皮的橘子
好像一个南瓜
还像一个车轱辘
还像两只小手　握在一起

如果小蚂蚁看见一整个橘子
会说：不！
会大声叫：啊，好大的黄山！
这山上还有树呢！

吃了一瓣的橘子
像一个字母 C
又像一个大嘴巴

还像波特先生的菜园

吃了两瓣的橘子
像一只蝴蝶 还有白色的触角呢
只剩下一个瓣的橘子
像一个字母 D

橘子皮可以做摇篮
如果在水里
小蚂蚁就可以把它当船
系上绳子还可以做秋千
挂在大树上摇啊摇

秋千还有橘子味呢
下雨的时候
小蚂蚁就可以把它当雨伞了

妈妈，橘子吃完了……

2017 年 9 月 13 日

注：这是竹笛晚上吃橘子时的自言自语，竹笛妈妈觉得很有意思，录之。

梦

妈妈
我梦见一条鱼在水里游泳
然后一只乌龟飞了过来

占了鱼的位置
我梦见好多蛇啃一棵大树
我还梦见一只蝴蝶在学走路呢

下雨了妈妈
有一只雨滴从我头上路过

2017 年 11 月 9 日

注：上学路上，竹笛给我讲他的梦。

立冬

我听说蚂蚁不喜欢冬天
蚂蚁在春天出门找食物
然后在冬天躲在家里
哪里也不能去

我听说小鸟也不喜欢冬天
小鸟在春天自由飞翔
想去哪个花园就去哪个花园
在冬天它就只能待在窝里

可是我们小朋友喜欢冬天
冬天来了
就可以打雪仗了

大树喜不喜欢冬天呢
大树无所谓

因为落地的叶子会长成种子
在明年春天发芽　长出新的小苗

所有的叶子
都会在下一个春天回来……

2018 年 11 月 7 日

　　注：晚饭后散步回家的路上，告知今天立冬，竹笛自言自语，竹笛妈妈录之。

假如月亮不见了

假如月亮偷懒，不见了
星星们就不会有一个平安的夜晚
它们会吵架
一个星星说：是你把月亮赶走的
另一个星星说：不是我，是你
它们会一直吵到天亮

假如月亮不见了
地上的小男孩就捏好多奶酪
做成一个奶酪月亮
放到天上去
所有的老鼠都会在夜晚抬头看天

假如月亮不见了
森林里的猫头鹰，小松鼠还有狐狸
它们就会戴上耳机

听着音乐美美地睡着了

2019 年 1 月 10 日

注：刚放学路上，见弯月已挂树梢，便随口问竹笛："假如月亮不见了，会怎么样呢？"竹笛口述如上回答，竹笛妈妈录之。

写字

"来"好像一个穿裤子的马车啊！

"方"好像一个跳舞的楼房！

"黑"好像一只奔跑的鸭子！

"米"是一个火腿肠！

"小"是一个雨滴！

又是一个农夫！

又是一座山！

还是一个窗帘！

"谷"字是一个超级巨大的霸王龙！

2019 年 4 月 5 日

注：晚上教竹笛写字，竹笛边写边笑，听他说完，感觉一个个字都在纸上动起来了。

银杏树

妈妈，每一棵银杏树都藏有一个动物呢，

第一棵，一只蜥蜴它在风里爬啊爬，
第二棵，一只刺猬它在楼顶拍拍手，
第三棵，一只大象它扬起锋利的牙齿直跺脚，
第四棵，一只蝴蝶在炫耀它的新裙子，
第五棵，一只狐狸问：蛮蛮，你们怎么还不爬上来？
第六棵，一个大犀牛它在喷水玩……

一排银杏站在一起就是一个绿巨人
绿巨人穿着灰白色的衣服摇摇晃晃地走
这些叶子就是绿巨人的小手
但我更喜欢秋天
秋天的银杏叶是黄色和橘色的

2019 年 4 月 6 日

注：学完跆拳道回家的路上，走过一排银杏树，恰好有风吹过，竹笛抬头看，一边自言自语——在我眼中错乱无序的枝条，是他口中一个个隐现于叶间的动物。很有意思，竹笛妈妈录之。

后 记

这本书是我和孩子一起合作的，大部分记录的是我的思想，小部分记录的是他的思想。这句话是竹笛要求我写的。他说："这样才准确。"竹笛原本是我的昵称，后来有了孩子，我就把孩子爸爸给我的这个称呼送给了我们的宝贝。竹笛爸爸则喜欢以"蛮蛮"称呼孩儿，这是他儿时生长的高原上一种草的名字，平凡，坚韧。他希望我们的孩子，亦能如蛮蛮草一样，朴实、坚韧地成长。

竹笛出生时，我还在北京大学攻读文学博士学位。虽然学业压力很重，但时间上相对还是比较自由，因而很幸运地有了许多陪伴他的机会。在自由玩耍中，在大自然里，有时候是在做家务中，我们一起度过了许多美妙的亲子时光。

在竹笛几个月大时，我开始有意识地给他讲故事。记得那会儿他还不会讲话，在一个下雨天，我抱着他在楼门口看下雨，给他编了第一个关于雨的童话。而后在晚上哄睡时，经常编一些短小押韵的儿歌故事给他听。后来，竹笛会说话了，开始会讲一些简单的语词，我便根据他的语言发展和认知状态编故事，在故事中围绕他已学会的和将要学习的核心词汇设置相关的故事情节，逐渐培养他的语言表达能力和对世界的认知和想象。最初，竹笛以听为主，在故事的讲述过程中，只能以简单的词语或是肢体语言给以反馈，慢慢地，他可以用短小的句子来和我互动了，然后他学会了主动掌握故事情节的走向，直到自己可以独立创造出一个故事。

睡前半小时是我们每日固定的故事时光，但又不限于此，经常是在校园里的广场上，或是去往食堂的小路上，我俩边走边谈心，有时候我会根据看到的景物随机讲述一个童话故事；有时候，竹笛喃喃自语，用笨拙的语词讲一个"小鸭子踢球"或是"绿老鼠"的故事；更多的时候，是我们俩合作，我说一段，他说一段，共同合作编一个童话故事。这些故事，带给我们数不尽的欢笑，那些在编故事中一起度过的美好和温暖，是一辈子永难忘记的。

三岁之前，亲子故事开启了竹笛的文学启蒙。三岁以后，自编故事少了，竹笛逐渐转向绘本阅读。几乎每一个夜晚，临睡前，竹笛都会挑选好他喜爱的绘本，依偎在我怀中，让我读给他听。一本读完，意犹未尽，再拿来下一本，有时候多至三四本。这些临睡前的读书时光，养成了他热爱阅读的习惯，也带给他许多美妙的梦；有时候，梦笑的时候都会提及书中的角色。除了故事和绘本，我也经常在生活中教他"学词造句"，教他"下定义"，教他观察身边的事物并勇敢去表达。这些日常经验培养了他很好的感受力和语言表达能力。

竹笛出生的时候，我们租住在北大的教师公寓里。一年后，我博士毕业，到北师大从事博士后工作，为了工作之便，全家又搬至北师大校园里的博士后公寓居住。那是一个非常破旧的水泥地板房子，没想到竹笛十分喜爱它。家中的水泥地板后来逐渐成了竹笛随意涂抹、发挥想象力的最好画板。给他一盒彩色粉笔，他往往能念念有词，画出许多瑰丽的故事。

期间也有离别，在写博士论文和博士后出站报告期间，因精力有限，曾三度将竹笛送到老家，交给爷爷奶奶或姥姥姥爷抚养。和孩子分别之际他的哭喊，再见之际他生疏的眼神，都让我永难忘怀……

我忍不住一一记下了这些经历。每一个闪亮的瞬间，每一个瑰丽的想象，每一句动人的话语，每一个难熬的离别，每一个温暖的相遇……我舍不得让它们就那样消逝在时间的长河里，也想给竹笛留下一份幼年期的记忆，待他长大后回首，能从这些细致的记录里看得见自己早已忘却的成长的痕迹。也曾和好友分享过这些记录，他们的共鸣和感动让我逐渐有了信心：这些关于教育的思考和实践也许会对更多的家长有所帮助，至少，它记录了一个新手妈妈和一个小生命真实的成长过程。所以，无论当天怎么劳累，我都会在孩子熟睡后，或是在第二天上班的地铁上，用手机将当天的经历和思考记录下来，最初记录在 QQ 空间里，后来又转移到微信中。

只是没有想到，这份记录会延续这么多年，当落笔写后记之际，已有二十多万字了。这次整理之际，翻看了所有的日志，记忆又一一被重新点亮。看到自己初为人母之际的"痴"，在学业和家庭之间艰难平衡的"累"，还有看着孩儿一点儿一点儿进步的"喜"，也有因与长辈教育理念不同产生分歧的"忧"……可以说感慨万分，这七八年的文字记录，融入了我们生命最珍贵一段的印迹。

六年前，在博士论文后记里，我曾经写道："感谢我的孩子，是他，勾起了我所有的责任心，细心，耐心，爱心，还有满满的温柔心。每一天都给我喜悦，每一天都给我欢笑。每一天，都让我感受到真，善，美。每一天都有小小的戏剧发生，每一天都有美妙的诗。"那会儿，竹笛刚刚一岁两个月，步履蹒跚，奶声奶气。而今，他已经是有自己想法、动辄要和我辩论一番的小小少年，个性开朗大方，情感丰富细腻，而且具备了难得的幽默感。在最近的儿童节那天，他更是喊出了他的儿童宣言："你们不要小看儿童！"在写这本书的后记之际，落笔的当下，心里是满满的快乐和完成一桩心愿后的幸福。

费冬梅

2021 年 3 月 24 日